Dépannages et rénovations électriques

comme un pro !

Dépannages et rénovations électriques

comme un pro !

Thierry Gallauziaux David Fedullo

Cinquième tirage 2003

EYROLLES

ÉDITIONS EYROLLES
61, Bld Saint-Germain
75240 Paris Cedex 05
www.editions-eyrolles.com

Sommaire

DÉPANNEZ VOS APPAREILS

Comment utiliser ce livre ?

Dépannages et rénovations comme un pro ! est divisée en trois parties. La première présente les caractéristiques et les valeurs de l'électricité, utiles pour les installations domestiques.
La seconde partie expose de façon détaillée les divers éléments de l'installation électrique, les pannes possibles et les méthodes de réparation.
La troisième partie concerne les appareils électriques les plus courants raccordés à l'installation, notamment les luminaires, dont les pannes classiques et les solutions de réparation sont exposées. Les appareils électroménagers sont également abordés.

En cas d'absence de courant totale ou partielle sur votre installation et si vous n'avez aucune idée sur la nature de cette panne, reportez-vous aux organigrammes de recherche des pages 44, 98 et 116. Ils vous permettront de déterminer rapidement la cause de la panne ou de déceler l'appareil défectueux.

Si vous avez une idée de la cause de la panne ou pour connaître la définition d'un terme, consultez la recherche rapide en fin d'ouvrage.

Des cartouches, dans la marge, apportent des informations complémentaires, voici la signification des icônes :

- Interdiction
- Attention
- Information
- Idée, conseil pratique

Certaines opérations décrites dans ce livre s'effectuent sous tension : respectez les consignes de sécurité et soyez prudent lorsque vous effectuez une opération signalée par ce logo :

Révisez vos connaissances

Cette partie introductive présente les principes de base de l'électricité et sa nature. L'objectif est d'éclaircir ce que l'on appelle communément « courant » électrique, sans entrer dans la théorie des formules mathématiques. Vous découvrirez ou redécouvrirez, par exemple, la différence entre intensité, puissance et tension.

Pour dépanner les appareillages électriques, il est important de connaître les unités et de savoir les mesurer, ce qui est également expliqué en détail dans cette partie.

NOTIONS D'ÉLECTRICITÉ

Un courant électrique est la circulation d'électrons libres entre deux points d'un corps conducteur. Les électrons sont des particules qui gravitent autour d'un noyau, un peu comme les planètes autour du soleil... Le noyau et ses électrons constituent un atome. On appelle électron libre un électron pouvant se détacher facilement de son atome. On distingue deux sortes de corps : ceux qui possèdent des électrons libres, appelés *conducteurs* (essentiellement les métaux), et ceux qui n'en possèdent pas, appelés *isolants* (verre, porcelaine, plastique, etc.)

Le générateur : un générateur est un appareil qui produit de l'électricité. Il est muni de deux bornes métalliques. Il contient un dispositif qui crée un excès d'électrons sur une borne et un manque sur l'autre. On symbolise ses bornes par le signe plus (+) pour l'excès et moins (-) pour le manque (figure 1). Lorsqu'on raccorde un récepteur à ses bornes (une ampoule sur une pile par exemple), il agit comme une pompe à électrons : il absorbe les charges positives et renvoie les négatives. Dans le circuit, les électrons circulent de la borne - à la borne +. Le courant électrique a donc un sens. Autrefois, on définissait que le courant circulait de la borne + à la borne -, c'est-à-dire l'inverse de la réalité ; on a conservé cette convention aujourd'hui.

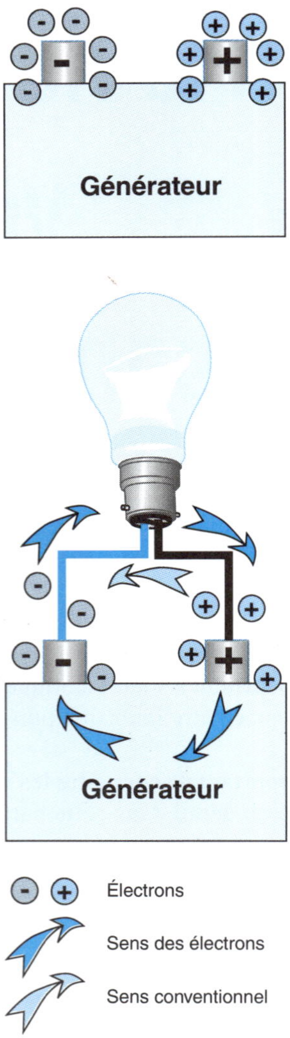

Figure 1 : Le générateur

LES EFFETS DE L'ÉLECTRICITÉ

Un courant électrique peut avoir plusieurs effets, chimiques ou physiques, en fonction de la nature de l'élément traversé (figure 2).

L'effet calorifique : quand un courant électrique traverse un matériau résistant, l'énergie électrique se transforme en énergie calorifique. Cet effet est utilisé pour l'éclairage mais aussi pour le chauffage (par exemple, un convecteur électrique utilise ce principe). Dans le cas de l'éclairage, la résistance se compose d'un filament de tungstène porté à incandescence sous l'effet du passage de l'électricité, dans une enveloppe de verre contenant du vide ou un gaz rare, par exemple du krypton.

L'effet chimique : si l'on fait passer un courant électrique à travers une solution ionique, par l'intermédiaire de deux

Les effets du courant électrique

① L'effet calorifique

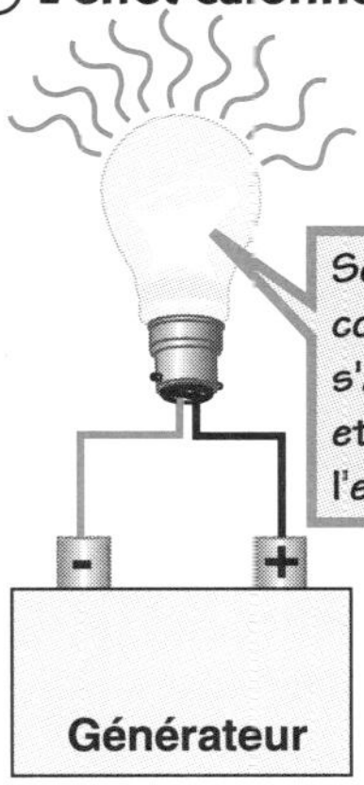

Sous l'effet du passage du courant électrique, la lampe s'allume, son filament rougit et dégage de la chaleur : c'est l'effet calorifique.

Les applications

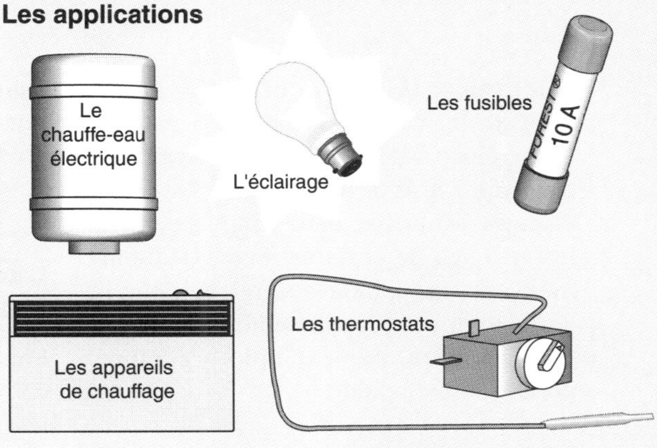

② L'effet chimique (électrolyse)

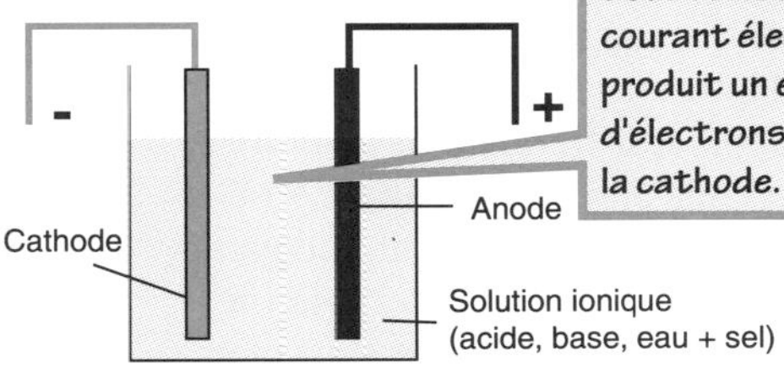

Sous l'effet du passage du courant électrique, il se produit un échange d'électrons entre l'anode et la cathode.

Les applications

— Le dépôt métallique par électrolyse (chromage, cuivrage, dorure, argenture)

— Le raffinage de certains métaux (cuivre dans l'exemple)

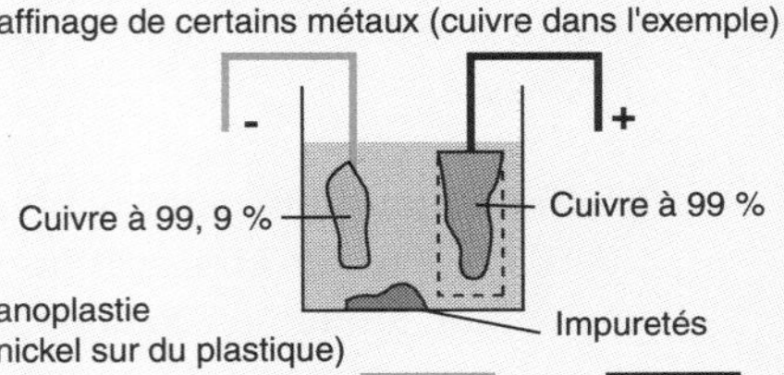

— La galvanoplastie (dépôt de nickel sur du plastique)

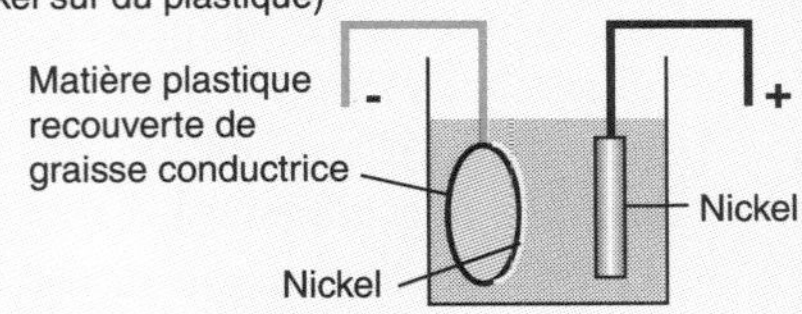

L'effet peut être inversé

Avec une électrolyse, on peut créer de l'électricité (piles, batterie de voiture, par exemple).

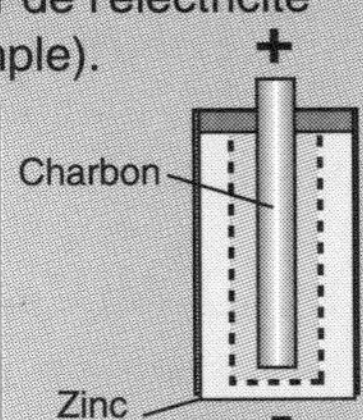

③ L'effet magnétique

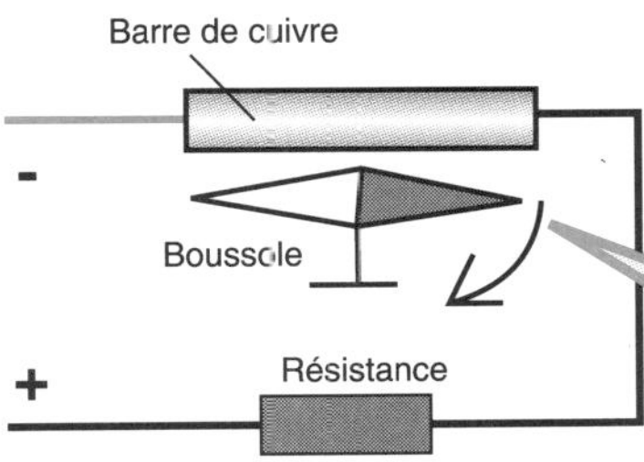

Sous l'effet du passage du courant électrique, l'aiguille de la boussole dévie. Le courant crée donc un champ magnétique qui se superpose au champ terrestre.

Les applications

— L'électroaimant, qui est utilisé dans de nombreux appareillages électriques (relais, contacteurs, sonnettes, etc.)

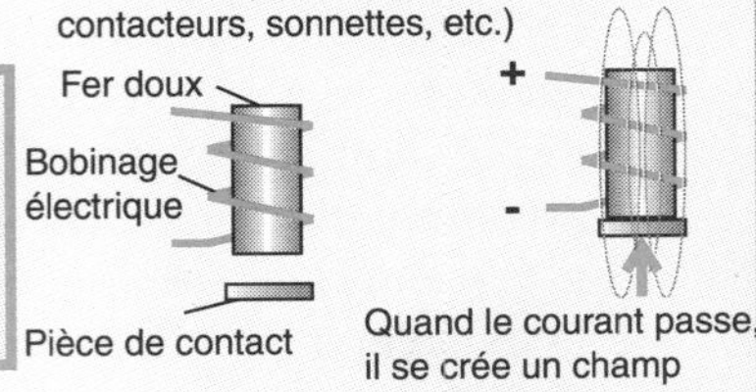

Quand le courant passe, il se crée un champ magnétique qui attire la pièce de contact.

— Les transformateurs

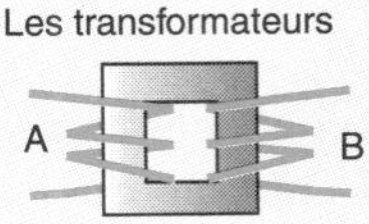

Le courant qui traverse le bobinage A crée un champ magnétique qui produit de l'électricité dans le bobinage B.

— Les moteurs électriques

L'effet peut être inversé

En faisant tourner une dynamo, par exemple, à l'aide d'une autre énergie, on produit de l'électricité.

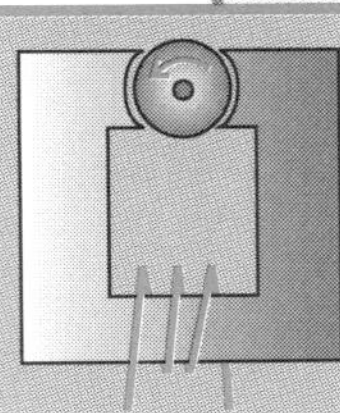

Figure 2 : Les effets du courant électrique

électrodes, il se produit un échange d'électrons, donc un échange de matière, d'une électrode à l'autre. Cette réaction chimique s'appelle *l'électrolyse*. Ce principe est utilisé dans l'industrie pour le raffinage de certains métaux (aluminium, or, argent ou cuivre) et pour la *galvanoplastie* (dépôt métallique sur une autre matière, par exemple argenture, dorure ou nickelage).

Mais si le passage du courant crée une réaction chimique, le processus inverse est vrai et une réaction chimique peut créer un courant électrique. Il suffit de placer l'électrolyse dans un récipient pour obtenir une pile électrique ou une batterie de voiture.

L'effet magnétique : une barre de cuivre, intercalée dans un circuit et traversée par un courant, produit un champ magnétique qui a pour effet d'influencer l'aiguille d'une boussole. Ce principe a également un champ d'application très vaste : il a permis, notamment, d'élaborer le moteur électrique, le transformateur, la sonnette, la gâche électrique de la porte de votre immeuble et bon nombre de mécanismes pour les automatismes.

Ce principe est également réversible. Par exemple, si l'on faisait tourner mécaniquement un moteur électrique, il produirait du courant. On a créé ainsi des générateurs plus spécifiques, par exemple la dynamo d'un vélo. La majeure partie de l'électricité qui arrive chez vous est produite à l'aide de ce procédé.

Si l'on inverse les conducteurs au niveau du générateur, on constate que, dans la solution, la matière se dépose sur l'autre électrode et que la boussole tourne dans l'autre sens. L'ampoule réagit de la même manière. On peut donc en déduire que le sens du courant influence certains de ces effets.

LES VALEURS

Pour maîtriser l'électricité domestique, il convient de distinguer et de comprendre les différentes valeurs qui la caractérisent (figure 3).

La différence de potentiel : comme indiqué précédemment, le générateur agit comme une pompe à électrons. Il existe donc une dépression à ses bornes de sortie que l'on appelle différence de potentiel et qui s'exprime en volts (symbole V). Si vous mesurez avec un appareil adéquat, un voltmètre, la différence de potentiel sur une prise de courant (que l'on peut considérer comme la borne de sortie d'un générateur), vous trouverez une mesure située entre 220 et 230V. Plus communément, on appelle aussi cette valeur la tension.

L'intensité : lorsqu'on branche une lampe sur un générateur (figure 3), on établit un circuit passant par l'ampoule. Une certaine quantité d'électrons transite par les fils et le filament de la lampe. Ce flux correspond à l'intensité et s'exprime en ampères (symbole A).

La résistance : une résistance est un matériau qui permet à l'énergie électrique de se transformer en énergie calorifique (le tungstène dans le filament d'une lampe, par exemple). On constate qu'en présence d'une tension donnée,

Figure 3 : Les valeurs en électricité ▶

Les valeurs en électricité (en courant continu)

La tension

La tension U s'exprime en volts (symbole V)

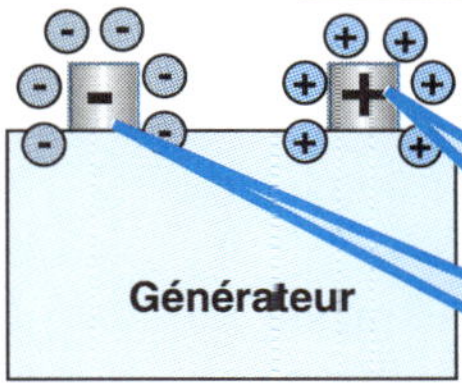

Il existe une différence de charge entre le pôle + et le pôle -. On appelle cette différence : la différence de potentiel ou tension.

On a une tension de 220 V aux bornes d'une prise de courant. On peut exprimer cette valeur de la façon suivante : U = 220 V

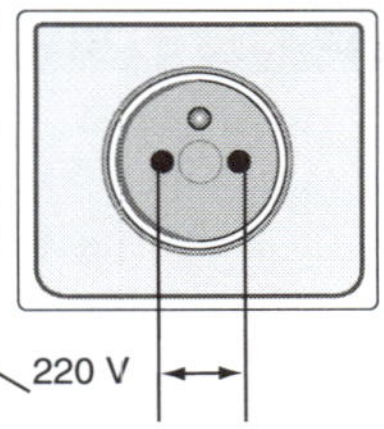

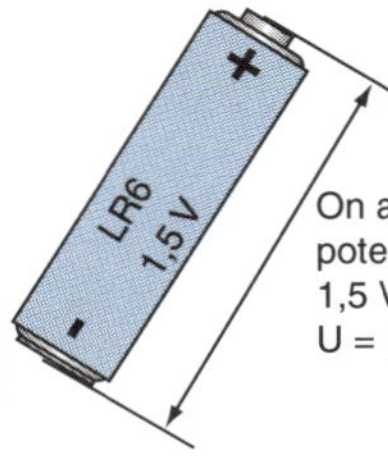

On a une différence de potentiel ou tension de 1,5 V aux bornes d'une pile. U = 1,5 V

L'intensité

L'intensité I s'exprime en ampères (symbole A)

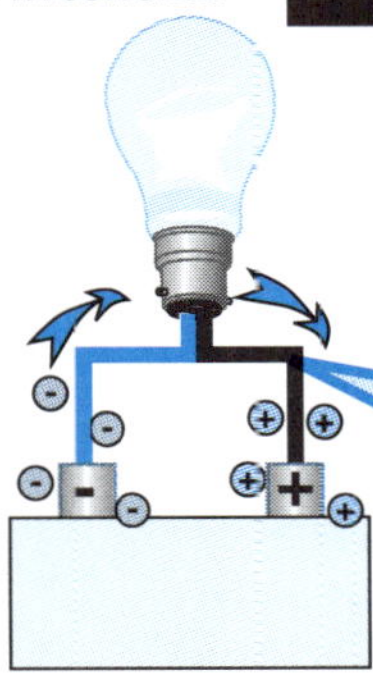

On peut exprimer l'intensité de cette façon :
I = 0,5 A (par exemple)

L'intensité correspond au débit d'électrons qui traverse un circuit.

La puissance

La puissance P s'exprime en watts (symbole W)

La puissance représente l'énergie consommée par le récepteur.

La puissance est le produit de la tension par l'intensité :
P = U x I

La consommation

La consommation s'exprime en kilowattheure (symbole kWh)

La consommation s'obtient en multipliant la puissance d'un appareil (en kW) par sa durée d'utilisation (en heures).

Cette consommation vous est indiquée par le compteur électrique.

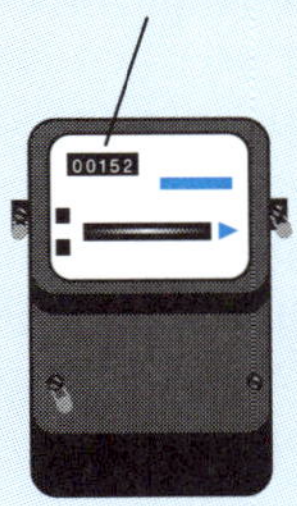

La résistance

La résistance R s'exprime en ohms (symbole Ω)

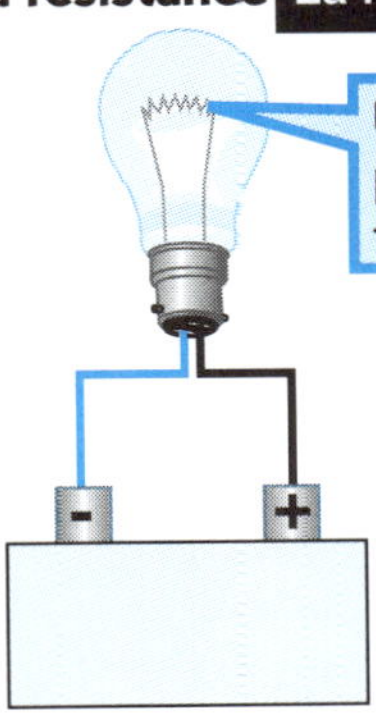

Une résistance est un matériau qui permet à l'énergie électrique de se transformer en énergie calorifique.

On peut exprimer la résistance de cette façon :
R = 10 Ω (par exemple)

En présence d'une tension donnée, on constate que l'intensité est proportionnelle à la résistance. La loi d'Ohm donne cette formule :
U = R x I

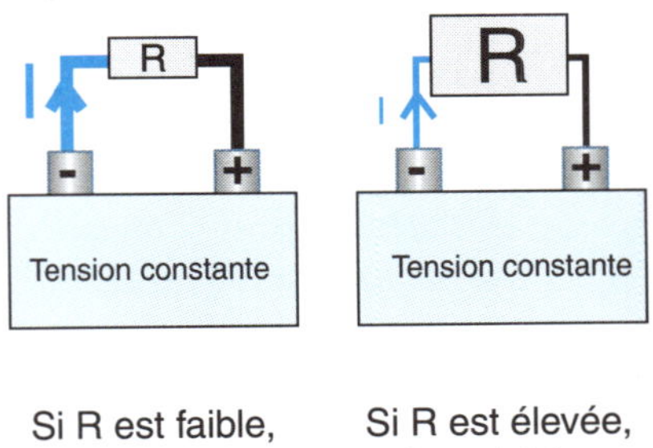

Si R est faible, I est élevée.

Si R est élevée, I est faible.

l'intensité est proportionnelle à la résistance. Une équation mathématique appelée la loi d'Ohm traduit cette proportionnalité :

U = R x I

où
— U représente la tension en volts (V),
— R, la résistance en ohms (Ω) et
— I, l'intensité en ampères (A).

La résistance s'exprime en *ohms* (symbole Ω). On peut donc en déduire que si l'on augmente la résistance, l'intensité diminue puisque la tension reste constante. L'inverse est également vérifiable : si l'on baisse la résistance, l'intensité augmente.

Cette loi ne s'applique qu'aux résistances mortes, c'est-à-dire des appareils dans lesquels l'énergie électrique se transforme uniquement en énergie calorifique. C'est pourquoi la loi d'Ohm n'est pas valable, par exemple, pour un moteur.

La puissance s'exprime en watts (symbole W). Elle évalue la quantité d'énergie absorbée par un appareil raccordé. Elle se calcule en multipliant la tension par l'intensité. Prenons un exemple pour illustrer ces valeurs.
Nous disposons d'une tension U = 220 V.
Admettons qu'une ampoule provoque une intensité I = 0,45 A.
La puissance est :
P = U x I = 220 x 0,45 = 100 W.

De même, si vous connaissez la puissance d'un appareil (information que vous devez trouver facilement sur sa plaque signalétique) ainsi que la tension sur laquelle on le raccorde, vous pouvez déterminer l'intensité I = P/U.

Lorsque les puissances sont plus élevées, on les exprime en kilowatts (symbole kW), un kilowatt étant égal à 1 000 watts.

La consommation : elle s'exprime en kilowattheures (kWh) et s'obtient en multipliant la puissance en kW d'un appareil par sa durée d'utilisation exprimée en heures. En reprenant le même exemple, si nous laissons la lampe allumée pendant trois heures, sa consommation est la suivante :
100 W = 0,100 kW
0,100 x 3 = 0,300 kWh

Cette valeur de consommation, vous la connaissez puisque c'est celle qui défile sur le cadran de votre compteur électrique et qui est prise en compte pour l'établissement de votre facture d'électricité.
Il existe d'autres unités en électricité, mais elles sont peu utiles dans une installation domestique.

LES GROUPEMENTS D'ÉLÉMENTS

Selon la disposition — en série ou en parallèle (figure 4) — de ces différents éléments, un groupement ne produit pas les mêmes valeurs.

Les éléments en série

On dit d'éléments qu'ils sont en série lorsqu'ils sont placés les uns à la suite des autres. S'il s'agit par exemple de générateurs, la tension disponible aux bornes de l'ensemble correspond à la somme des tensions de chaque élément. Les résistances en série s'ajoutent

Les groupements d'éléments (en courant continu)

Les éléments en série

Les générateurs

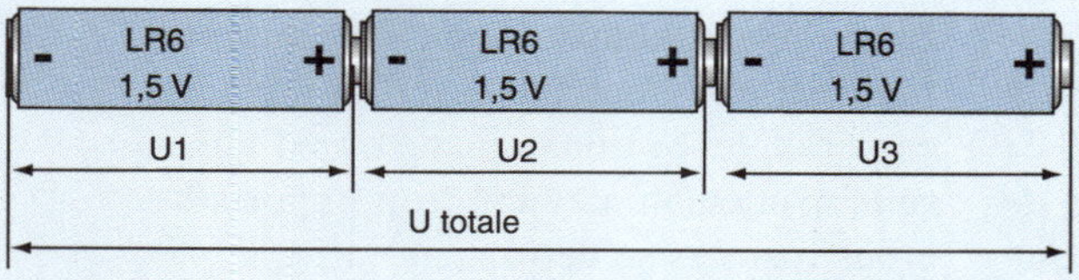

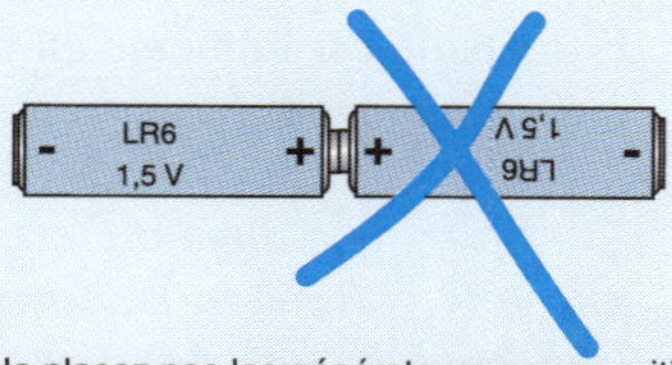

Ne placez pas les générateurs en opposition : ils se déchargeraient.

La tension en sortie des piles est la somme des tensions de chaque pile.

U totale = U1 + U2 + U3

Dans l'exemple ci-dessus : U totale = 1,5 + 1,5 + 1,5 = 4,5 volts

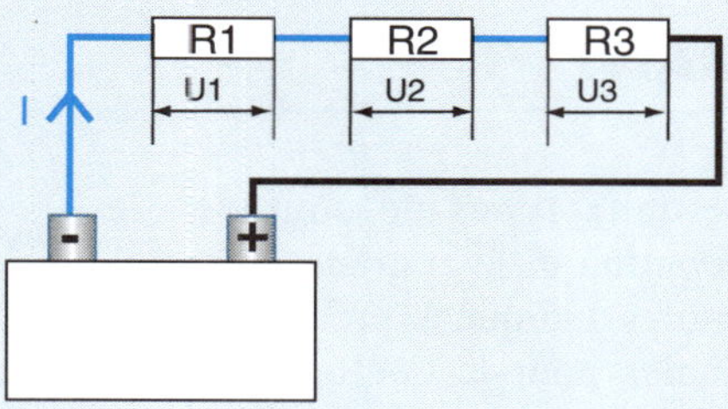

Les résistances

La résistance totale est la somme de toutes les résistances

R totale = R1 + R2 + R3

L'intensité est la même dans tout le circuit.

La tension est différente aux bornes de chaque résistance mais leur somme est égale à la tension du générateur.

U1 + U2 + U3 = U générateur

Les éléments en parallèle

Les générateurs

Attention : ce montage ne peut s'effectuer qu'avec des générateurs de même tension. Sinon, l'un se déchargerait dans l'autre.

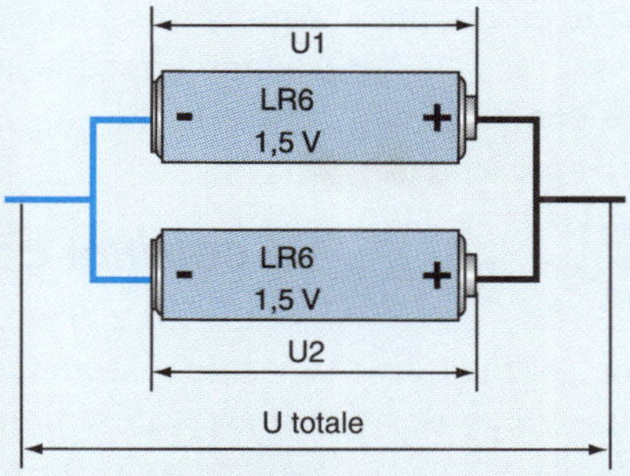

U totale = U1 ou U2

Dans l'exemple ci-contre :
U totale = 1,5 volts
Ce montage est intérressant car vous disposez de plus de puissance pour la même tension.

Les résistances

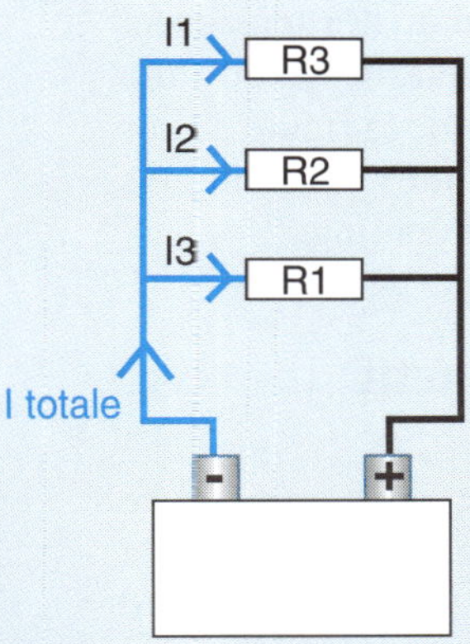

La résistance équivalente à ce groupement en parallèle est donnée par la formule suivante :

$$\frac{1}{Réq} = \frac{1}{R1} + \frac{1}{R2} + \frac{1}{R3}$$

La tension est la même aux bornes de toutes les résistances.

L'intensité est proportionnelle à chaque résistance.

I totale = I1 + I2 +I3

Plus on place de résistances en parallèle, plus l'intensité augmente. C'est ce qui se passe quand on branche trop d'appareils sur la même prise de courant.

Exemple : R1 = 2 Ω, R2 = 3 Ω et R3 = 5 Ω
1 / R équiv. = 1 / 2 + 1 / 3 + 1 / 5
1 / R équiv. = 31 / 30
R équiv. = 30 / 31 = 0,96 Ω

Figure 4 : Les groupements d'éléments

également. La résistance totale est égale à la somme de toutes les résistances. L'intensité est la même en tout point du circuit, mais pas la tension.

Exemple : *une ampoule est raccordée à une pile. Elle éclaire normalement. Si l'on branche une deuxième ampoule de mêmes caractéristiques en série, chaque ampoule éclaire à la moitié de sa puissance. Une troisième ampoule raccordée en série diminuerait encore la tension disponible aux bornes de chaque ampoule. Mais la pile se vide au même rythme quel que soit le nombre d'ampoules.*

Les éléments en parallèle

Un montage est dit en parallèle lorsque chaque élément est repris sur le précédent par une dérivation (figure 4).
Il est possible d'installer des générateurs en parallèle, à condition qu'ils présentent les mêmes caractéristiques. Dans le cas contraire, le plus puissant se déchargerait dans le plus faible.
La tension est identique aux bornes de chaque élément et les puissances des éléments s'additionnent.
Lorsque des résistances sont montées en parallèle, la tension est identique aux bornes de chacune. L'intensité totale est égale à la somme des intensités traversant chaque résistance. La résistance totale du montage est inférieure à la plus petite des résistances ; elles ne s'ajoutent pas, contrairement aux résistances en série.

Exemple : *une ampoule est raccordée à une pile. Elle éclaire normalement. Si l'on branche une deuxième ampoule en parallèle, chaque ampoule éclaire normalement. Une troisième ampoule éclairera également normalement. Mais plus on rajoute d'ampoules, plus la pile se vide rapidement.*

Brancher plusieurs appareils sur une multiprise revient à réaliser un montage en parallèle. Si l'on branche trop d'appareils, l'intensité devient trop importante et les fusibles se détruisent.

LES TYPES DE COURANT

Il existe deux types de courant : le courant continu et le courant alternatif. Les formules indiquées précédemment sont valables pour le courant continu. Pour le courant alternatif, d'autres paramètres sont à prendre en compte : ils seront abordés dans les paragraphes suivants.

Le courant continu

C'est le courant délivré par les piles, les batteries de voiture ou encore les dynamos de vélo. Les bornes sont marquées + et - pour indiquer la polarité du générateur ou du circuit. La tension et l'intensité sont constantes, comme l'indique le graphique de la figure 5. Les installations électriques ne sont pas alimentées en courant continu.

Le courant alternatif

C'est le courant qui alimente toute installation électrique. L'intensité et la tension varient selon une courbe sinusoïdale (figure 5). Le nombre

Les types de courant

Le courant continu

Symbole ⎓

DC en anglais

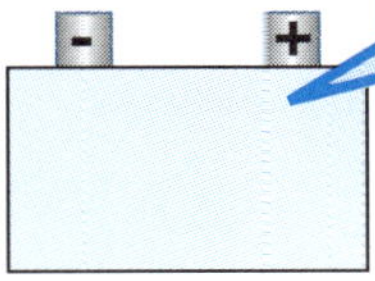

Le courant continu est le courant délivré par les piles ou les batteries.

Représentation graphique du courant continu

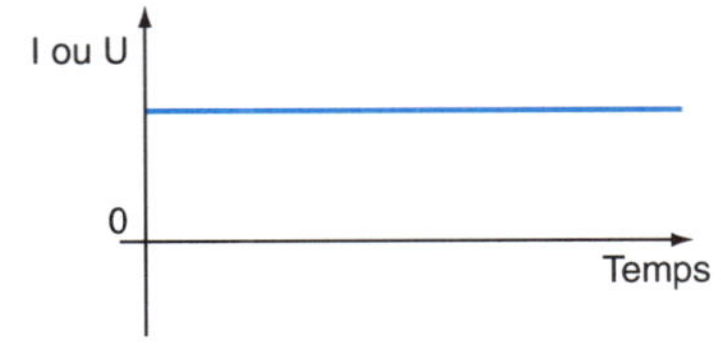

Le courant alternatif

Symbole ~

AC en anglais

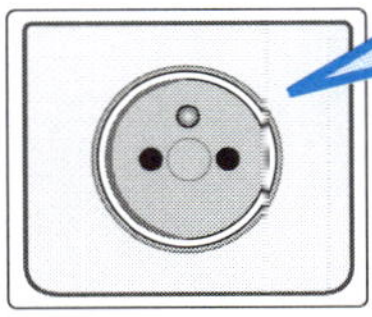

Le courant alternatif est le courant distribué dans votre installation.

Représentation graphique du courant alternatif

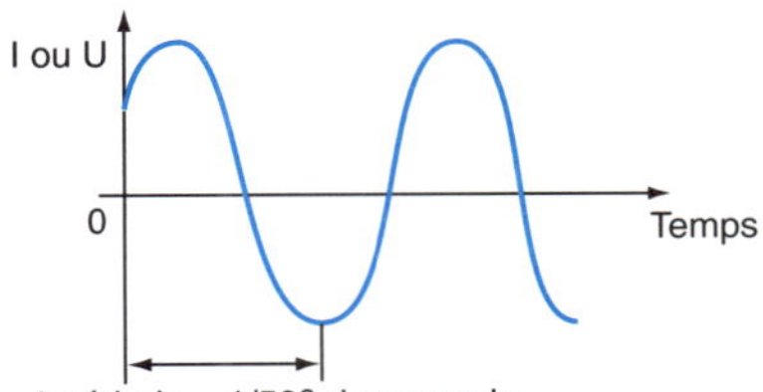

1 période = 1/50e de seconde
(ou 50 périodes par seconde)

Attention : en alternatif, on ne parle plus de résistance mais d'impédance. Toutefois, la loi d'Ohm reste valable pour les résistances pures (résistances de chauffage, par exemple,). Pour d'autres éléments, d'autres valeurs doivent être prises en compte, nous n'en aurons pas besoin dans cet ouvrage. En alternatif, la puissance calculée par la formule : P = U x I représente la puissance apparente. Elle est exprimée en VA (voltampères) ou en kVA. La puissance active (celle réellement consommée) prend en compte un facteur de puissance. Cette puissance est exprimée en watts. Pour une résistance pure, les deux puissances sont égales.

Les types de tension en courant alternatif

Le monophasé (une phase)

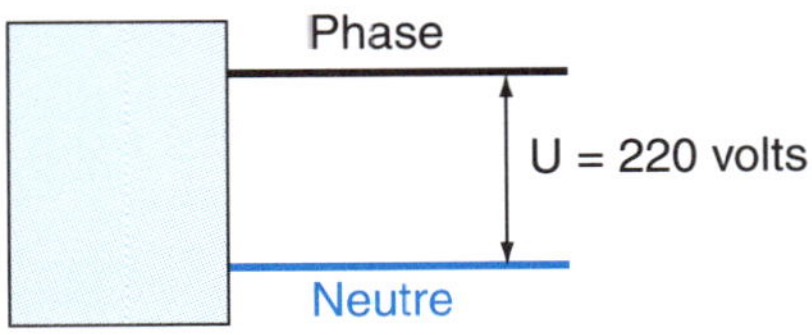

Le monophasé est l'une des tensions distribuées par EDF qui arrive à votre domicile. L'alimentation est constituée de deux conducteurs : la phase et le neutre. La tension entre ces deux fils est de 220 volts.

Figure 5 : Les divers types de courant

En alternatif, on ne parle ni de positif ni de négatif comme en continu mais de phase et de neutre.

Le triphasé (trois phases)

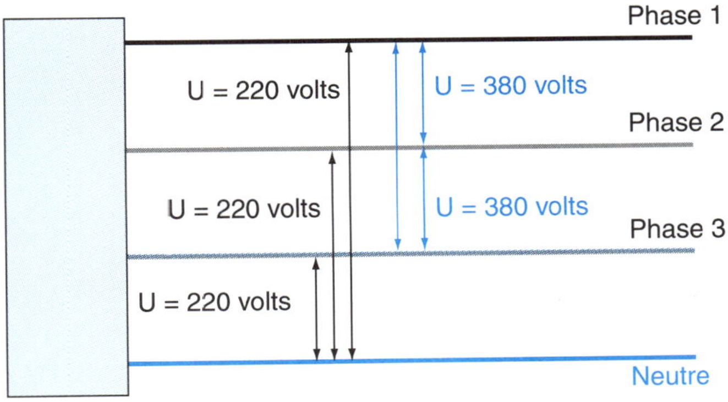

Le triphasé est l'autre tension distribuées par EDF. L'alimentation est constituée de quatre conducteurs : trois phases et un neutre. La tension entre chaque phase et le neutre est de 220 volts. La tension entre chaque phase est de 380 volts.

d'oscillations du courant par seconde définit la fréquence dont l'unité est l'hertz (H). En France, le courant est distribué à une fréquence de 50 Hz. Aux États-Unis, par exemple, la fréquence est de 60 Hz.
Il n'y a pas de polarités en courant alternatif puisque le courant alterne en permanence entre + et -. Les pôles sont dénommés phase et neutre.

En ce qui concerne le courant alternatif, la loi d'Ohm U = R x I n'est valable que dans le cas d'une résistance pure, par exemple la résistance d'un convecteur. La résistance d'une bobine électrique (transformateur, moteur) ne peut pas être calculée avec cette formule. En outre, en courant alternatif, la résistance s'appelle impédance.

> En courant alternatif, la formule U = R x I n'est valable que pour les résistances pures.

Pour la puissance, la formule P = U x I, valable pour le courant continu, s'applique dans le cas d'appareils à résistance pure. En alternatif, c'est la puissance apparente, exprimée en VA ou kVA.

La puissance des appareils ne présentant pas de résistance pure, c'est-à-dire la majorité, ne peut pas être calculée avec la formule ci-dessus. Un autre paramètre est à prendre en compte : le facteur de puissance. C'est la puissance active, c'est-à-dire la puissance réellement consommée, exprimée en watts.

En résumé, les formules applicables au courant continu ne sont valables pour le courant alternatif que dans certains cas.
Dans les chapitres qui suivent, les diverses mesures effectuées n'ont pas pour but de calculer les puissances des appareils — les résultats seraient faussés — mais principalement de vérifier la continuité des circuits électriques.

Deux types de courant sont disponibles en France pour les installations domestiques : le courant monophasé et le courant triphasé.

Le monophasé

L'alimentation d'une installation en monophasé s'effectue au moyen de deux conducteurs, la phase et le neutre. La tension entre les deux est de 220 V plus ou moins 10 %.

Le triphasé

L'alimentation en triphasé a recours à quatre conducteurs : trois phases et un neutre. La tension entre le neutre et chaque phase est de 220 V. La tension entre les phases est de 380 V.

LES APPAREILS DE MESURE ET LEUR EMPLOI

Pour intervenir sur une installation existante, il convient de se procurer un appareil de mesure. Les tests les plus courants s'effectuent au moyen d'un multimètre. Celui-ci permet de mesurer la tension, l'intensité, la résistance, la continuité, etc.
Il est inutile d'investir dans un appareil très sophistiqué si vous n'intervenez qu'occasionnellement sur votre instal-

Les appareils de mesure

Le multimètre analogique

Les multimètres permettent d'effectuer un grand nombre de mesures : tension alternative ou continue, intensité alternative ou continue, résistance et encore bien d'autres mesures selon les modèles. Préférez toujours un modèle doté d'une protection interne (fusible) qui évite de détruire l'appareil en cas de mauvaise manipulation.

Les multimètres analogiques sont construits selon une ancienne technologie. La lecture des mesures se fait par la position de l'aiguille sur un cadran. Ce type d'appareil demande plus de manipulations qu'un modèle numérique. En revanche, son prix est moins élevé. Il est suffisant pour des tests sur une installation électrique.

Le multimètre numérique

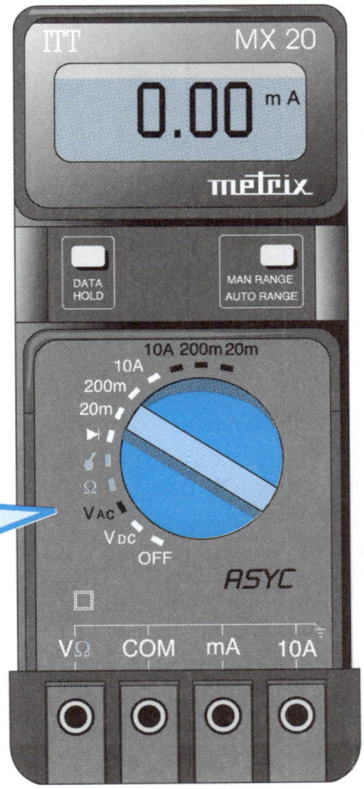

Les multimètres numériques sont très pratiques : manipulations réduites, lecture directe des valeurs. Ils sont parfois même trop précis pour les mesures à réaliser sur une installation électrique.

La pince ampèremétrique numérique

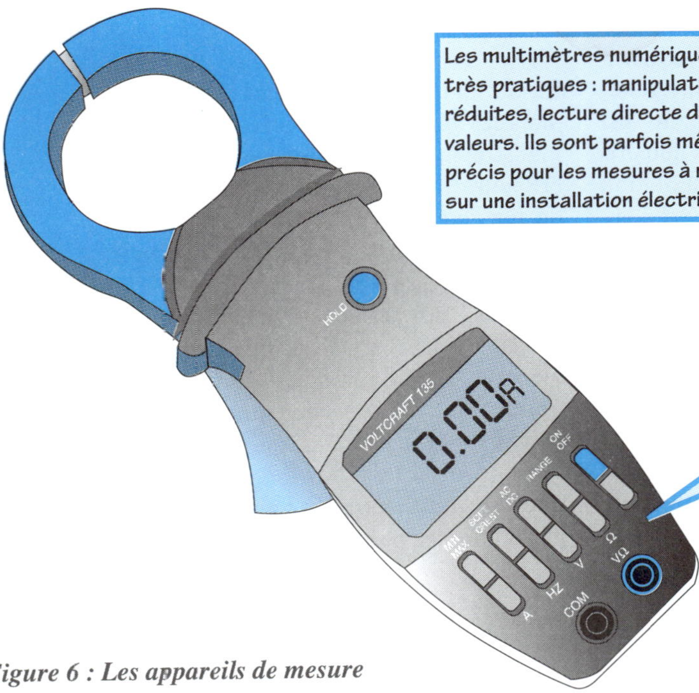

La pince ampèremétrique est très utile pour mesurer les intensités, surtout si elles sont élevées. Certaines permettent aussi de mesurer des tensions et des résistances. Il existe aussi des adaptateurs pince qui s'utilisent avec les cordons des multimètres.

Figure 6 : Les appareils de mesure

lation. Préférez toujours un modèle à fusible incorporé qui protège l'appareil en cas de mauvaise manipulation. Les appareils bas de gamme en sont souvent dépourvus.
Attention ! Soyez très vigilant lorsque vous effectuez certaines mesures sous tension. Tenez bien les pointes de test par leur partie isolée. Ne débranchez jamais les cordons en cours de mesure. Écartez-vous toujours de la source sous tension avant toute manipulation de l'appareil de mesure.

> (!) Saisissez toujours les pointes de test par leur partie isolée pour effectuer une mesure sous tension.

Les appareils de mesure

Il existe des multimètres analogiques, c'est-à-dire pourvus d'un cadran et d'une aiguille, et des multimètres numériques où les résultats apparaissent sur un afficheur à cristaux liquides (figure 6).
Les multimètres analogiques nécessitent plus de manipulations mais sont généralement moins onéreux. La lecture est moins précise que sur un appareil numérique, mais suffisante pour une installation domestique.

Les multimètres numériques sont précis et offrent une lecture directe des valeurs. Les multimètres ne sont pas conseillés pour les mesures d'intensités importantes (10 A au maximum). On utilise dans ce cas un autre appareil appelé pince ampèremétrique. Il suffit de passer la pince autour d'un conducteur pour connaître l'intensité qui le traverse. Il n'est pas nécessaire de dénuder le conducteur. Les modèles les plus évolués permettent de mesurer les câbles à plusieurs conducteurs.

Certains multimètres sont proposés avec une pince ampèremétrique en option qui se branche sur les cordons de mesure.

Mesurer les valeurs

Avant de poser les pointes de mesure sur les éléments à tester, il faut savoir ce que vous souhaitez mesurer. Pour mesurer une tension, réglez l'appareil en mode voltmètre. Pour mesurer une intensité, réglez l'appareil en position ampèremètre.

> (i) Continuité ou résistance se mesurent toujours hors tension. Tension et intensité se mesurent sous tension.

La résistance et la continuité se mesurent en mode ohmmètre, toujours hors tension. Les mesures de tension et d'intensité s'effectuent sur un circuit sous tension (figure 7).

La mesure d'une tension

Placez tout d'abord les fiches des cordons dans les borniers appropriés. Généralement, on place un cordon sur le commun et l'autre sur le symbole V ou une valeur de tension (300 V, 1 000 V). Placez le sélecteur d'unité de mesure sur volt alternatif ou continu.
Placez les pointes de test en parallèle aux bornes de l'appareil ou de l'élément à mesurer. La valeur qui apparaît sur le cadran indique la tension entre les bornes en volts.

Avec un multimètre analogique, si vous ne connaissez pas l'ordre de grandeur de

Figure 7 : La mesure des valeurs électriques ▶

Comment mesurer les valeurs électriques?

La mesure d'une tension

La tension se mesure aux bornes d'un récepteur ou d'un générateur à l'aide d'un voltmètre.

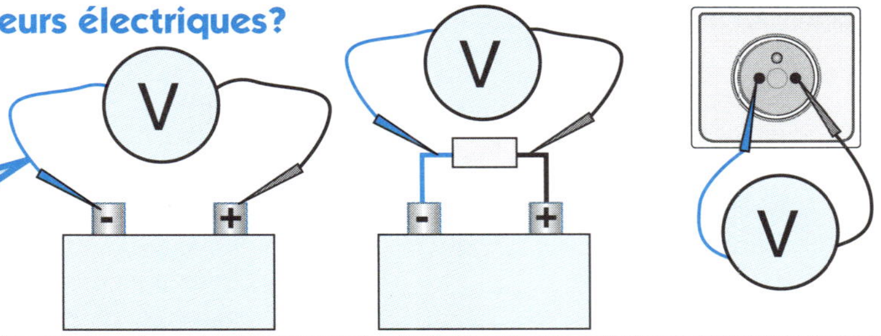

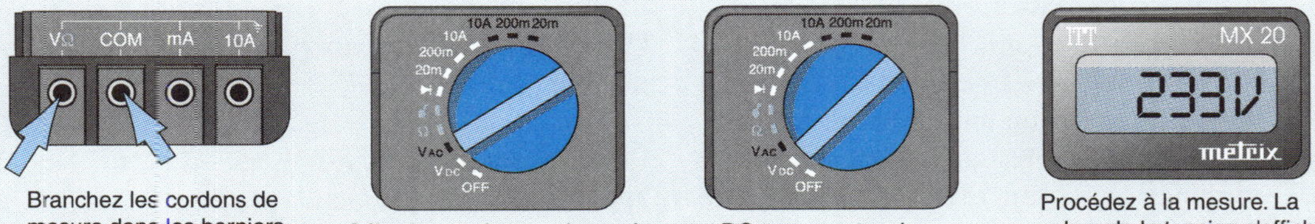

Branchez les cordons de mesure dans les borniers appropriés.

Sélectionnez le type de tension à mesurer : AC pour l'alternatif… ou DC pour une tension en continu.

Procédez à la mesure. La valeur de la tension s'affiche sur le cadran.

La mesure d'une intensité

L'intensité se mesure à l'aide d'un ampèremètre, placé en série avec l'élément dont on veut mesurer l'intensité.

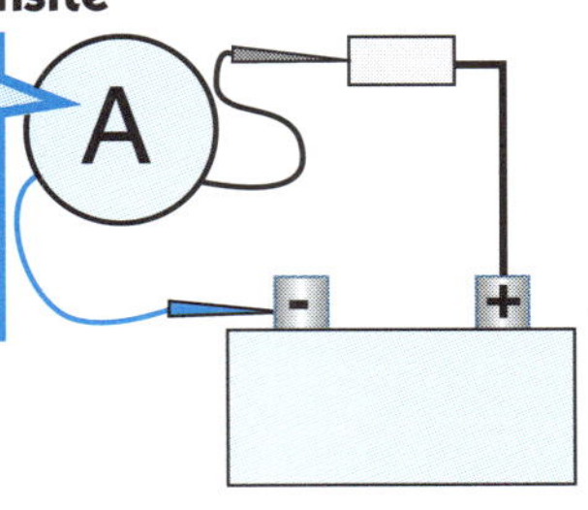

Ce type de mesure n'est pas très approprié pour une installation électrique. C'est pourquoi on préfère souvent la pince ampèremétrique.

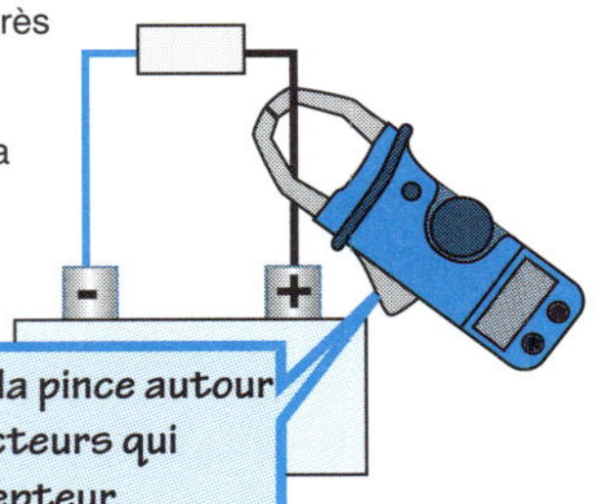

Il suffit de placer la pince autour de l'un des conducteurs qui alimentent le récepteur.

La mesure d'une résistance

La résistance se mesure aux bornes d'un récepteur obligatoirement horstension à l'aide dun ohmmètre.

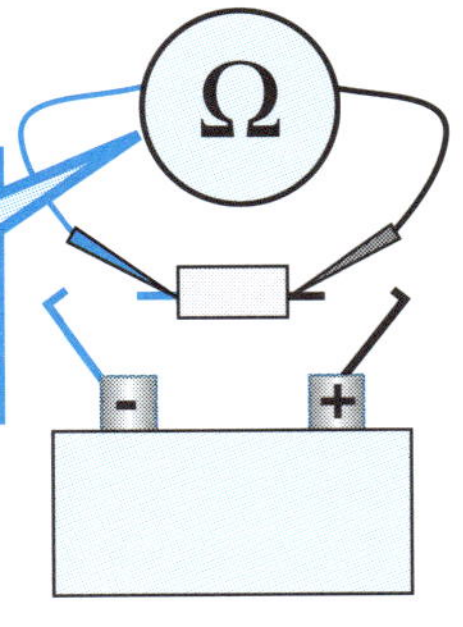

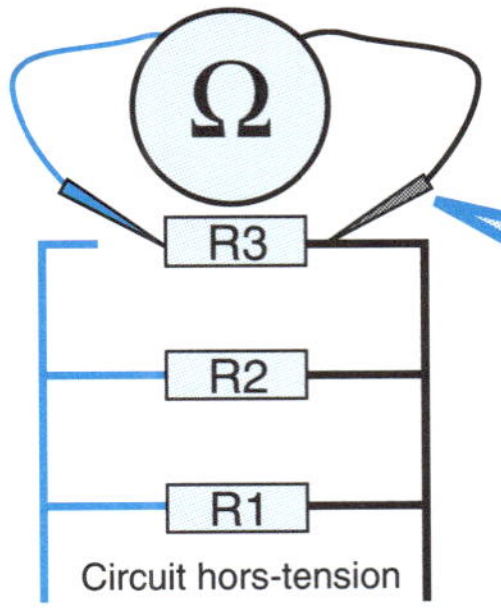

Si vous mesurez une résistance dans un circuit, prenez soin de déconnecter l'un des fils d'alimentation de cette résistance pour ne pas fausser la mesure.

La mesure d'une continuité

Ce type de mesure permet de vérifier qu'un circuit n'est pas coupé (bobinage ou cordon d'alimentation). Elle s'effectue également avec un ohmmètre.

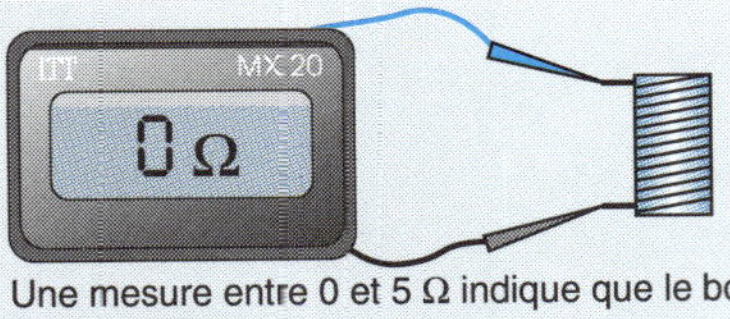

Une mesure entre 0 et 5 Ω indique que le bobinage est correct.

Une mesure infinie indique que le bobinage est coupé.

Pour tester un cordon

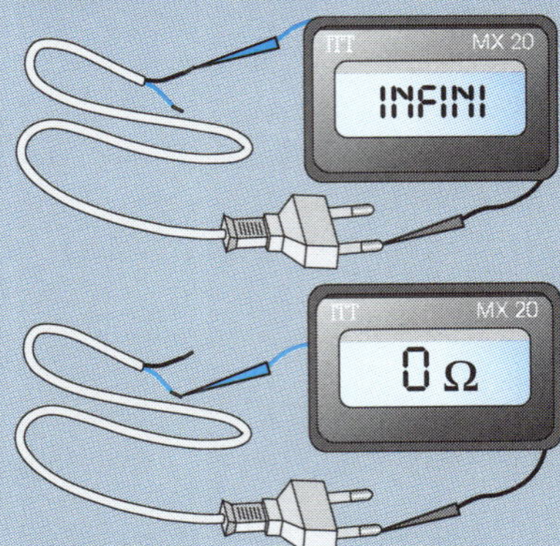

Pour tester un cordon, placez une pointe de test sur l'un des contacts de la fiche et recherchez le fil correspondant à l'autre extrémité. Vous devez obtenir les mesures ci-contre. Testez ensuite l'autre contact de la fiche. Si vous trouvez une valeur infinie entre l'une des fiches et les deux fils à l'extrémité, cela signifie qu'un fil est coupé.

la tension à mesurer, commencez toujours par une mesure avec le cordon placé sur le bornier 1 000 V, puis changez d'échelle si nécessaire.

La mesure d'une intensité

La mesure de l'intensité d'un circuit électrique avec un multimètre est difficilement réalisable dans les installations domestiques. En effet, l'appareil de mesure doit être placé en série avec l'appareil dont on souhaite connaître l'intensité. Par souci de sécurité, utilisez systématiquement une pince ampèremétrique.

La mesure d'une résistance ou de la continuité

La mesure de la résistance s'effectue aux bornes de l'appareil hors tension. Vous pouvez mesurer cette valeur directement sur la fiche de l'appareil.
La mesure de la continuité d'un conducteur sert à vérifier que celui-ci n'est pas coupé, par exemple dans un cordon d'alimentation ou une bobine. Pour mesurer la continuité, vous pouvez utiliser l'appareil de mesure en ohmmètre ou sur la fonction continuité, signalée par un signal sonore.
Pour mesurer la résistance d'un élément dans un circuit, prenez soin de déconnecter l'un des fils d'alimentation de l'élément afin de ne pas fausser la mesure.

Pour mesurer une résistance avec un appareil analogique :
- placez les cordons de mesure dans les borniers appropriés ;
- placez le sélecteur d'unité de mesure sur ohm ;
- mettez en contact les deux pointes de test : l'aiguille doit se déplacer vers la droite du cadran sur la valeur 0 ohm ; si l'aiguille n'atteint pas la valeur zéro, peaufinez le réglage avec la vis de calage ;
- effectuez la mesure en plaçant les pointes de la résistance à mesurer.

Lors d'une mesure de continuité, la valeur 0 ohm indique que le courant passe et que le circuit n'est pas coupé. Une valeur infinie (∞) indique que le circuit est coupé.

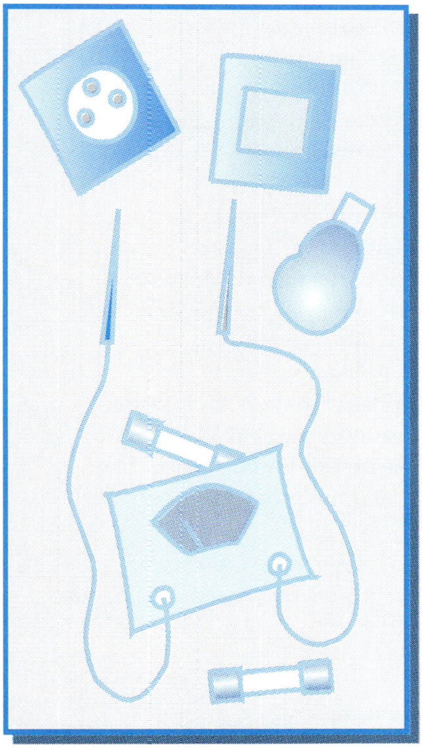

Dépannez et rénovez votre installation

La plupart des pannes survenant sur une installation électrique domestique sont souvent bénignes et ne requièrent pas l'intervention d'un dépanneur électricien. Si vous êtes bricoleur, vous trouverez dans cet ouvrage de nombreux exemples de pannes types, la façon de les détecter et de les résoudre.

Si vous n'avez pas du tout l'âme d'un bricoleur ou si la tâche vous semble trop ardue, cet ouvrage propose des solutions simples qui vous permettront, dans la majorité des cas, de ne pas être totalement privé d'électricité en attendant un dépanneur. Si tel est votre cas, ne faites intervenir que des gens de métier (votre électricien, l'artisan de votre rue, celui que vous recommande votre voisin, etc.) Évitez de faire appel aux sociétés de dépannage rapide multiservices.

Nous allons détailler ci-après les différentes parties d'une installation électrique et présenter les pannes les plus courantes que vous pourrez être amené à rencontrer. Vous trouverez aussi des conseils pour réparer divers appareils électriques (chauffage, luminaires, électroménager) et pour rénover les éléments vieillissants de votre installation.

Vous pouvez vous reporter directement à la troisième partie qui vous permettra, grâce à des mots clés et à des renvois, de trouver plus rapidement la section désirée.

LA DISTRIBUTION DE L'ÉLECTRICITÉ

L'électricité domestique est fabriquée à partir de diverses énergies dans des centrales thermiques, hydroélectriques ou nucléaires. Elle est ensuite distribuée à travers le territoire par des lignes à haute tension. On utilise une tension élevée sur les grandes distances afin de limiter les pertes d'énergie (les pertes étant inversement proportionnelles à la tension).
La haute tension est ensuite abaissée grâce à des transformateurs afin d'obtenir un niveau adapaté aux installations domestiques ou industrielles.

Chaque abonné est ensuite raccordé sur une dérivation du réseau (figure 8), individuelle pour le raccordement d'un pavillon ou collective dans le cas d'un immeuble d'habitation. Dans ce dernier cas, chaque appartement dispose de sa propre dérivation reprise sur une colonne collective.

La dérivation peut être aérienne, souterraine ou aérosouterraine, en fonction de la distribution existante dans votre lieu d'habitation. Afin de protéger la dériva-

Figure 9 : Les emplacements du compteur et du disjoncteur ▶

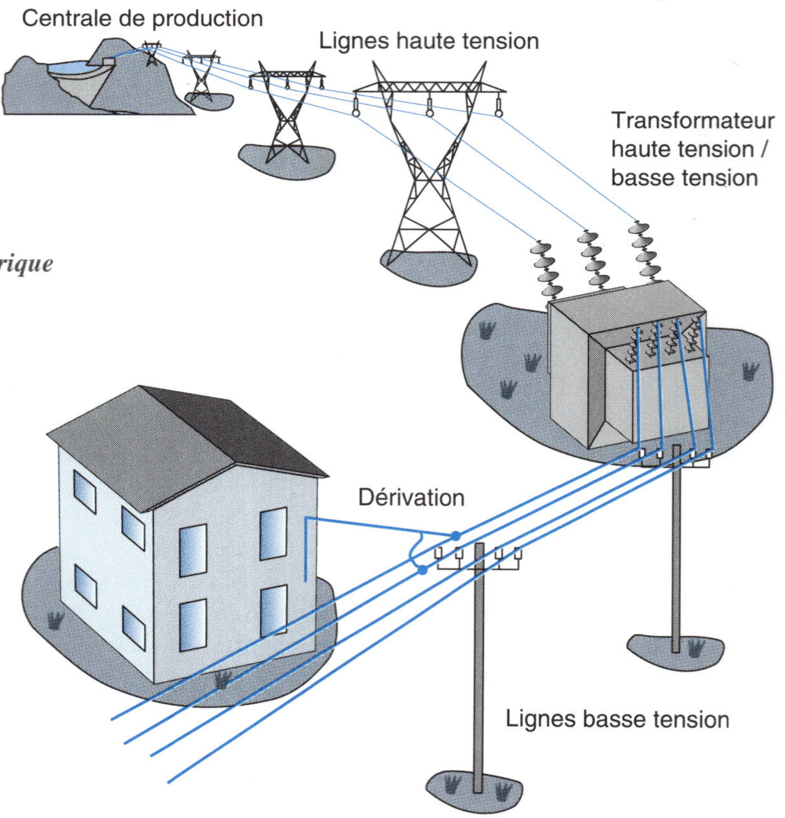

Figure 8 : Le réseau électrique

Les emplacements des compteurs anciens

- Lignes électriques
- Compteur
- Disjoncteur d'abonné
- Coffret ou tableau
- Coupe-circuit général

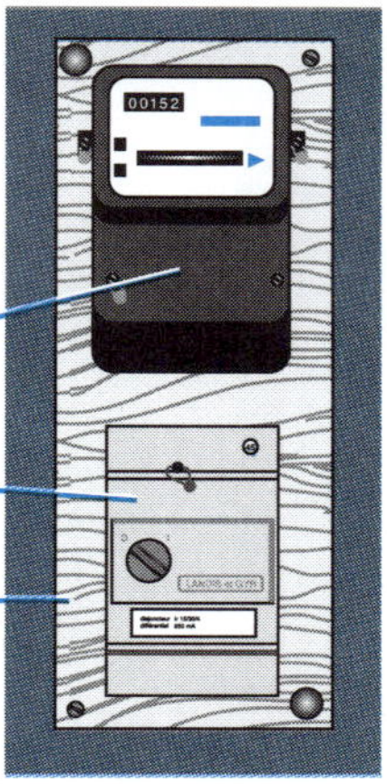

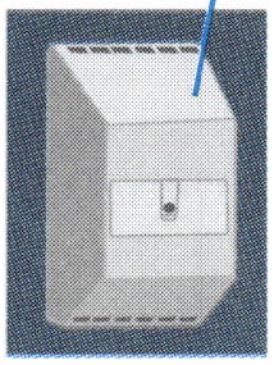

En immeuble collectif

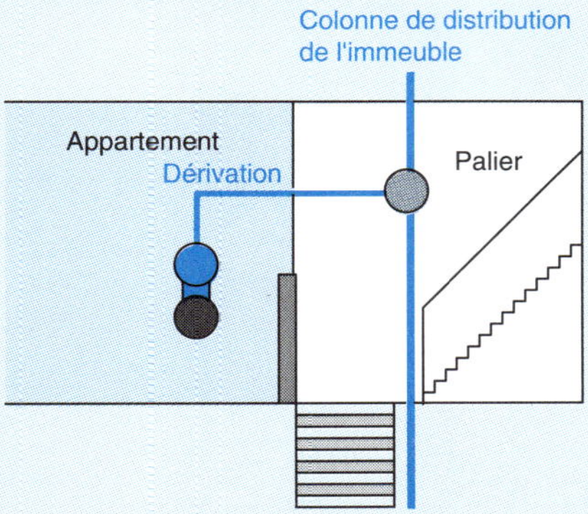

Raccordement ancien

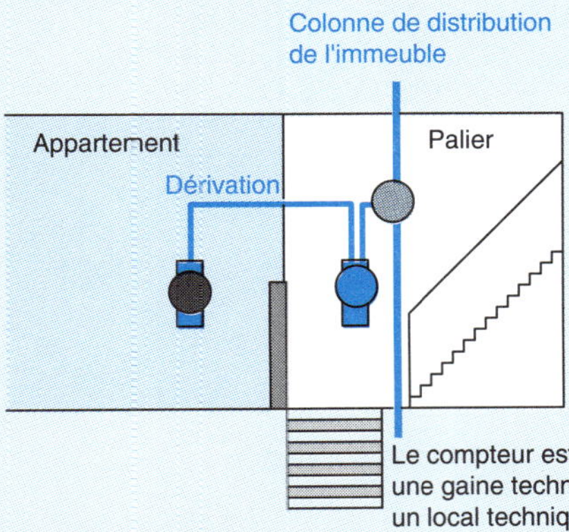

Le compteur est placé dans une gaine technique ou dans un local technique

Raccordement récent

En maison individuelle

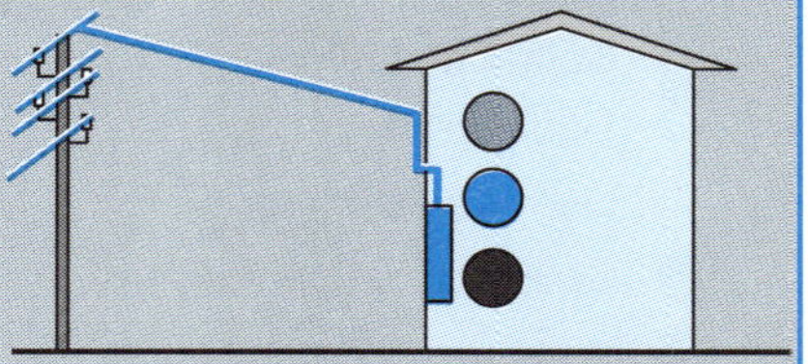

Branchement aérien ancien

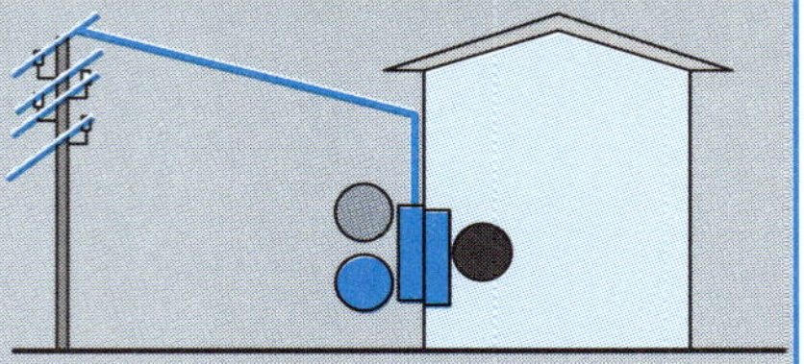

Branchement aérien récent

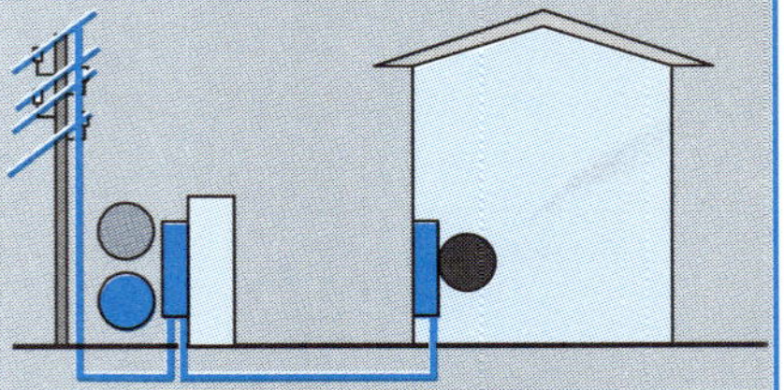

Branchement aéro-souterrain

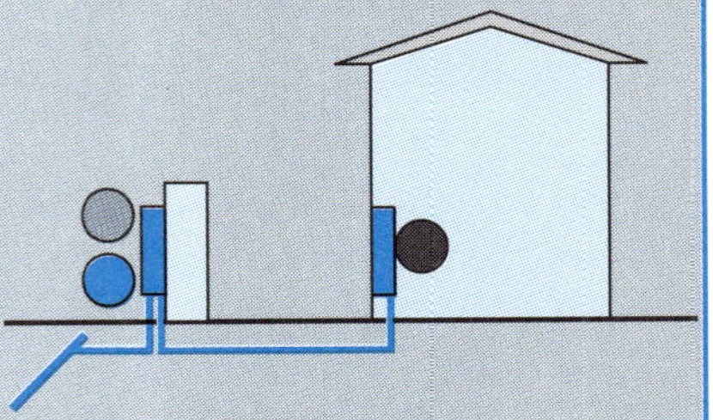

Branchement souterrain

Les emplacements du compteur électronique

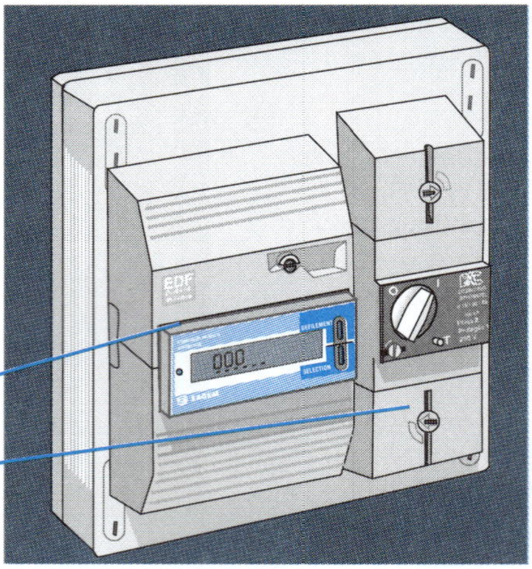

Figure 10 : Le compteur électronique et les prises de téléreport

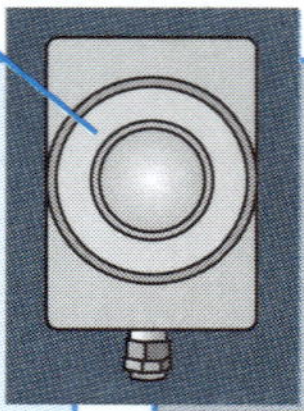

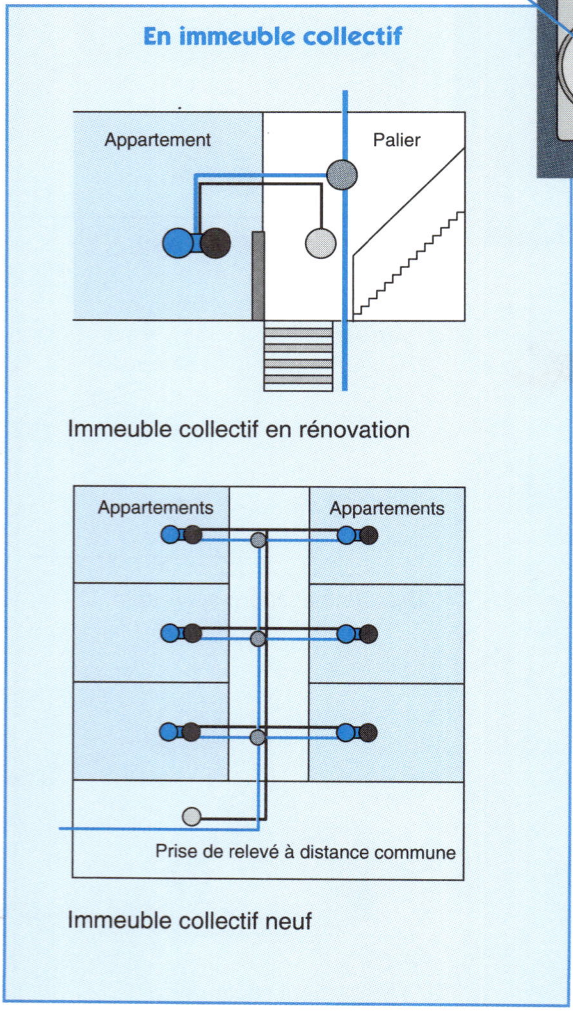

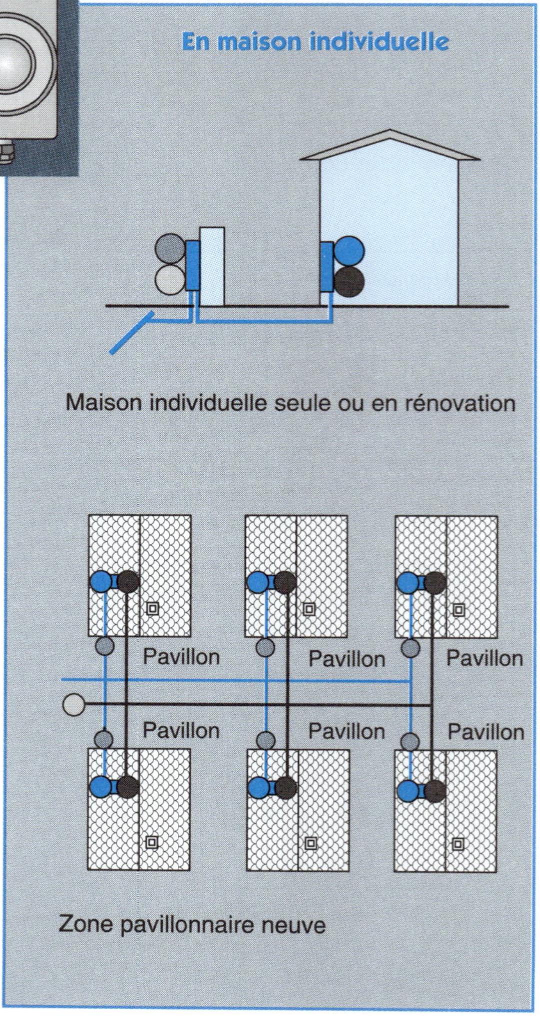

tion et éviter que vous ne priviez tout le quartier d'électricité en cas de court-circuit, le distributeur installe un coupe-circuit à cartouches fusibles, calibrées en fonction de la puissance de votre abonnement. L'accès à ces fusibles vous est interdit, le coffret est plombé et seul le distributeur est habilité à les remplacer. De plus, ces fusibles sont d'un modèle spécial dont le démontage nécessite un outil spécifique.

L'électricité n'étant pas gratuite, la ligne passe ensuite par le compteur. Vous n'avez pas non plus accès aux raccordements effectués dans le compteur, également plombé.

Après le compteur se trouve le disjoncteur d'abonné. C'est l'appareil qui se déclenche lorsque vous provoquez un court-circuit. Il protège l'ensemble de l'installation de façon plus efficace que les fusibles du coupe-circuit général, comme nous le verrons plus loin.
Seule la partie supérieure du disjoncteur est plombée ; la partie inférieure est libre d'accès. C'est à partir de ce point que commence votre installation privative et que vous êtes autorisé à intervenir.

Les emplacements des divers éléments énoncés ci-dessus peuvent différer, en maison individuelle ainsi qu'en immeuble collectif. La figure 9 présente les cas les plus souvent rencontrés. En maison individuelle, si l'installation est relativement récente, vous disposez d'un coffret accessible de la rue, renfermant le coupe-circuit et le compteur. Le disjoncteur est toujours situé dans l'habitation. Dans le cas d'installations plus anciennes, il est possible de trouver l'ensemble coupe-circuit, compteur et disjoncteur à l'intérieur de l'habitation.

Dans les immeubles collectifs récents mais antérieurs à 1996, seul le disjoncteur d'abonné est situé à l'intérieur du logement. Le compteur peut être situé dans les colonnes techniques du palier ou dans un local spécifique. Pour les immeubles antérieurs aux années 1950, le panneau de comptage, c'est-à-dire le compteur et le disjoncteur, est situé dans l'appartement et le coupe-circuit sur la colonne d'alimentation générale.

Depuis fin 1995, pour les installations neuves ou rénovées, EDF installe de nouveaux compteurs électroniques. Ces compteurs sont placés systématiquement à côté du disjoncteur d'abonné. Grâce à des touches de sélection, le compteur électronique permet de connaître de nombreuses informations sur l'abonnement, la consommation, etc. Pour les relevés de consommation, EDF installe une prise de téléreport dans le coffret rue, pour les maisons individuelles, ou sur le palier pour les immeubles collectifs (les prises peuvent être regroupées dans un local spécifique). La figure 10 présente le compteur électronique et les prises de téléreport.

L'INSTALLATION ÉLECTRIQUE

L'installation électrique comprend divers circuits partant tous du tableau de protection. L'alimentation générale du tableau est reprise sous le disjoncteur. Dans certaines installations anciennes, des lignes sont raccordées directement sous le disjoncteur. Cette solution n'est pas satisfaisante : il faut y remédier en intercalant un dispositif de protection.

Les circuits permettent d'acheminer l'électricité à chaque point d'utilisation. Ils sont constitués de conducteurs, c'est-à-dire des fils électriques et des câbles.
Certains circuits cheminent directement du dispositif de protection jusqu'au point d'utilisation : prise de courant, alimentation d'une plaque de cuisson, etc.
D'autres transitent par un dispositif de commande : interrupteur pour un éclairage, bouton-poussoir pour une sonnette, etc.
D'autres encore disposent de deux circuits :
— un circuit de commande ;
— un circuit de puissance.

Le circuit de commande, indépendant du circuit de puissance, donne des ordres à ce dernier par l'intermédiaire d'un contact électrique. Dans ce cas, on est en présence de deux circuits interdépendants dotés d'un dispositif de commande. C'est le cas d'un télérupteur ou d'un contacteur pour un chauffe-eau.
Plus le circuit électrique est complexe, plus le risque de panne augmente et plus la réparation est compliquée. La figure 11 illustre les différents types de circuits.

Vous remarquerez figure 4 (1) que les deux fils d'alimentation provenant du disjoncteur transitent par les dispositifs de protection. Si vous ouvrez l'un des coupe-circuits ou lorsque le disjoncteur divisionnaire se déclenche, la phase et le neutre sont coupés. La phase seule est protégée ; le neutre est coupé mécaniquement lors de l'ouverture du coupe-circuit ou du déclenchement du disjoncteur. Ce type de protection est appelé une protection unipolaire + neutre ou à coupure phase + neutre.
Les coupe-circuits en porcelaine d'antan disposaient d'un fusible pour le neutre et d'un fusible pour la phase : on appelle cela la protection bipolaire. Ce type de protection n'est plus admis pour les installations domestiques.

Dans certaines installations anciennes, seule la phase était protégée et coupée : il s'agissait de la protection unipolaire (2). Cette solution de protection est désormais interdite.

La protection unipolaire est interdite pour une installation neuve ou rénovée.

Quand les circuits électriques comprennent un dispositif de commande, par exemple un interrupteur, c'est toujours le conducteur de phase (5) qui est coupé par le dispositif.
Dans le cas d'un circuit asservi (6), par exemple avec un contacteur, le neutre et la phase sont coupés en même temps. En effet, il est interdit de couper le neutre sans la phase ; en revanche, on peut couper la phase sans le neutre.
La couleur des conducteurs électriques est désormais normalisée :
— bleu pour le neutre ;
— vert et jaune pour le conducteur de protection (terre) ;
— toutes couleurs sauf le bleu, le vert et jaune, le vert ou le jaune pour la phase. En règle générale, on utilise le rouge, le noir ou le marron.

Attention ! Lorsque vous intervenez sur une installation ancienne, ne vous fiez pas à ce code de couleurs : vous risqueriez des déboires : une phase en vert et jaune, par exemple. Sachez aussi qu'autrefois les conducteurs de protection (terre) furent noirs, puis devinrent rouges. Mais si vous faites des transformations

Figure 11 : Les circuits électriques type ▶

Les types de protection

Protections en monophasé

Protection unipolaire + neutre

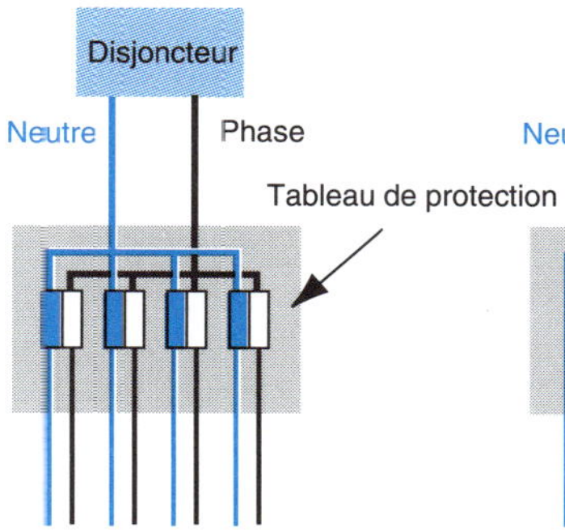

①

Protection unipolaire
interdite sur les installations neuves

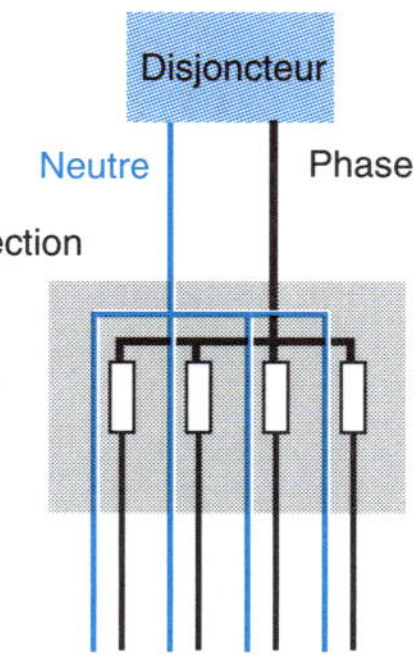

②

Protection en triphasé

Protection unipolaire + neutre
avec alimentation en triphasé
et circuits en monophasé

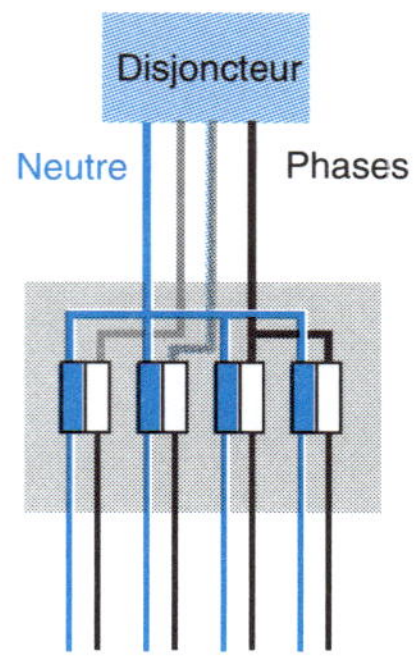

③

▯ Protections unipolaires
Seule la phase est protégée et coupée

◧ Protections unipolaires + neutre
La phase est protégée et coupée,
le neutre est coupé lors de l'ouverture ou du déclenchement du dispositif de protection

Les types de circuit

Circuit direct

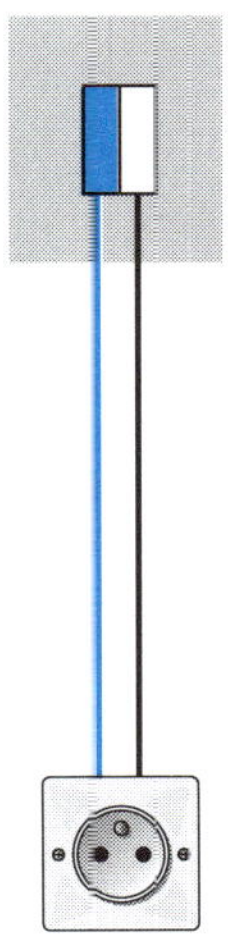

④

Circuit commandé

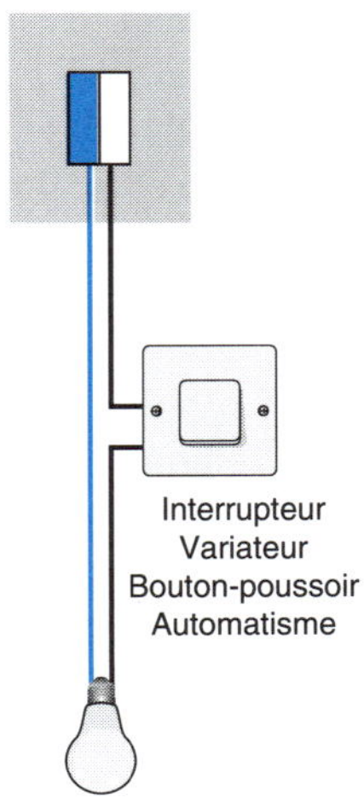

⑤

Circuit asservi

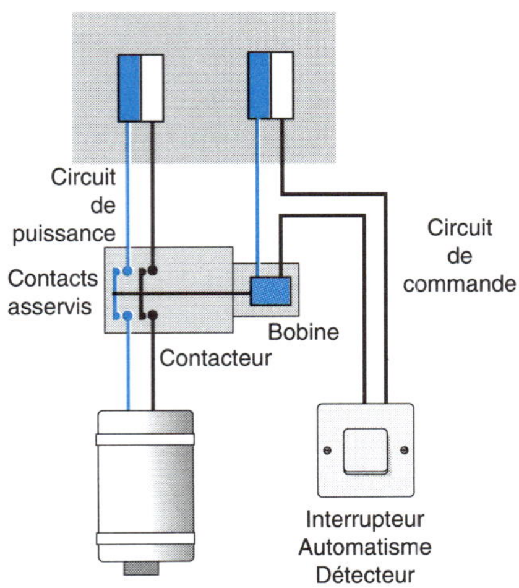

⑥

respectez le code en vigueur actuellement.
La section des conducteurs électriques est normalisée en fonction de la puissance des circuits qu'ils alimentent. Ce point est développé dans le chapitre consacré aux conducteurs d'alimentation.

APPRENEZ À RÉSOUDRE LES PANNES

Apprendre à résoudre les pannes d'un circuit électrique n'est pas chose facile. Si la plupart d'entre elles sont simples à identifier, certaines risquent de vous donner du fil à retordre... L'électricité est capricieuse et même les professionnels avertis peinent parfois pour trouver la solution. Vous devrez toujours faire preuve de méthode et de logique et veiller à opérer en toute sécurité. Nous insisterons sur ces principes fondamentaux qui devront devenir des réflexes.

La méthode la plus sûre consiste à toujours aller du plus simple au plus compliqué. Si, par exemple, vous n'avez plus de lumière au plafonnier de votre chambre, ne commencez pas par tout démonter.

Définissez l'ampleur de la panne : vérifiez qu'elle n'est pas générale et que les autres pièces sont alimentées.
Si seule cette pièce est privée de lumière, démontez l'ampoule et assurez-vous qu'elle n'est pas défectueuse. Vérifiez ensuite le fusible protégeant le circuit de l'ampoule dans le tableau de protection. Si ces deux organes sont corrects, vérifiez la présence de tension au niveau de l'alimentation du luminaire. Si la tension est présente, le luminaire est certainement défectueux, démontez-le et vérifiez-le. S'il n'y a pas de tension, quelle que soit la position de la touche de l'interrupteur, vérifiez le bon fonctionnement de ce dernier. S'il est correct, la panne est plus sérieuse et, dans ce cas, la recherche devra se poursuivre sur le circuit électrique.

Cet exemple, que nous étudierons plus en détail, montre que les premières vérifications sont très simples et ne nécessitent que peu de démontages excepté celui du luminaire et de l'interrupteur. Elles permettent de résoudre la grande majorité des pannes.
Chaque fois que vous vérifiez un élément, faites-le consciencieusement afin d'être tout à fait sûr de son bon fonctionnement et ne plus avoir à y revenir. Par exemple, pour tester un interrupteur, n'hésitez pas à le démonter et à le vérifier à l'aide d'un ohmmètre en actionnant plusieurs fois la touche (il se peut qu'il se bloque seulement par intermittence).

N'hésitez pas à couper le courant, au niveau du disjoncteur d'abonné, pour toutes les interventions qui peuvent s'effectuer hors tension, même si cette précaution vous semble disproportionnée (pour changer une ampoule sur un luminaire ancien, par exemple). L'électricité est dangereuse et la sécurité n'a pas de prix.

Il est toujours préférable de couper l'alimentation électrique de l'installation au niveau du disjoncteur d'abonné. La coupure au niveau d'un fusible ou d'un disjoncteur divisionnaire n'est jamais sûre à 100 %. Le tableau de protection peut être mal repéré et vous ne couperiez pas le bon circuit ; ou bien les fusibles ne coupent qu'un fil (protection unipolaire) et pas toujours la phase. La coupure seule de l'interrupteur, pour un éclairage, n'est pas non plus un gage de sécurité. Sur de vieilles installations, il se peut que le neutre soit coupé au lieu de la phase, ce qui fait que le danger d'électrisation subsiste.

! Avant toute intervention, coupez toujours l'alimentation de l'installation électrique au niveau du disjoncteur.

Important : lorsque vous coupez le disjoncteur d'abonné pour une intervention, veillez à ce que personne ne puisse le réenclencher pendant votre travail. Posez une pancarte signalant de ne pas le remettre en service et bloquez la touche de mise en fonction avec du ruban adhésif ou par tout autre moyen.

LES PANNES D'ALIMENTATION GÉNÉRALE

Dans cette section, nous aborderons les pannes qui sont du ressort du distributeur, sur lesquelles vous ne pourrez pas intervenir mais que vous pouvez avoir provoquées. Pour résoudre ce type de panne, vous devrez faire appel au service de dépannage de votre distributeur, EDF ou autre.
Nous étudierons successivement les pannes collectives, puis individuelles. Il est très facile de diagnostiquer ce genre de dérangement, car vous constaterez l'absence d'électricité sur toute l'installation bien que le disjoncteur d'abonné soit en position marche ou 1.

Pour être sûr qu'il s'agit d'une panne générale, il faut :
— démonter le capot inférieur du disjoncteur d'abonné ;
— vérifier qu'il est en position marche (manette de commande sur 1) ;
— tester la tension en sortie du disjoncteur avec un appareil de mesure (voltmètre) qui doit indiquer : 0 volt (figure 12).

Si la tension est de 220 V, en monophasé, vous êtes confronté à un autre type de panne.

Les pannes collectives

Les pannes collectives sont du fait du distributeur. Elles peuvent concerner une rue, un quartier, voire davantage. Après avoir constaté que le disjoncteur est en position marche, allez vérifier que vos voisins également ne sont plus alimentés en électricité.
Si tel est le cas, vous êtes effectivement confronté à une panne collective. Vous pouvez téléphoner au distributeur pour connaître la nature et la durée de l'interruption . Malgré la gêne causée, sachez qu'il fait son possible pour réparer dans les meilleurs délais.

Les pannes individuelles

La panne individuelle présente exactement les mêmes symptômes que la panne collective, excepté le fait que vous êtes le seul à manquer d'électricité. Vérifiez que vos voisins n'ont pas de problème. Vérifiez l'absence de tension à la sortie du disjoncteur, comme expliqué précédemment, puis appelez le service de dépannage du distributeur. La panne peut être due à la destruction des fusibles au niveau du coupe-circuit, suite à un court-circuit par exemple, ou à une défaillance d'une autre nature au niveau de la dérivation qui vous relie au réseau.

LES CAUSES DE PANNES

Quatre phénomènes principaux peuvent être la cause de pannes sur les installations électriques domestiques : le court-circuit, la surcharge, le défaut d'isolement et la surtension. Nous détaillerons ci-après chaque phénomène, ses causes et ses effets. Puis nous étudierons les dispositifs de protection et leur rôle vis-à-vis de ces phénomènes.

Les installations électriques modernes sont prévues pour déceler ces incidents et provoquer la coupure de l'alimentation électrique dans les plus brefs délais. Sur des installations anciennes ou bricolées, ces dysfonctionnements peuvent avoir des conséquences beaucoup plus graves.

❶

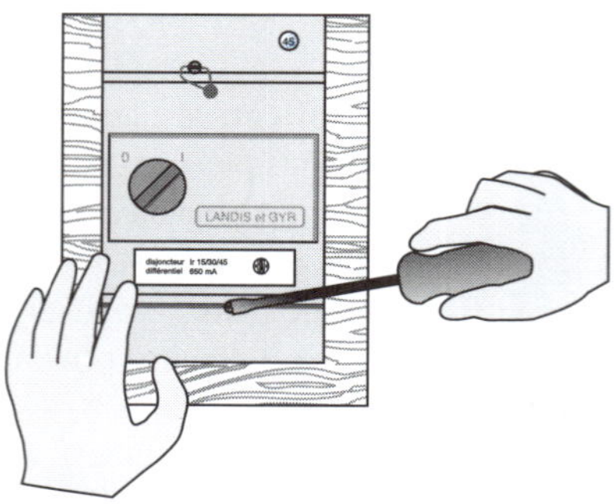

Dévissez le capot inférieur du disjoncteur. Faites attention de ne pas toucher les parties sous tension à mains nues.

❷

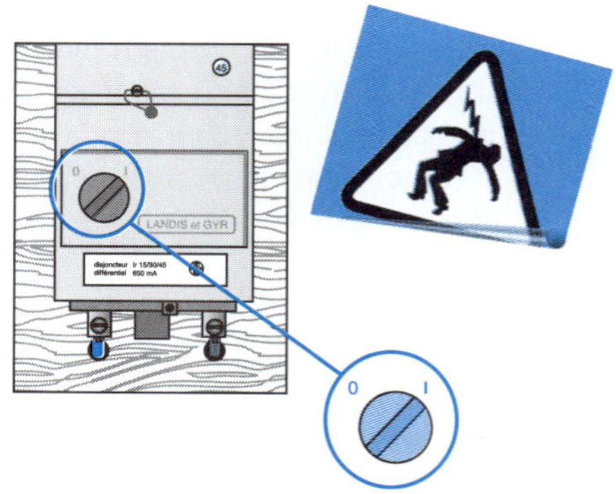

Vérifiez que le disjoncteur est en service (manette de commande sur 1).

❸

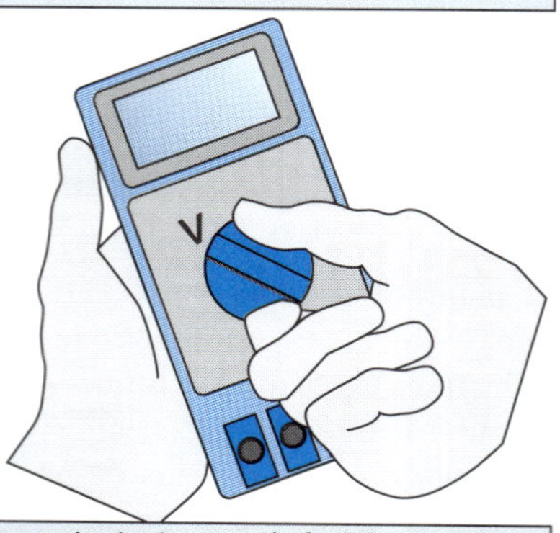

Réglez votre testeur sur la fonction voltmètre (calibre minimal de 300 V en monophasé et 400 ou 500 V en triphasé).

❹

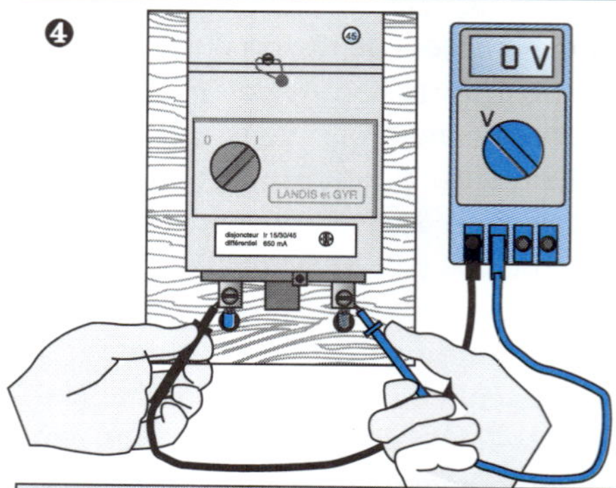

Mesurez la valeur de la tension en sortie du disjoncteur. Ne touchez à main nue aucune partie métallique pouvant être sous tension.

Le court-circuit

En courant alternatif, un court-circuit est dû à un contact accidentel entre phase et neutre ou, dans le cas d'une installation en triphasé, entre deux phases. En continu, un court-circuit se produit lorsque les deux polarités entrent en contact. Ce phénomène peut être provoqué par le branchement d'un appareil défectueux, par une ampoule électrique qui « grille », par la présence d'eau sur les lignes électriques, etc.

Lors d'un court-circuit, le contact accidentel entre les deux conducteurs provoque une forte augmentation de l'intensité en un temps très bref. Si l'on se réfère à la loi d'Ohm applicable au courant continu (U = R x I, donc I = U ÷ R), la résistance entre les conducteurs (R) devenant presque nulle, la tension étant constante, on peut estimer l'importance de l'intensité d'un court-circuit. L'intensité est limitée par la puissance du générateur et la faible résistance de la ligne.

Exemple : considérons un circuit alimentant en 220 V continu une ampoule de 100 W. L'intensité consommée en régime normal est de 0,45 A (I = P/U). Imaginons un court-circuit qui fait chuter la résistance des lignes à 0,05 ohm. L'intensité du court-circuit pourrait atteindre 4 400 ampères (220/0,05). La figure 13 présente la courbe de la progression de l'intensité dans le court-circuit de cet exemple.

En courant alternatif, le phénomène est plus complexe du fait de l'oscillation de la tension mais le résultat est similaire.

◀ ***Figure 12 : Test de la tension de sortie du disjoncteur***

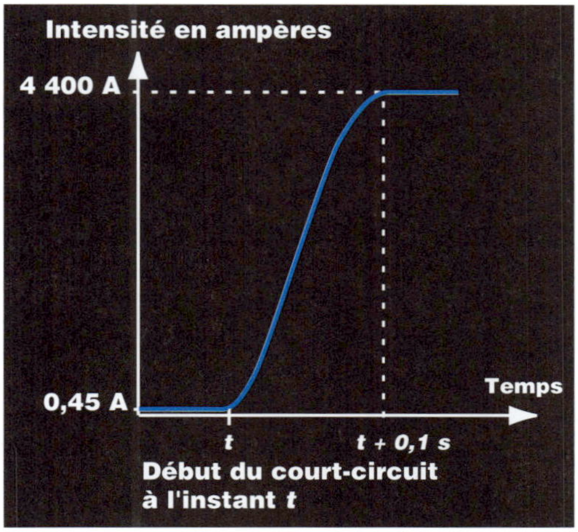

Figure 13 : Le court-circuit en courant continu

La forte augmentation de l'intensité produite lors du court-circuit se traduit par une brusque et importante augmentation de la température des conducteurs. Cette température élevée a pour effet de modifier les propriétés du métal constituant les conducteurs, de détruire l'isolant et d'échauffer le support des lignes (moulure en bois, gaines) ainsi que leur environnement (tissus muraux, par exemple), ce qui entraîne des risques d'incendie.

C'est pourquoi il est primordial de pouvoir couper l'alimentation du circuit le plus rapidement possible, d'où l'importance du rôle des dispositifs de protection.

La surcharge

La surcharge est due au passage d'une intensité trop importante par rapport au diamètre des conducteurs. On peut distinguer deux sortes de surcharge : les

surcharges normales et les surcharges anormales.
Les surcharges normales apparaissent lors de la mise en marche de moteurs, de transformateurs ou de tubes fluorescents. Il se produit alors une surintensité égale à plusieurs fois l'intensité normale consommée par ces appareils. Mais la pointe est de courte durée, donc normale et non dangereuse.

Les surcharges anormales se produisent, par exemple, lorsque l'on raccorde trop d'appareils sur une même ligne. Les conséquences sont alors identiques à celles d'un court-circuit, à savoir : échauffement des conducteurs, destruction de l'isolant et échauffement des supports. L'intensité est évidemment inférieure à celle d'un court-circuit mais le phénomène pouvant durer, le danger d'incendie est non négligeable.

Pour remédier à ce problème, on a recours à des dispositifs de protection interdisant de dépasser une certaine intensité selon le diamètre des conducteurs des lignes électriques. Ce même diamètre détermine également l'intensité maximale à ne pas dépasser, comme nous le verrons plus loin.

Le défaut d'isolement

Le défaut d'isolement est dû à un endommagement de l'isolant sur un ou plusieurs conducteurs de phase. Un défaut sur plusieurs conducteurs peut se traduire par un court-circuit direct, par exemple si les fils se touchent ou s'ils sont très proches l'un de l'autre en présence d'humidité.
Un défaut sur un conducteur de phase peut se traduire par une perte de courant. Ce problème peut se produire au niveau des lignes de l'installation mais aussi sur des appareils ménagers si le conducteur endommagé vient toucher la carcasse métallique de l'appareil. Pour comprendre ce phénomène, il faut revenir à la distribution de l'électricité. Le plus souvent, le courant dont vous disposez provient d'un réseau avec neutre à la terre (figure 14). Si l'isolant d'un conducteur de phase est endommagé et qu'il entre en contact avec la terre, il va directement rejoindre le potentiel de neutre, d'où une sorte de court-circuit à travers la terre.

Grâce à sa fonction différentielle, le disjoncteur d'abonné élimine ce risque en coupant l'alimentation générale de l'installation lorsque la perte de courant dépasse un certain seuil. Il n'est malheureusement pas très sensible et, pour améliorer la sécurité, la norme régissant les installations électriques à basse tension NF C 15-100 *Installations électriques à basse tension* exige désormais l'installation de dispositifs différentiels à haute sensibilité (30 mA) afin de limiter les pertes de courant à cette valeur très faible. Ils améliorent la sécurité en minimisant les risques d'électrocution.

Les effets des défauts d'isolement peuvent être très dangereux, surtout lorsqu'une personne entre en contact avec un conducteur, une gaine métallique ou un appareil électroménager défectueux. On peut considérer deux cas : les contacts directs et les contacts indirects (figure 15). Les contacts directs se produisent lorsqu'une personne touche directement un conducteur de phase privé d'isolant ou dont l'isolant est détérioré. Le courant électrique traverse le corps

Figure 14 : Le régime de neutre à la terre ▶

Le régime du neutre à la terre

① Principe

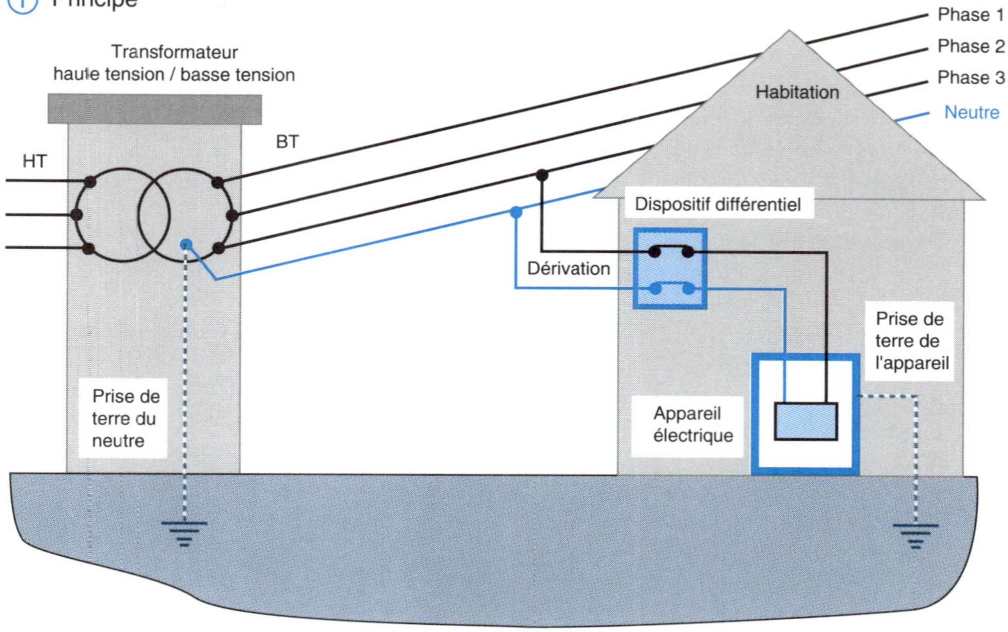

② En cas de défaut d'isolement

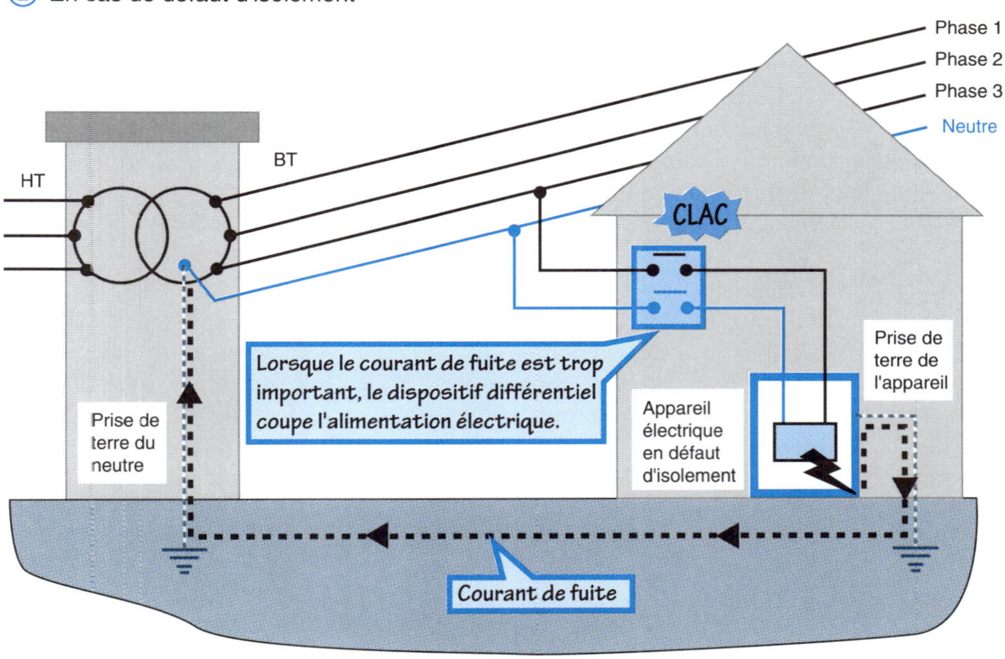

pour rejoindre la terre, d'où un risque d'électrocution. Ce cas n'est pas à proprement parler un défaut d'isolement mais il en caractérise très bien les effets. Les contacts indirects se produisent lorsqu'un conducteur endommagé entre en contact avec la carcasse métallique d'un appareil électroménager. On peut considérer ici aussi deux cas de figure :

— l'appareil est relié à une prise de terre. La perte de courant transite directement par le fil de terre. Si elle est trop importante, le dispositif de protection se déclenche ;
— l'appareil n'est pas relié à une prise de terre ou il est relié à une prise de terre non conforme. Le courant est isolé vis-à-vis de la terre, par les pieds de la machine, mais lorsque l'on touche la carcasse de l'appareil, la perte de courant, ou courant de fuite, transite par le corps pour rejoindre la terre.

On comprend, notamment pour ce type de défaut, l'importance des dispositifs de protection. La prise de terre est également très importante. Le conducteur de terre est désormais exigé pour toutes les lignes électriques, y compris pour les circuits d'éclairage et les prises de courant dans toutes les pièces.

Dans une installation neuve ou rénovée, le conducteur de terre doit être présent sur toutes les lignes.

Le défaut d'isolement est la panne la plus difficile à déceler et à résoudre. Le défaut peut être fluctuant ou intermittent, par exemple sous l'influence de l'humidité. Il ne se traduit pas toujours par le fait que vous sentiez du courant en touchant un

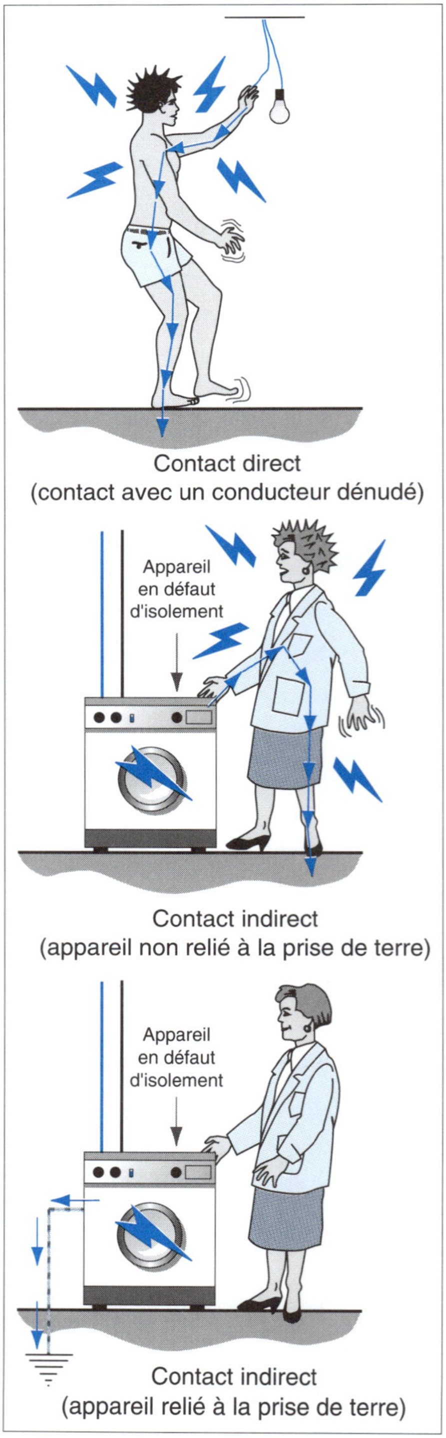

Figure 15 :
Les contacts directs et indirects

appareil. Un simple clou planté par mégarde dans une canalisation électrique encastrée dans un mur légèrement humide peut être suffisant. L'humidité du mur suffira à conduire le courant de fuite jusqu'à la terre et à provoquer le défaut. Vous avez peu de risques de toucher le clou mais le disjoncteur d'abonné ou le dispositif différentiel haute sensibilité (si vous en êtes équipé) se déclencheront intempestivement et une longue enquête sera alors nécessaire pour retrouver le clou fautif !

La surtension

Les surtensions les plus importantes sont produites par l'électricité atmosphérique, c'est-à-dire la foudre. La foudre peut tomber directement sur une ligne aérienne, ce qui est assez rare. Elle crée alors une surtension qui peut atteindre 5 millions de volts et qui se déplace sur la ligne à la vitesse de la lumière. Elle peut aussi, en tombant à proximité d'une ligne et par effet magnétique, créer une surtension qui peut dépasser 400 000 volts et se propager dans les lignes. Afin de remédier à ces phénomènes, le distributeur (EDF ou autre) met en œuvre de nombreux procédés permettant d'éviter que la surtension due à la foudre ne vienne endommager les installations raccordées au réseau. Mais le risque n'est pas totalement écarté, en particulier si la foudre tombe à proximité de votre dérivation.

Dans certaines régions pour les habitations alimentées par des lignes aériennes, la norme NF C 15-100 *Installations électriques à basse tension* recommande l'installation de parafoudres dans les installations privatives. La figure 16 présente en bleu les départements où l'installation d'un parafoudre est recommandée dans les habitations neuves ou rénovées.

Si vous désirez vous protéger de la foudre, sans toutefois réaliser des travaux sur votre installation, sachez qu'il existe des adaptateurs ou des blocs multiprises équipés de parafoudres, destinés à la protection

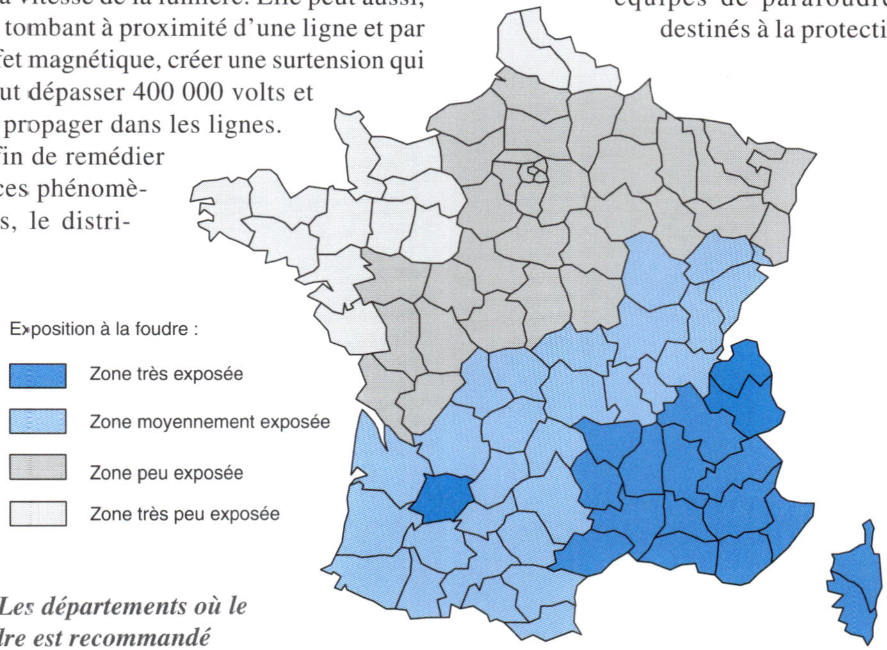

Figure 16 : Les départements où le parafoudre est recommandé

des matériels sensibles (informatique, hi-fi, vidéo, télévision).

LES DISPOSITIFS DE PROTECTION

Nous allons à présent passer en revue les divers dispositifs de protection existants. Selon l'ancienneté de votre installation, il est possible que vous ne disposiez que de certains de ces dispositifs. Lors d'une rénovation, vous devrez donc vous équiper de tous les dispositifs désormais obligatoires.

Le disjoncteur d'abonné

Le disjoncteur d'abonné est placé en tête de l'installation, juste après le compteur. Il est destiné à la protection générale de l'installation. Le disjoncteur assure une coupure phase + neutre. Le conducteur de neutre doit toujours être raccordé sur le connecteur de gauche et la phase sur celui de droite. Il n'est malheureusement pas rare de constater des inversions. Cela peut être dangereux pour l'utilisateur : les dispositifs de protection protégeraient le neutre et non la phase, les interrupteurs couperaient seulement le neutre en laissant la phase arriver constamment à l'appareil. Pour s'assurer qu'il n'y a pas

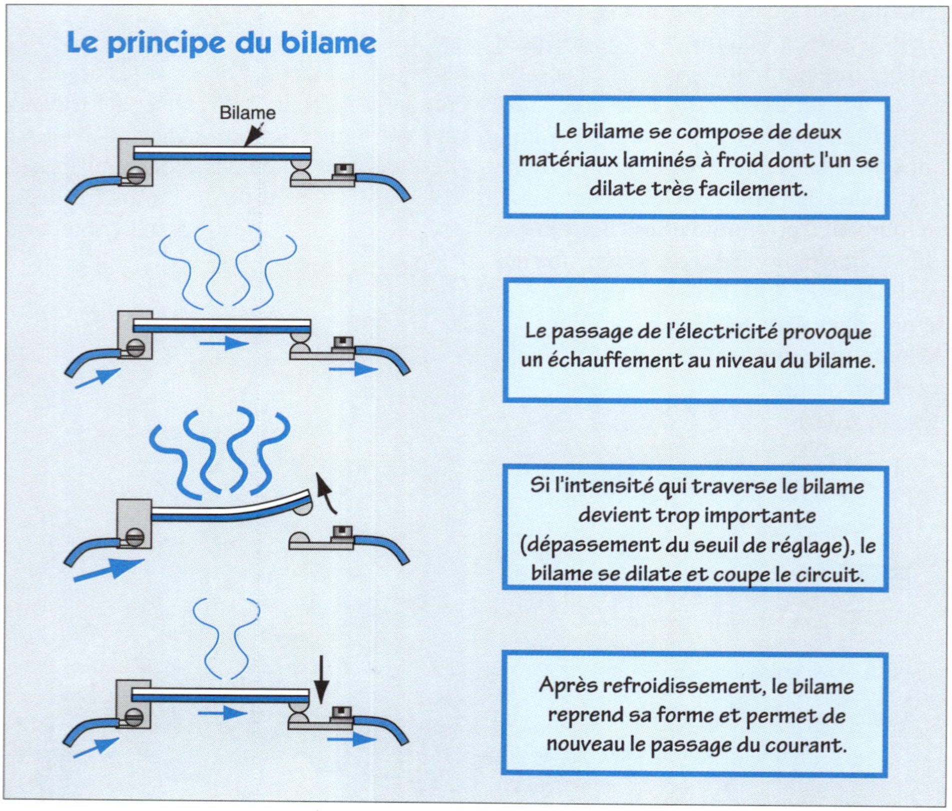

Figure 17 : Le principe du bilame

d'inversion au niveau du disjoncteur, il suffit de déposer le capot inférieur et de placer un tournevis testeur sur le connecteur de gauche, puis sur celui de droite. Le tournevis ne doit s'éclairer que sur le plot de droite.

Le rôle du disjoncteur

Le disjoncteur d'abonné remplit plusieurs fonctions de protection de l'installation. Il assure une barrière contre la surcharge totale de l'installation. Pour cela, il est réglé sur l'intensité maximale que vous n'êtes pas autorisé à dépasser. Ce réglage dépend de votre abonnement EDF : plus la puissance souscrite est importante, plus l'abonnement EDF est cher. Le réglage d'intensité maximale est établi également en fonction de la section et de la longueur de la ligne d'alimentation générale. Mais attention : la protection contre les surcharges est effectuée sur la totalité des lignes et ne dispense pas d'installer un tableau de protection équipé d'une

Le principe de la protection magnétique

Figure 18 : Le dispositif magnétique

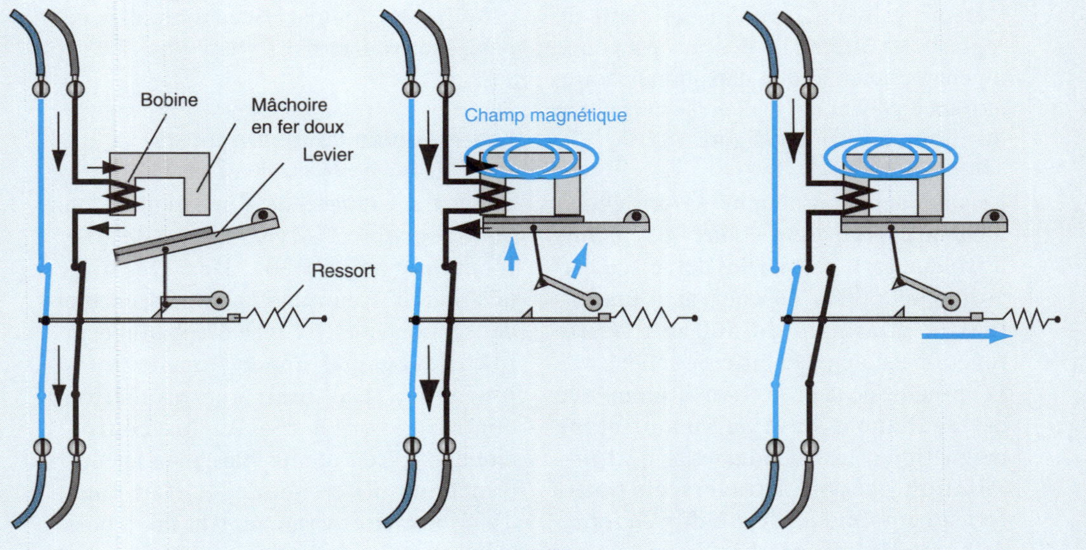

En régime normal, l'intensité de l'installation transite par la bobine enroulée sur la mâchoire, l'installation est sous tension.

En cas de dépassement de consommation ou de court-circuit, l'intensité qui traverse la bobine augmente. Elle crée un champ magnétique dans la mâchoire qui attire le levier.

Le levier actionne le loquet qui débloque les contacts électriques. Le ressort ouvre les contacts : l'installation n'est plus sous tension.

protection individuelle contre les surcharges pour chaque ligne.
Le disjoncteur offre aussi une protection contre les courts-circuits.

Le disjoncteur est équipé d'un dispositif magnétothermique. Le dispositif thermique se compose d'un bilame qui se déforme sous l'effet de la température provoquée par le passage de l'intensité. Quand le seuil de réglage du disjoncteur est atteint, la déformation provoque la coupure du circuit électrique (figure 17).
Le dispositif magnétique se compose d'une bobine parcourue par le courant de l'installation et enroulée sur une mâchoire en fer : c'est le principe de l'électro-aimant. Lorsque le seuil de réglage est atteint, le courant provoque un champ magnétique dans la mâchoire, attirant un levier qui déclenche la coupure du circuit électrique (figure 18).

Le disjoncteur d'abonné assure également une protection contre les défauts d'isolement. Il détecte des défauts, c'est-à-dire les pertes de courant d'une intensité minimale de 500 mA. Cette fonction est appelée différentielle.
Le principe de la protection différentielle est également basé sur un principe magnétique. Les conducteurs de l'installation passent à travers un transformateur toroïdal, c'est-à-dire en forme de tore. Ils créent chacun un champ magnétique. Les deux champs s'annulent en fonctionnement normal.
En cas de défaut, les intensités parcourant les deux tores sont différentes, puisqu'il y a fuite de courant. Il y a déséquilibre entre les deux champs magnétiques et création d'un courant électrique dans le tore de détection. Celui-ci alimente un relais qui coupe alors l'alimentation (figure 19).

Le disjoncteur d'abonné est un disjoncteur différentiel magnétothermique, car il assure une protection contre les surcharges, les courts-circuits et les défauts d'isolement.

Dans le tertiaire, on rencontre parfois des disjoncteurs d'abonné qui n'assurent pas la protection différentielle. Dans ce cas, on intercale obligatoirement des dispositifs de protection différentielle entre la sortie du disjoncteur d'abonné et la protection des lignes de l'installation.
Le disjoncteur d'abonné permet également de couper toute l'installation en cas d'incident : début d'incendie ou électrocution. Il est donc impératif de veiller à ce qu'il soit toujours accessible et à ne pas gêner son accès.

Les modèles de disjoncteurs

Selon l'ancienneté de l'installation, on peut rencontrer divers types de disjoncteurs (figure 20). Dans les installations très anciennes, on trouve encore des sectionneurs. Ce type d'appareil était installé avant l'apparition des disjoncteurs. Il assurait une protection contre les surcharges et les courts-circuits, grâce à des fusibles, mais aucune protection différentielle. Il était muni d'une manette permettant la mise hors tension manuelle de l'installation. Ce type d'appareil ne satisfait plus du tout aux normes et doit être impérativement remplacé.

D'autres disjoncteurs anciens n'assurent une protection différentielle que de 650 mA, au lieu des 500 mA actuels. Il est donc nécessaire de les remplacer lors de travaux de rénovation de l'installation électrique.

Le principe de la protection différentielle

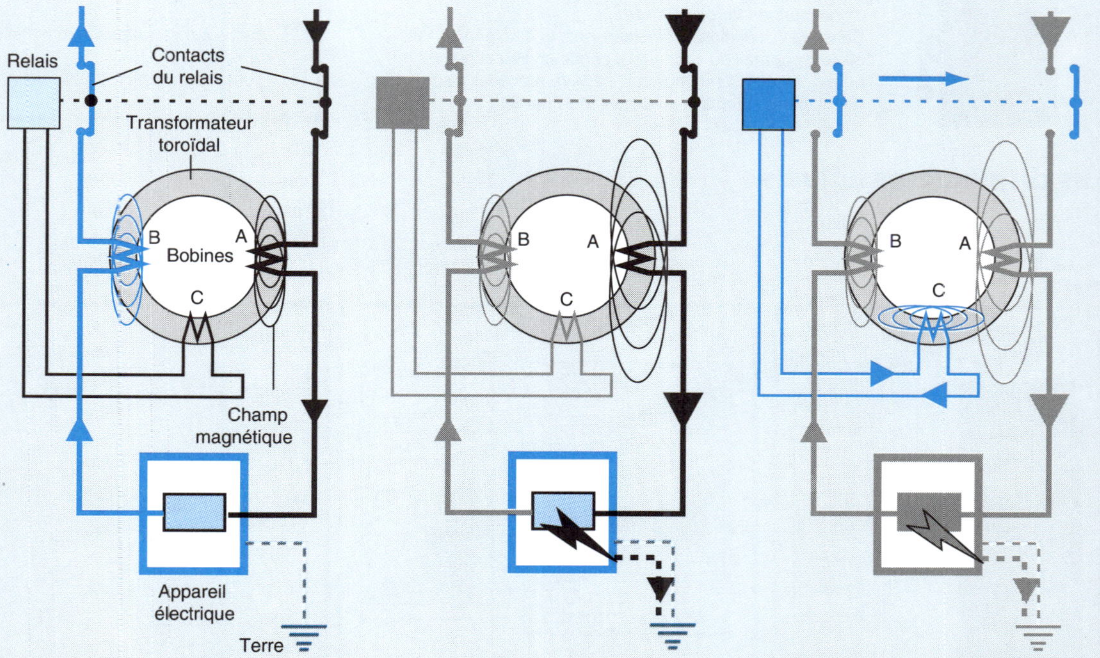

En régime normal, l'intensité de l'installation transite par les bobines formées par les conducteurs d'alimentation. Chaque bobine traversée par l'intensité de l'installation crée un champ magnétique. L'intensité étant identique dans les deux bobines, les champs magnétiques s'annulent.

En cas de défaut d'isolement, une partie du courant s'échappe vers la terre. L'intensité traversant la bobine A est plus importante que celle traversant la bobine B.

Le déséquilibre des champs magnétiques A et B crée un champ magnétique dans la bobine C qui induit un courant électrique et alimente le relais. Le relais alimenté coupe alors l'alimentation.

Figure 19 : Le principe de la protection différentielle

Les disjoncteurs actuels assurent une protection différentielle minimale de 500 mA et disposent d'une touche de test de la fonction différentielle. Une pression sur cette touche provoque le déclenchement du disjoncteur. Remettez le disjoncteur en service après ce petit test, à effectuer une ou deux fois par an.

La figure 21 présente deux types de disjoncteurs modernes, monophasé et triphasé, et explique la signification des indications inscrites sur les appareils.

Les disjoncteurs disposant de la fonction *sélectif* (S) sont destinés aux installations

Les disjoncteurs d'abonné

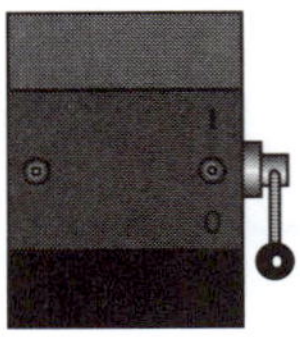

Le sectionneur : appareil muni de fusibles et d'une manette de commande.
Dans les installations très anciennes, le sectionneur fait office d'appareil de coupure générale en lieu et place du disjoncteur. Il est impértatif de faire procéder à son remplacement (contre un disjoncteur) par EDF.

① Commande marche / arrêt

② Indication de l'intensité maximale

③ Test de la fonction différentielle

Les disjoncteurs actuels

Appareils anciens (à remplacer) — Appareils à remplacer lors d'une rénovation — Appareils modernes

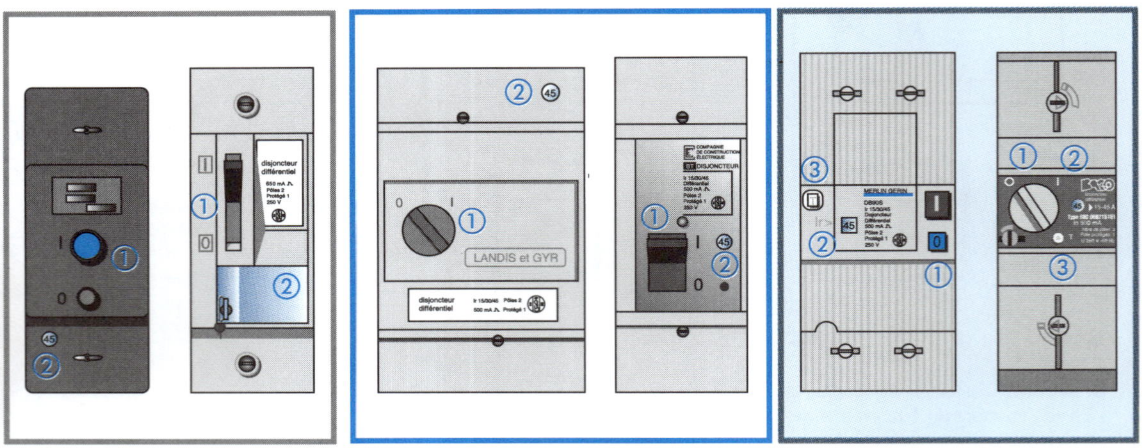

Figure 20 : Les types de disjoncteur

récentes équipées, en aval du disjoncteur d'abonné, de dispositifs de protection différentielle haute sensibilité (30 mA). Cette fonction indique que le déclenchement du disjoncteur en détection différentielle est retardé pour permettre aux dispositifs différentiels haute sensibilité de se déclencher avant lui et de ne couper ainsi que la partie de l'installation en défaut et non pas la totalité.

Si vous avez un doute sur la conformité de votre appareil, contactez EDF ou votre distributeur.

Les pannes de disjoncteur et leurs remèdes

Ce chapitre a pour but de vous permettre d'identifier rapidement les dysfonctionnements au niveau du disjoncteur d'abonné, de les analyser et d'y remédier. Dans la majorité des cas, le disjoncteur se déclenche et coupe toute l'installation. Si vous ne parvenez pas à résoudre la panne, nous vous indiquerons des

Figure 21 : Les indications des disjoncteurs d'abonné ▶

Disjoncteur monophasé
Bipolaire (2 pôles)

Disjoncteur triphasé
Tétrapolaire (4 pôles)

Appareils représentés avec capot de protection inférieur retiré

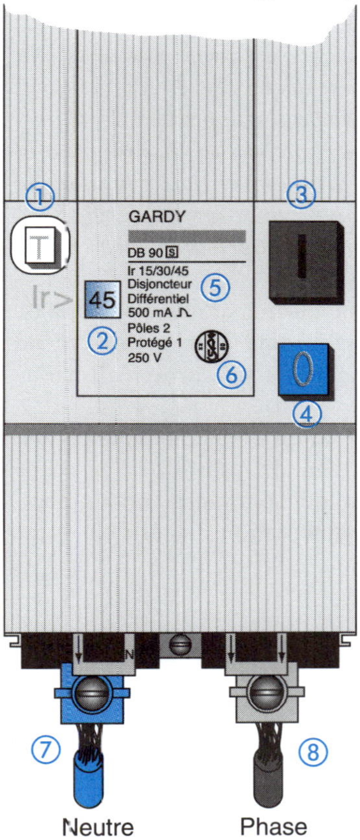

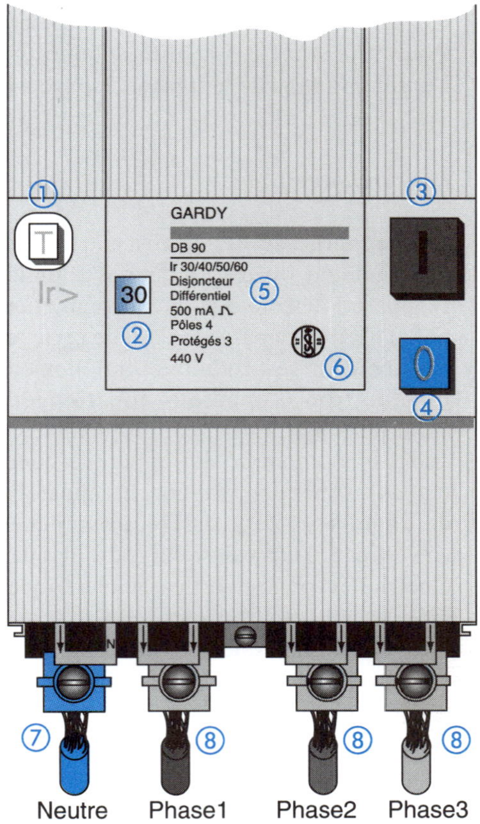

(1) Bouton de test de la fonction différentielle.

(2) Intensité sur laquelle est réglé le disjoncteur (les différents calibres possibles sont indiqués par Ir).

(3) Bouton de mise en fonction.

(4) Bouton d'arrêt.

(5) Indications des caractéristiques de l'appareil :
DB90 est la référence de l'appareil.
S indique que l'appareil est sélectif (prévu pour fonctionner avec des dispositifs différentiels haute sensibilité de 30 mA). En cas d'absence de ce sigle, le fonctionnement de l'appareil en différentiel est instantanné.
Ir 15 A/30 A indique les réglages possibles de l'intensité maximale admissible.
Disjoncteur différentiel 500 mA indique que l'appareil est différentiel avec une sensibilité de 500 mA.
Pôles 2 protégé 1 sont les caractéristiques d'un appareil monophasé (2 pôles pour la phase et le neutre).
Pôles 4 protégés 3 sont les caractéristiques d'un appareil triphasé (4 pôles pour les 3 phases et le neutre).
250 V indique la tension de fonctionnement en monophasé, 440 V la tension de fonctionnement en triphasé.

(6) Conformité aux normes Françaises.

(7) Bornier de raccordement du neutre.

(8) Bornier de raccordement de la phase.

solutions pour remettre en service une partie de l'installation en attendant l'intervention d'un dépanneur électricien. Pour une analyse rapide, consultez l'organigramme de la figure 22, page 44.

Les surcharges

La surcharge se concrétise par le déclenchement du disjoncteur d'abonné. L'appareil détecte que la consommation d'électricité a dépassé le seuil de réglage. Cet incident se produit essentiellement lorsque trop d'appareils fonctionnent simultanément. Les appareils considérés étant, bien entendu, des appareils gourmands en énergie, à savoir : les appareils de chauffage, le gros électroménager (lave-linge, lave-vaisselle, four, plaques électriques) ou le chauffe-eau électrique.

Pour être certain que vous êtes confronté à un problème de surcharge, vérifiez que le déclenchement du disjoncteur coïncide avec l'utilisation d'un appareil supplémentaire et cela après quelques secondes ou minutes d'utilisation. Si vous remettez en service le disjoncteur sans rien changer, il doit rester en fonction quelques secondes, puis se déclencher à nouveau. La détection est effectuée par la partie thermique du disjoncteur : au déclenchement, le système de bilame refroidit.
Quand vous remettez en service le disjoncteur, le bilame se déforme à nouveau et déclenche le disjoncteur.

Pour résoudre ce problème, il suffit de mettre hors service un ou plusieurs appareils gros consommateurs d'énergie et de réenclencher le disjoncteur, afin de pouvoir utiliser l'appareil que vous désirez.

Exemple : le chauffage électrique et le lave-linge fonctionnent. Vous décidez d'utiliser les plaques de cuisson électriques. Après quelques instants, le disjoncteur se déclenche. Arrêtez le lave-linge (ou quelques appareils de chauffage), réenclenchez le disjoncteur et reprenez l'utilisation de la plaque de cuisson. Vous remettrez en service les autres appareils ultérieurement.

Si le disjoncteur ne se réenclenche pas, vous êtes confronté à un autre type de panne, que nous traiterons ultérieurement.
Pour éviter ce problème, demandez une augmentation de puissance à votre distributeur, qui se traduira, notamment, par une augmentation du tarif de votre abonnement.

Les courts-circuits

Le court-circuit se traduit également par le déclenchement du disjoncteur. Il est très rare qu'il ne coïncide pas avec un fait précis :
- raccordement d'un appareil défectueux sur une prise de courant ;
- action sur un interrupteur pour mettre en service un luminaire ;
- aspersion d'eau d'un mécanisme ou d'un appareil électrique ;
- percement d'un trou dans un mur (dans une gaine électrique).

En cas de court-circuit, le déclenchement du disjoncteur est souvent accompagné d'un bruit retentissant, ressemblant à une détonation. Généralement, le court-circuit provoque simultanément la destruction du fusible de protection de la ligne sur laquelle il s'est produit.
Il faut toujours éliminer la cause du court-

circuit avant de remettre la ligne sous tension. Puis vous devrez remplacer le fusible (voir page 65) et réenclencher le disjoncteur. Si vous n'avez pas éliminé la cause du court-circuit, quand vous remettrez en service le disjoncteur le fusible se détruira instantanément.
Si la protection des lignes est assurée par des disjoncteurs divisionnaires, vous devez également éliminer la cause du court-circuit avant de réenclencher le disjoncteur d'abonné. Sinon, chaque fois que vous tenterez de le réenclencher, vous provoquerez le déclenchement du disjoncteur divisionnaire.

Dans certains cas, la puissance du court-circuit va jusqu'à détruire les fusibles du coupe-circuit général en tête d'installation. Lorsque vous réenclenchez le disjoncteur, rien ne se produit, vous n'avez plus d'électricité nulle part. Reportez-vous à la page 29 pour résoudre une panne d'alimentation générale.
Certains courts-circuits peuvent aussi se résoudre d'eux-mêmes. On peut observer ce phénomène lorsqu'une ampoule grille. Il arrive qu'en se détruisant le filament provoque un court-circuit. Cependant la force du court-circuit est telle qu'elle détruit le filament et élimine le défaut. Dans ce cas, après le remplacement du fusible, s'il est détruit, on pourra réenclencher le disjoncteur et constater simplement qu'une ampoule est hors service.

Toutefois, tous les courts-circuits ne coïncident pas avec un fait précis. Ils peuvent aussi se produire sur un appareil fixe, par exemple un chauffe-eau, ou sur une ligne, suite à un dégât des eaux.
Il se peut également qu'aucun fusible ne soit détruit. Cette situation peut avoir plusieurs causes :

— le fusible n'a pas eu le temps de se détruire ; quand vous réenclencherez le disjoncteur, il se détruira et vous pourrez identifier la ligne qui présente un défaut ;
— le fusible est mal calibré ou, pire, il a été remplacé par un morceau de conducteur de cuivre : cette pratique est à proscrire absolument, car elle vous expose à un risque d'incendie ! Dans ce cas, vérifiez tous les coupe-circuits et rechargez-les avec des cartouches ou des recharges calibrées (voir page 62) ; réenclenchez le disjoncteur : le fusible doit alors se détruire ;
— le court-circuit est provoqué par une ligne reprise directement sous le disjoncteur et qui ne passe pas par le tableau de fusibles ; dans ce cas, déconnectez la ligne en question, puis essayez de réenclencher le disjoncteur ; attention ! ne déconnectez pas les conducteurs d'alimentation du tableau de protection.

Lorsque la ligne en défaut est identifiée, recherchez la cause de la panne. Si vous trouvez la tâche trop ardue, laissez le circuit en défaut hors tension et remettez en service le disjoncteur. Cela vous permettra d'attendre l'intervention du dépanneur sans être totalement privé d'électricité.
L'organigramme de la figure 22 vous permet d'effectuer la recherche rapide d'une panne au niveau du disjoncteur.

Le défaut d'isolement

Le défaut d'isolement est détecté par le disjoncteur d'abonné si ce défaut atteint au moins la valeur de 500 mA. Si vous

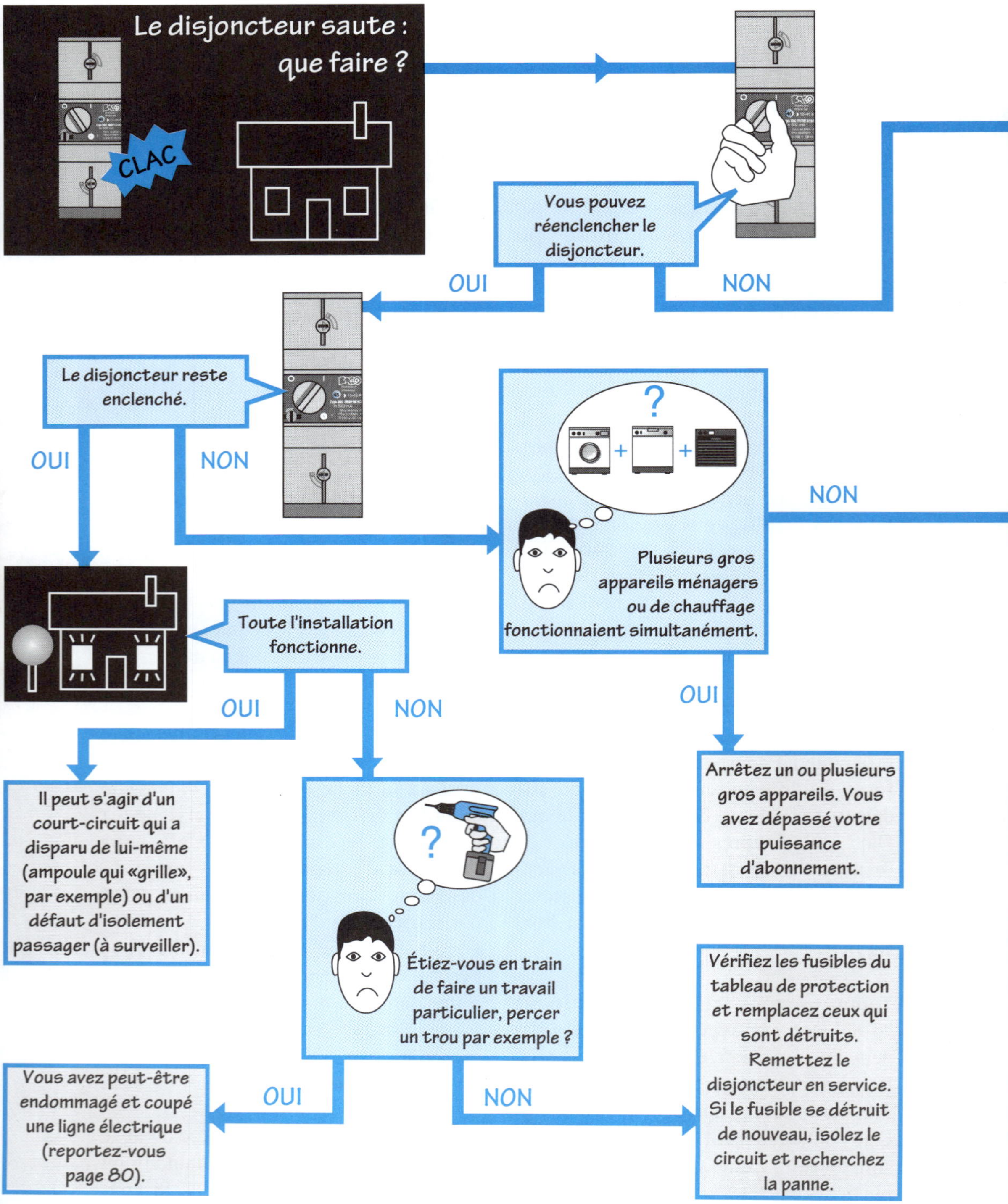
Le disjoncteur saute : que faire ?
CLAC
Vous pouvez réenclencher le disjoncteur.
OUI
NON
Le disjoncteur reste enclenché.
OUI
NON
?
+
+
NON
Plusieurs gros appareils ménagers ou de chauffage fonctionnaient simultanément.
OUI
Arrêtez un ou plusieurs gros appareils. Vous avez dépassé votre puissance d'abonnement.
Toute l'installation fonctionne.
OUI
NON
Il peut s'agir d'un court-circuit qui a disparu de lui-même (ampoule qui «grille», par exemple) ou d'un défaut d'isolement passager (à surveiller).
?
Étiez-vous en train de faire un travail particulier, percer un trou par exemple ?
OUI
NON
Vous avez peut-être endommagé et coupé une ligne électrique (reportez-vous page 80).
Vérifiez les fusibles du tableau de protection et remplacez ceux qui sont détruits. Remettez le disjoncteur en service. Si le fusible se détruit de nouveau, isolez le circuit et recherchez la panne.

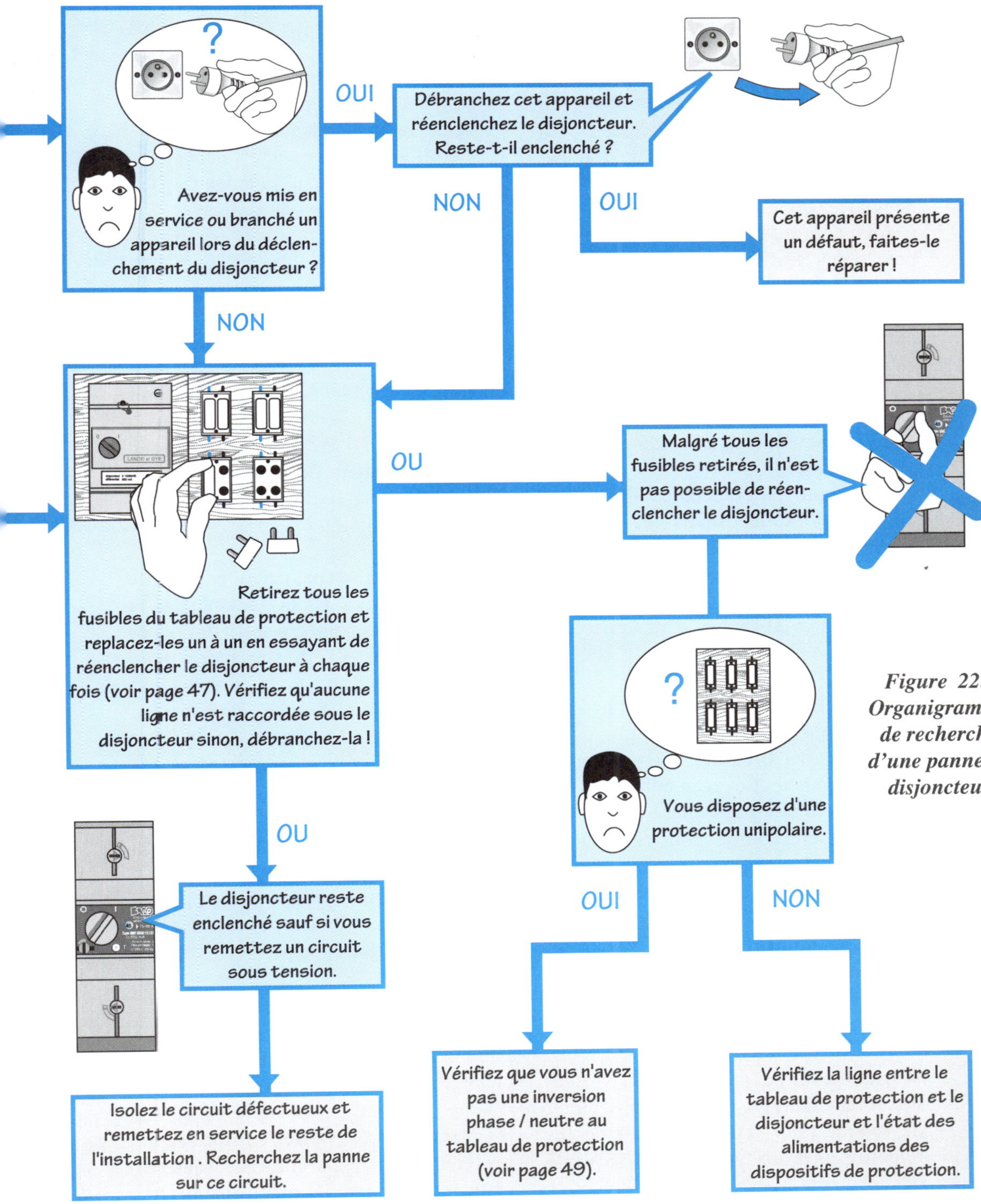

Figure 22: Organigramme de recherche d'une panne de disjoncteur

êtes équipé de dispositifs différentiels haute sensibilité, ceux-ci se déclencheront dès que le défaut dépassera la valeur de 30 mA. Ce type de dysfonctionnement est souvent très difficile à détecter. Il peut provoquer le déclenchement du disjoncteur de manière tout à fait aléatoire. Vous ne pourrez donc pas vous référer à un fait précis comme pour les deux défauts précédents. Sur les installations domestiques, le défaut d'isolement est très souvent lié à la présence d'humidité qui peut provenir :

— d'un dégât des eaux sur des lignes électriques ;
— de l'humidité naturelle d'un mur sur lequel sont placés des éléments électriques ;
— d'eau qui vient en contact de connexions électriques (récipient qui déborde sur une plaque de cuisson électrique, fuite dans un appareil de lavage, etc.) ;
— de la mise en service d'un appareil défectueux.

Ce ne sont là que des exemples permettant de comprendre ce qui peut provoquer un défaut d'isolement. Si vous avez constaté ce type d'événement, il suffit la plupart du temps d'assécher l'appareil ou les lignes électriques pour résoudre le problème. Dans le cas d'une installation ancienne sous moulures en bois, il sera peut-être nécessaire de déposer le couvercle de la moulure afin de sortir les conducteurs des rainures et de les laisser sécher. Il sera judicieux d'en profiter pour procéder à une petite rénovation.

Si vous n'avez pas détecté de fait particulier, il faut, dans un premier temps, tenter de retirer tous les fusibles et de les remettre un à un, de la façon suivante (figure 23) :

— le disjoncteur est coupé, retirez tous les fusibles ;
— remettez en place un fusible, essayez de réenclencher le disjoncteur. S'il demeure enclenché, recoupez-le et mettez en place un autre fusible ;
— essayez de nouveau d'enclencher le disjoncteur et ainsi de suite avec tous les fusibles.

À un certain moment, lorsque vous aurez remis en place un fusible, vous ne pourrez pas réenclencher le disjoncteur. Vous aurez détecté le circuit en défaut. Remettez tous les fusibles sauf celui du circuit en défaut et recherchez la panne sur la ligne en question. Cette technique présente l'avantage de laisser disponible le reste de l'installation, en attendant le dépannage de la ligne.

Si vous ne disposez pas de coupe-circuits mais de disjoncteurs divisionnaires, la technique est la même : il suffit de couper tous les disjoncteurs divisionnaires et de les réenclencher un à un (figure 24).
Pour affiner la recherche, déconnectez tous les appareils raccordés sur la ligne concernée. Essayez de remettre les fusibles et de réenclencher le disjoncteur. S'il reste en fonction, le défaut provient d'un appareil. Rebranchez-les un à un pour définir lequel est défectueux. Si le problème ne provient pas d'un appareil, il sera nécessaire de poursuivre les recherches sur la ligne.

Si le dispositif (coupe-circuit ou disjoncteur) protège plusieurs lignes, vous pouvez affiner la recherche en débranchant chaque fil l'un après l'autre afin d'isoler uniquement la ligne en défaut d'isolement. Vous pourrez ensuite déconnecter tous les appareils raccordés sur cette ligne (appareils électroménagers,

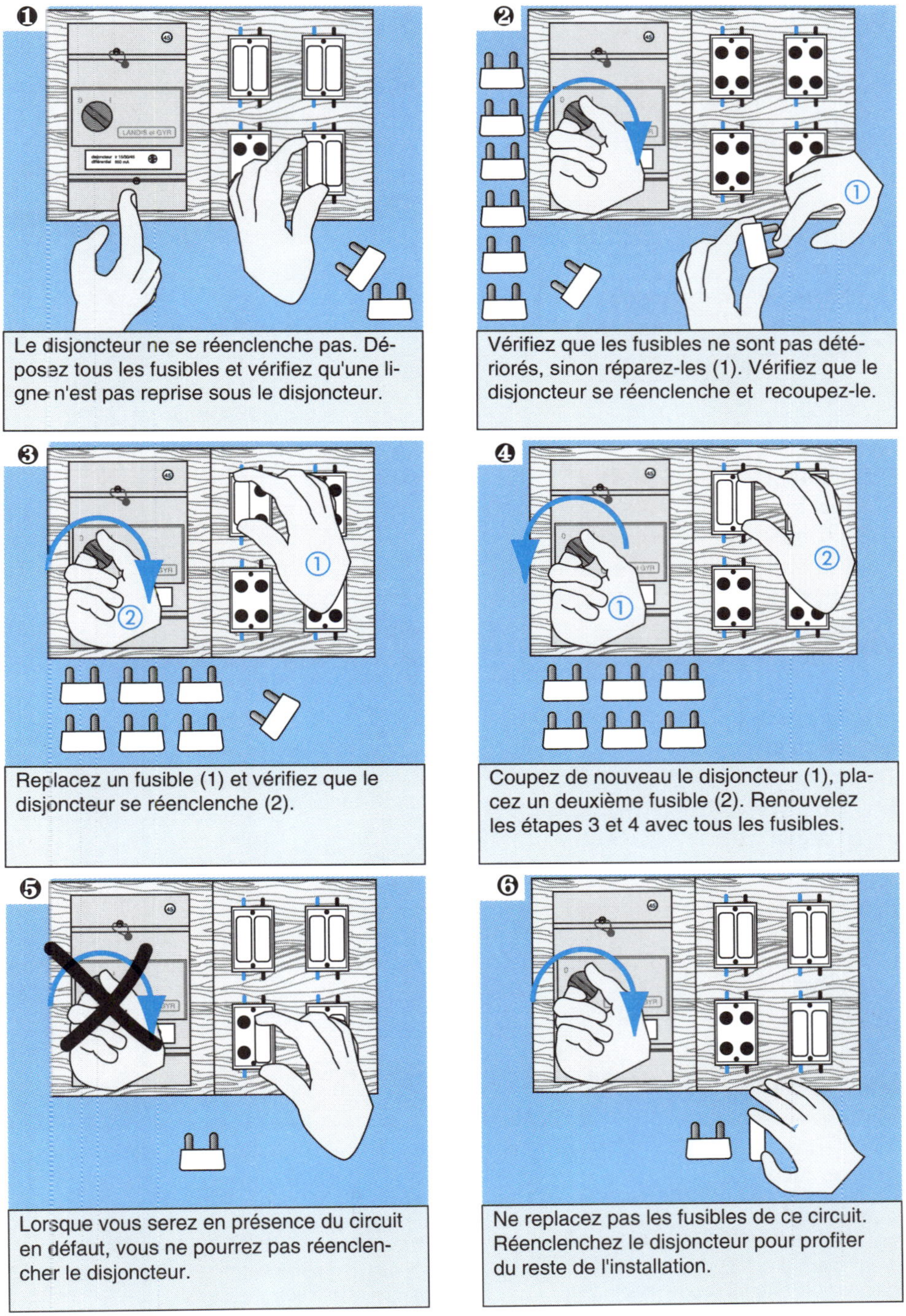

Figure 23 : L'isolement d'une ligne en défaut

❶

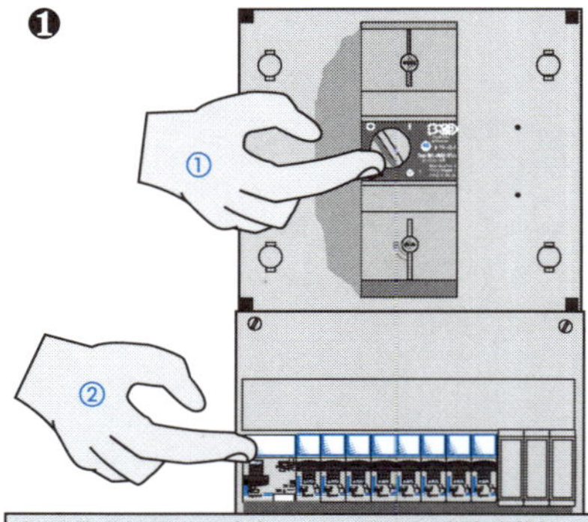

Le disjoncteur (1) ou le dispositif différentiel (2 si vous en êtes équipé) refuse de s'enclencher.

❷

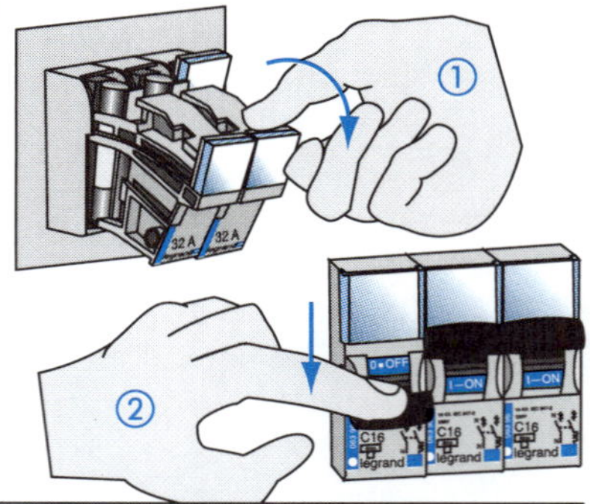

Si vous êtes équipé de coupe-circuits, ouvrez tous les tiroirs (1). Si vous êtes équipé de disjoncteurs divisionnaires, baissez toutes les manettes sur OFF (2).

❸

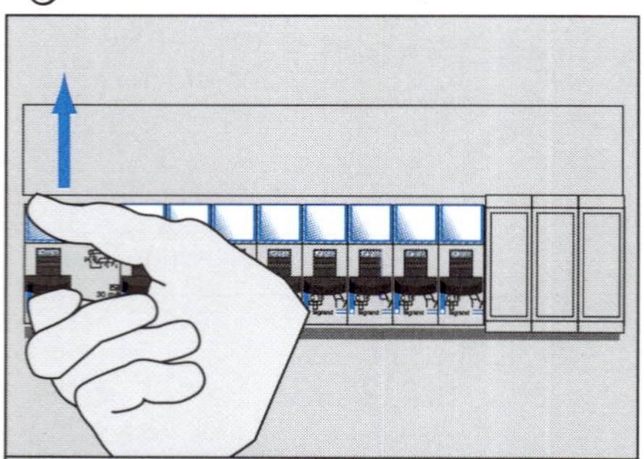

Remettez en service le dispositif différentiel ou le disjoncteur EDF.

❹

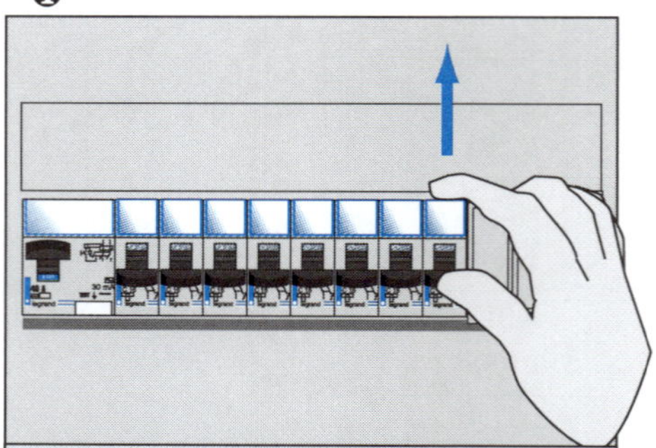

Remettez en service chaque disjoncteur divisionnaire ou coupe-circuit.

❺

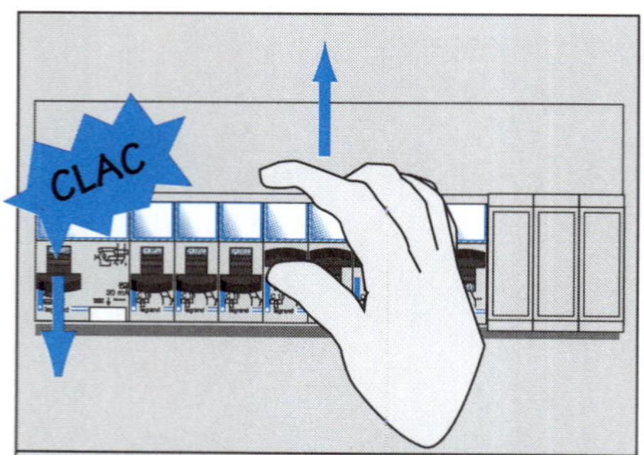

Lorsque vous serez en présence du circuit en défaut, le fait de mettre en service le disjoncteur divisionnaire va déclencher le dispositif différentiel ou le disjoncteur.

❻

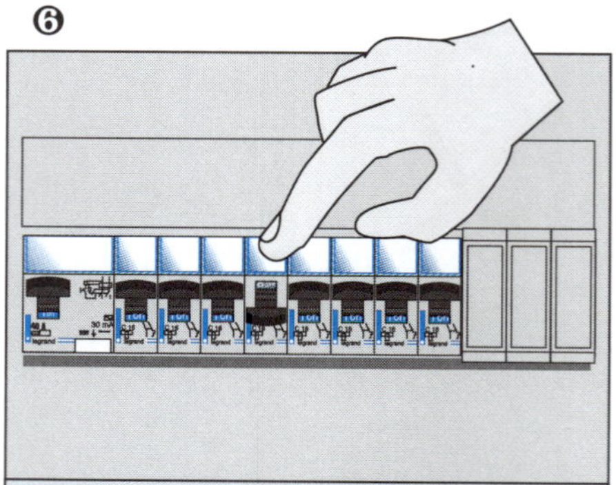

Réenclenchez tous les autres disjoncteurs divisionnaires pour profiter du reste de l'installation. Recherchez la panne sur le circuit en défaut.

Figure 24 : L'isolement d'une ligne en défaut avec des disjoncteurs luminaires, etc.) Si vous pouvez remettre le fusible et le disjoncteur en fonction, cela indique que le défaut est survenu sur l'un des appareils débranchés. Il suffit de les reconnecter un à un pour découvrir lequel à créé l'incident. Si, malgré la déconnexion de tous les appareils et luminaires, vous ne pouvez pas remettre sous tension, le défaut provient de la ligne.

Vous pouvez vous assurer que vous êtes en présence d'un défaut d'isolement en utilisant un ohmètre. Une fois les fusibles retirés (ou le disjoncteur divisionnaire coupé), mesurez la résistance entre le conducteur de phase au départ de la ligne et un conducteur de terre de l'installation.

Si vous mesurez une résistance, même très importante, vous êtes effectivement en présence d'un défaut d'isolement. Si votre appareil de mesure indique une résistance infinie, il ne s'agit pas d'un défaut d'isolement ou celui-ci est peut-être intermittent.

Cette technique fonctionnera si les coupe-circuits ou disjoncteurs assurent une protection unipolaire + neutre (figure 11) ou bipolaire. Dans le cas d'une protection unipolaire, la recherche risque d'être plus difficile et le défaut peut persister malgré la dépose de tous les fusibles. On rencontre souvent ce type de problème lors d'une inversion de la phase et du neutre en tête de l'installation. On pourrait inverser les conducteurs de phase et de neutre à la sortie du disjoncteur, mais cette opération est rarement réalisable (conducteurs souvent trop courts), ou au niveau de l'alimentation du tableau de protection. En monophasé, pour vous assurer que la phase est au bon endroit, c'est-à-dire à droite sur la sortie du disjoncteur, utilisez un tournevis testeur et posez-le sur le plot de droite. S'il s'éclaire franchement, vous êtes bien en présence de la phase qui, par conséquent, se trouve au bon emplacement. Dans le cas contraire, il y a inversion de phase : elle se situe à gauche.
Dans certains cas, un défaut d'isolement peut également se produire sur le conducteur de neutre.
Dans les deux cas — inversion de la phase et du neutre ou retour du défaut par le neutre — il est indispensable de déconnecter chaque fil de neutre (figure 25) comme avec la technique des fusibles. Normalement, vous devez retrouver la phase et le neutre du circuit en défaut, l'isoler et procéder à une recherche approfondie sur la ligne.

On rencontre également des installations protégées par des disjoncteurs divisionnaires unipolaires. Dans ce cas aussi, la technique reste la même. Avec des tableaux modulaires en protection unipolaire, les conducteurs de neutre sont souvent raccordés sur une barrette de connexion facile d'accès.

Les figures 23 et 25 présentent des coupe-circuits anciens qui ne sont plus installés actuellement mais que l'on trouve encore sur certaines installations. La méthode est la même avec tous les types de coupe-circuits.

Si toutes ces mesures demeurent sans effets, faites appel à un professionnel qui, équipé d'appareils de détection plus perfectionnés, parviendra certainement à situer l'origine de la panne.
Lorsque que vous avez isolé la ligne en défaut, reportez-vous à la page 83 pour plus d'informations sur la façon de réparer la panne.

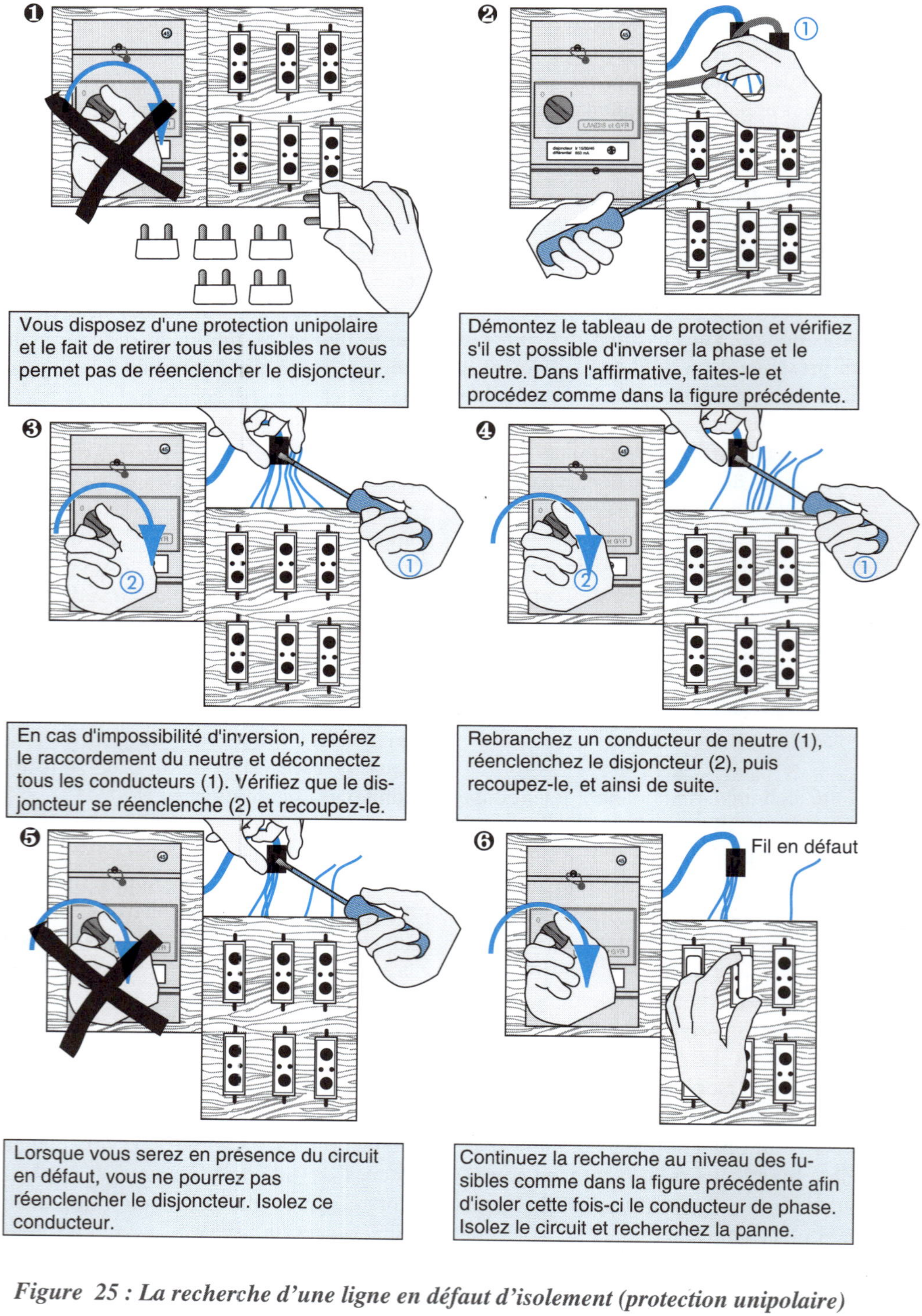

Figure 25 : La recherche d'une ligne en défaut d'isolement (protection unipolaire)

Déséquilibrage des phases en triphasé

Ce type de problème ne concerne que les installations électriques alimentées en triphasé, c'est-à-dire avec trois phases et un neutre. La conséquence est également le déclenchement du disjoncteur. Ce type de panne est dû au fait que la consommation est déséquilibrée : l'une des phases est beaucoup plus sollicitée que les deux autres.

Si vous disposez d'une installation alimentée en triphasé depuis plusieurs années et que vous n'avez jamais constaté ce type de défaut, il n'apparaîtra jamais de lui-même. Le déséquilibrage ne peut se produire que si vous avez rajouté un circuit assez gros consommateur sur une seule phase.

Pour constater le défaut, faites fonctionner les appareils qui étaient en marche lors du déclenchement du disjoncteur puis, à l'aide d'une pince ampèremétrique (figure 26), mesurez l'intensité

La mesure d'un déséquilibrage des phases

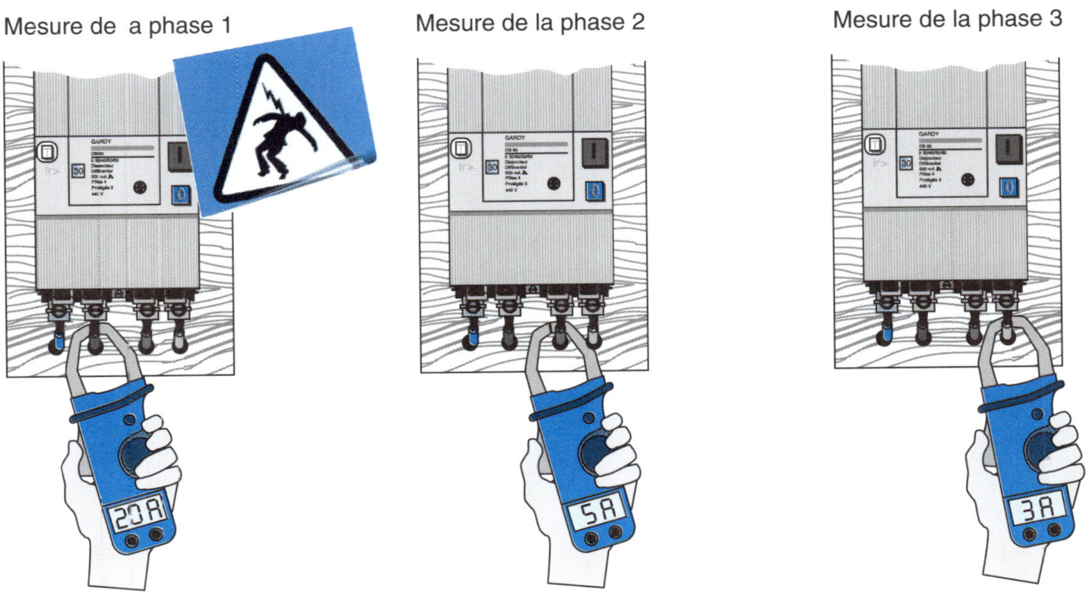

Attention : la mesure s'effectue lorsque le disjoncteur est sous tension.

Exemple de déséquilibrage de phases :
— mesure de la phase 1 : 20 ampères ;
— mesure de la phase 2 : 5 ampères ;
— mesure de la phase 3 : 3 ampères.

Figure 26 : La mesure de l'équilibrage des phases

de chaque phase. Si vous constatez une différence importante, vous êtes en présence d'un déséquilibrage de phases.

Pour rééquilibrer les phases, il faut intervenir au niveau du tableau de protection en répartissant le plus équitablement possible les circuits en 220 V sur les trois phases, en fonction de leur consommation (figure 27).

La coupure d'une phase

La coupure d'une phase ne peut se produire que sur une installation en triphasé. En monophasé, cela se traduirait par l'absence de courant. En triphasé, l'installation continue de fonctionner avec les deux phases restantes et le neutre. Cela ne provoque pas le déclenchement du disjoncteur. Ce phénomène peut être détecté de plusieurs façons :

— une partie de l'habitation n'est plus alimentée en électricité, l'autre partie fonctionne correctement ; tous les fusibles concernant la partie en défaut sont corrects ;

— l'installation fonctionne de façon totalement incohérente : ampoules qui éclairent avec une faible intensité, comme une veilleuse, d'autres avec une intensité anormalement forte, etc.

Pour vérifier qu'il s'agit d'une coupure de phase, mesurez la tension en sortie du disjoncteur au moment de l'apparition des phénomènes (figure 28). Si vous n'obtenez pas une tension de 220 V entre le neutre et chaque phase ou 380 V entre chaque phase, vous êtes en présence

La répartition des circuits en triphasé

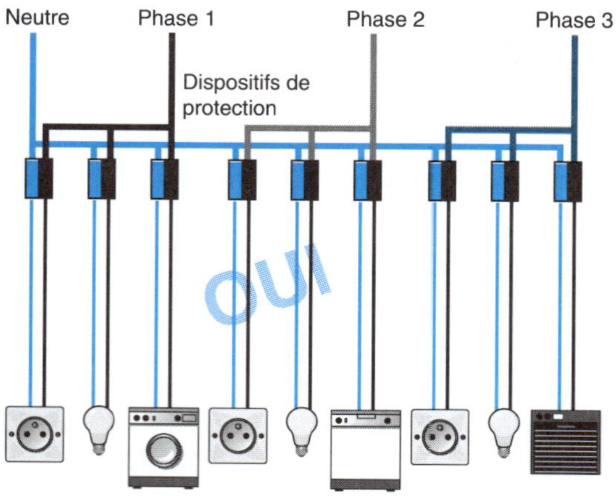

Exemple de répartition correcte des circuits

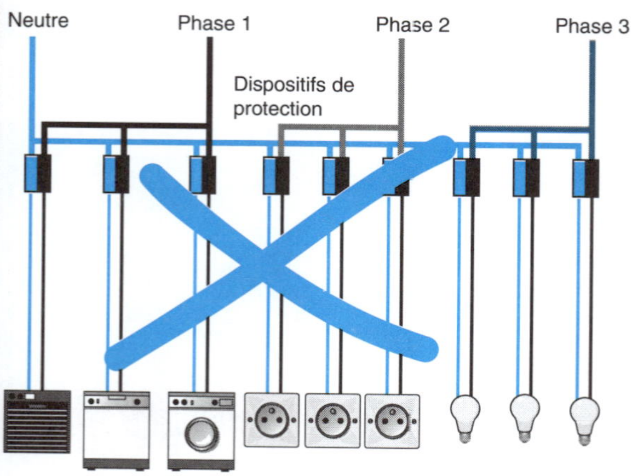

Exemple de mauvaise répartition

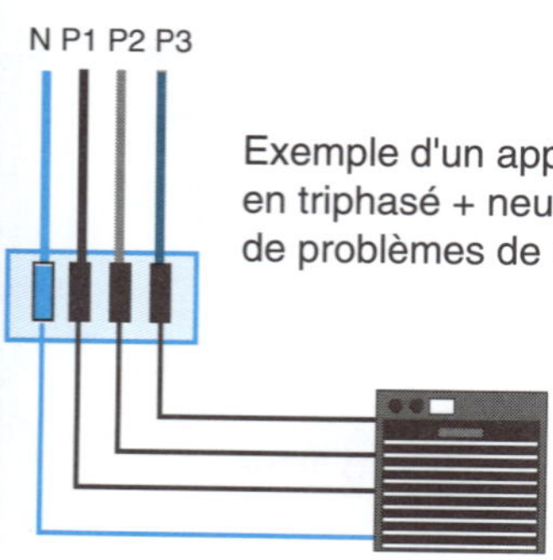

Exemple d'un appareil alimenté en triphasé + neutre. Ici, il n'y a pas de problèmes de répartition.

◄ *Figure 27: L'équilibrage des phases*

d'une coupure de phase en amont du disjoncteur. Contactez alors votre distributeur (EDF ou autre).
Ce phénomène peut apparaître à la suite d'un court-circuit qui détruit uniquement un fusible dans le coupe-circuit général. Il peut être également dû au mauvais serrage d'un élément entre la dérivation et le disjoncteur et apparaître de façon intermittente.

Le dispositif différentiel à haute sensibilité (30 mA)

Les dispositifs différentiels à haute sensibilité (30 mA) sont obligatoires pour les installations neuves ou rénovées depuis 1991. Ils doivent impérativement protéger tous les circuits de prises de courant, l'installation électrique de la salle de bains (prises, chauffage, éclai-

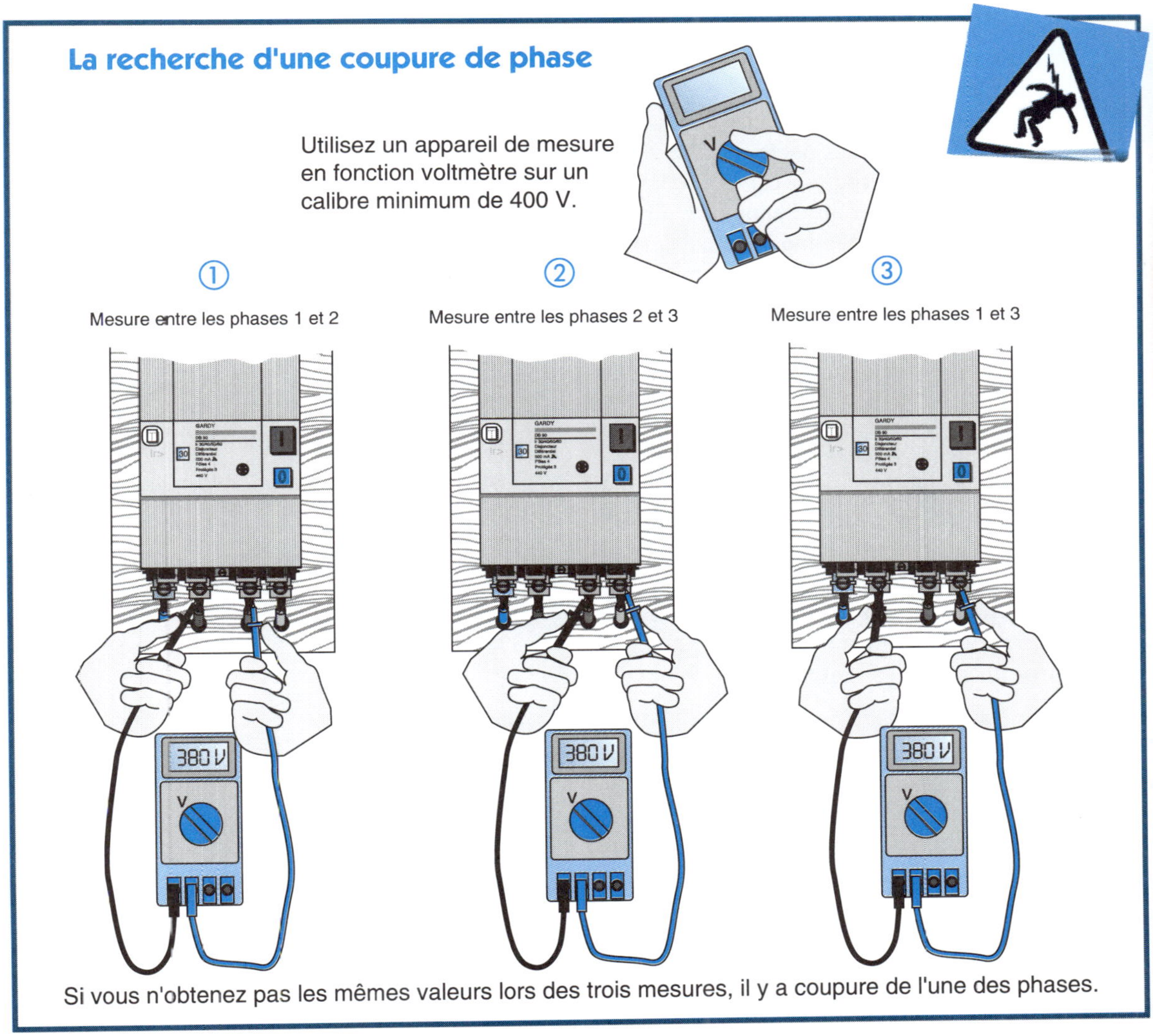

Figure 28 : La mesure de la présence des phases

rage), les circuits des appliques lumineuses de la cuisine et les câbles de chauffage par le sol. Les dispositifs différentiels sont placés en aval du disjoncteur (figure 29), en tête des protections individuelles de lignes (coupe-circuits ou disjoncteurs divisionnaires).

Le rôle des dispositifs différentiels

Ces appareils disposent d'une détection différentielle des courants de fuite de haute sensibilité : 30 mA au lieu de 500 mA pour un disjoncteur d'abonné. Le principe de détection est le même que celui du disjoncteur d'abonné (voir plus haut). Ils sont destinés à provoquer la coupure des circuits qu'ils protègent dès qu'un courant de fuite atteint la valeur de 30 mA. La nouvelle norme NF C 15-100 *Installations électriques à basse tension* a rendu ces dispositifs obligatoires pour certains circuits afin d'améliorer la sécurité des installations électriques. Pour de petites installations de type studio ou deux pièces, un seul dispositif est exigé. Pour des installations importantes, il est recommandé d'en installer plusieurs. Il existe des appareils de plus grande sensibilité : 10 mA, pour une protection plus importante.

Les modèles

Il existe deux types de dispositif différentiel à haute sensibilité : les interrupteurs et les disjoncteurs (figure 29).

Les dispositifs différentiels haute sensibilité (30 mA)

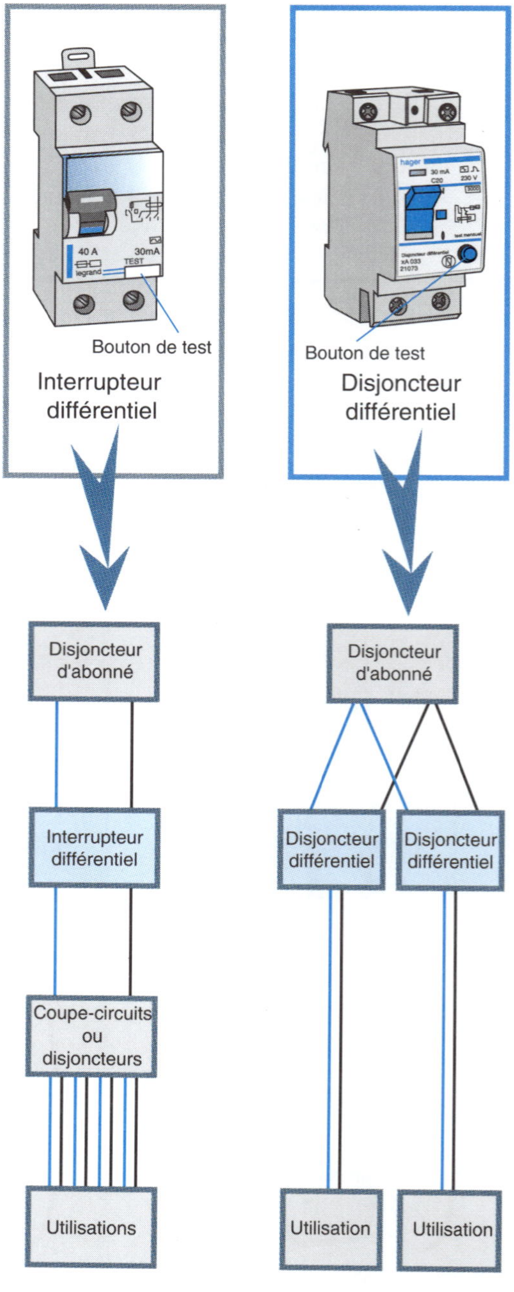

Figure 29 : Les dispositifs différentiels à haute sensibilité

Les interrupteurs différentiels à haute sensibilité sont les appareils les plus couramment utilisés pour les installations domestiques. Ils sont dotés uniquement d'un dispositif de détection différentielle. L'installation électrique doit donc comporter, en aval de l'interrupteur, des dispositifs de protection supplémentaires : coupe-circuits ou disjoncteurs divisionnaires afin d'assurer la protection contre les surintensités et les courts-circuits.

Les disjoncteurs différentiels à haute sensibilité sont équipés d'un dispositif de détection différentielle et d'un dispositif magnétothermique contre les surintensités. C'est une sorte de mini disjoncteur d'abonné mais beaucoup plus sensible. Il n'est donc pas nécessaire d'installer de coupe-circuits ni de disjoncteur divisionnaire en aval de ces appareils. Ils sont souvent destinés à protéger des circuits sensibles (congélateur, appareils de lavage, matériel informatique). Ils sont plus onéreux que les interrupteurs différentiels.

Les interrupteurs et les disjoncteurs différentiels sont équipés :

— d'une manette permettant la mise en service ou l'arrêt manuel et le réenclenchement suite à la détection d'un défaut ;
— d'un bouton de test qu'il est nécessaire d'actionner de temps en temps (une fois par mois) afin de vérifier que l'appareil est toujours en bon état.

Les dispositifs différentiels sont caractérisés par une intensité nominale, qui correspond à l'intensité maximale qu'ils peuvent supporter, et par leur sensibilité : 30 mA.

Ces dispositifs assurent une coupure phase + neutre. Le neutre doit être raccordé sur le bornier de gauche, signalé par la lettre N.

Afin de faciliter les raccordements, de nouveaux disjoncteurs différentiels possèdent les connexions d'arrivée et de départ dans la partie supérieure de l'appareil. Les autres modèles sont alimentés par le haut, la sortie étant réalisée par le bas.

Les pannes des dispositifs différentiels et leurs remèdes

Les dispositifs différentiels ne sont pas source de pannes proprement dites mais ils détectent les défauts de l'installation en provoquant immédiatement la coupure de l'alimentation des circuits qu'ils protègent.

Le défaut d'isolement

À la détection d'un défaut d'isolement supérieur ou égal à sa sensibilité, le dispositif coupe l'alimentation électrique. Si le défaut est passager, vous pourrez le réenclencher et remettre en service les circuits.

Si le défaut persiste, l'appareil ne permettra pas la remise en service des circuits et il sera impossible de le réenclencher. Dans ce cas, vous devez procéder à une recherche comme pour un défaut d'isolement pour un disjoncteur d'abonné (voir plus haut), à savoir : dépose des fusibles ou coupure des disjoncteurs divisionnaires en aval du dispositif différentiel et réenclenchement individuel.

Le court-circuit

Un court-circuit n'a d'effet que sur un disjoncteur différentiel. Il est possible qu'un interrupteur différentiel ne se déclenche pas. Dans ce cas aussi, reportez-vous à la méthode décrite plus haut concernant le disjoncteur d'abonné, la procédure de recherche étant identique. Si le disjoncteur différentiel ne protège qu'une ligne, le défaut proviendra de cette ligne et il sera nécessaire de l'examiner en détail (fileries, appareils raccordés).

Appareil détérioré

Dans de très rares cas, il est possible qu'un dispositif différentiel soit lui-même la cause d'une panne. Vous devez vérifier, en premier lieu, que vous n'êtes pas en présence des deux types de déclenchements décrits précédemment.
Coupez le disjoncteur d'abonné et déconnectez les fileries de départ du dispositif différentiel.
Remettez en fonction le disjoncteur d'abonné, vérifiez que le dispositif différentiel est sur la position marche. Si

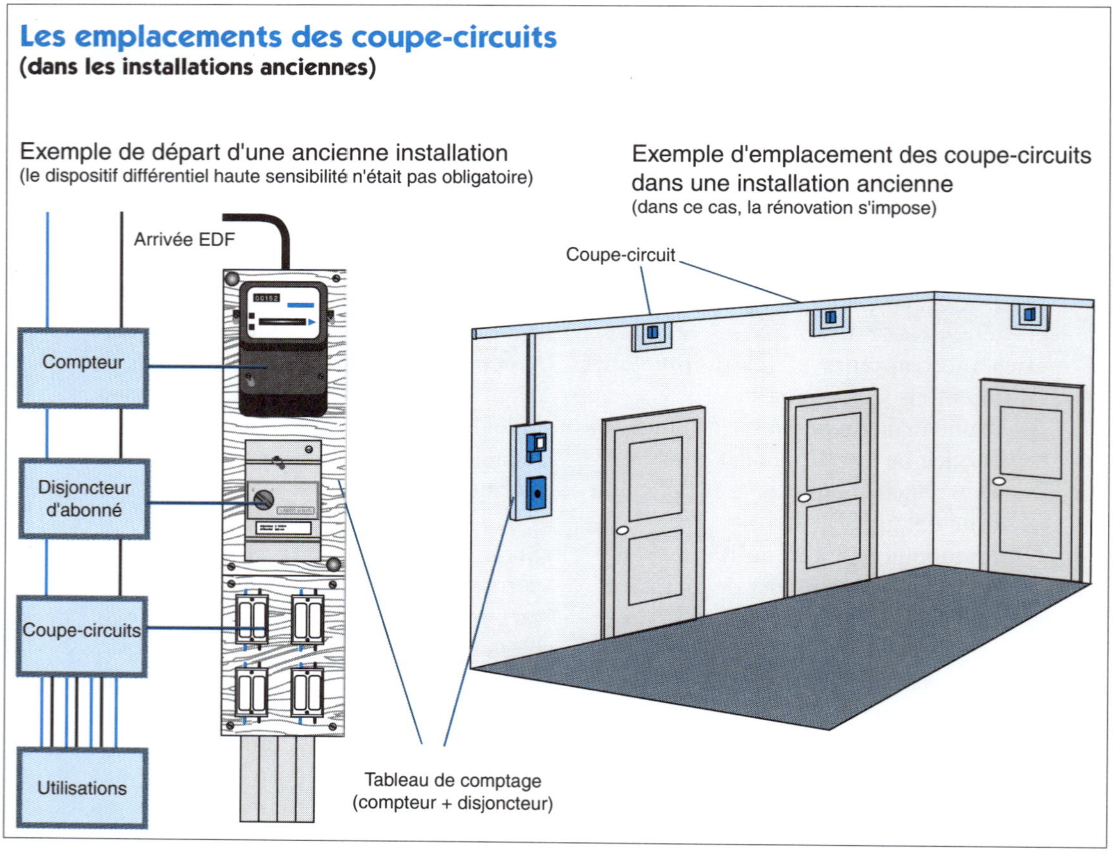

Figure 30 : Les emplacements des coupe-circuits

vous n'arrivez pas à le réenclencher, c'est qu'il est défectueux. S'il se remet en service, à l'aide d'un voltmètre, testez la tension à sa sortie. Si la tension est normale, l'appareil est correct : vous êtes en présence de l'une des deux pannes décrites précédemment. Si vous ne détectez pas la présence de tension, l'appareil est défectueux et vous devez procéder à son remplacement par un modèle présentant impérativement les mêmes caractéristiques.

Les coupe-circuits et les disjoncteurs divisionnaires

Toutes les installations possèdent obligatoirement des coupe-circuits ou des disjoncteurs divisionnaires. Ces dispositifs sont généralement regroupés dans le tableau de protection. Les installations très anciennes possèdent encore des coupe-circuits éparpillés partout dans l'habitation (au-dessus des portes, au niveau des moulures électriques). Il va sans dire que ces emplacements ne sont pas pratiques pour les interventions et qu'il est vivement recommandé, dans ce cas, de rénover une partie de l'installation afin de créer un tableau de protection où tous les coupe-circuits seront regroupés.

Certaines installations disposaient de fusibles directement intégrés à l'appareillage (prises de courant et interrupteurs). Ce mode de protection étant abandonné, si vous êtes amené à remplacer ce type d'appareillage, vérifiez qu'il existe un tableau de protection général. Faute de quoi il est indispensable d'en créer un.

Les coupe-circuits et les disjoncteurs divisionnaires sont placés entre le disjoncteur d'abonné et le départ des lignes (figure 30).

Calibre des coupe-circuits

Types de circuits	Nombre maximum de points d'utilisation		Section des conducteurs (mm^2)	Calibre en ampères
	Promotelec	Norme		
Éclairage	5	8	1,5	10
Prises de courant	5	8	2,5	20
Lave-linge	1	1	2,5	20
Lave-vaisselle	1	1	2,5	20
Sèche-linge	1	1	2,5	20
Congélateur	1	1	2,5	20
Cuisinière ou plaque de cuisson	1	1	6	32
Four seul	1	1	2,5	20
Convecteurs jusqu'à 2 200 W	—	—	1,5	10
Chauffe-eau	1	1	2,5	20
VMC	1	1	1,5	10

Le rôle des coupe-circuits et des disjoncteurs

Les coupe-circuits et les disjoncteurs divisionnaires sont destinés à protéger une ou plusieurs lignes contre les surintensités et les courts-circuits.

Les coupe-circuits contiennent un fusible. Les fusibles comportent un fil conducteur calibré traversé par le courant des lignes qu'il protège. Si l'intensité augmente anormalement, il y a échauffement du fil et éventuellement destruction si les caractéristiques du fusible sont dépassées. La destruction du fil entraîne la coupure du circuit. C'est pourquoi les fusibles sont calibrés (en ampères) en fonction des types de circuit qu'ils protègent : circuits d'éclairage, prises, appareils ménagers, tout en limitant le nombre de points desservis (voir le tableau page précédente). Le respect de ces règles permet un fonctionnement correct de l'installation : il est donc indispensable de les respecter.

Les installations anciennes disposaient de fileries de plus faible section. Le calibre des fusibles prévu pour la protection de ces circuits est donc inférieur aux valeurs indiquées. Le tableau suivant présente les calibres recommandés dans ce cas.

Calibre des protections pour les anciens circuits

Diamètre des conducteurs (mm)	Calibre maximum (en ampères)	
	Coupe-circuits	disjoncteurs
12/10e	—	10
16/10e	10	16
20/10e	16	20

Il est interdit et dangereux de bricoler des fusibles.

Autrefois, on plaçait directement du fil fusible dans un support appelé porte-fusible. Ces modèles sont désormais interdits et il convient d'utiliser uniquement des cartouches cylindriques calibrées. Il est formellement interdit et dangereux de bricoler des fusibles.

Il n'est malheureusement pas rare de trouver, dans les vieilles installations, du fil de cuivre en lieu et place du fil fusible. Ce bricolage est la porte ouverte aux incendies.

L'ensemble constitué par le porte-fusible et son support s'appelle un coupe-circuit.

Les disjoncteurs divisionnaires protègent également les circuits contre les surintensités et les courts-circuits. Ils fonctionnent sur un principe magnétothermique comme le disjoncteur d'abonné (voir plus haut). Ils sont calibrés en fonction des circuits qu'ils protègent (voir le tableau ci-après). Ces appareils sont d'un emploi aisé, car il n'y a pas de cartouche à remplacer, et sont plus sécurisants grâce à une détection plus sensible des défauts. De plus, il n'est pas possible de les bricoler.

Les disjoncteurs divisionnaires équipent principalement les installations récentes. Ils sont installés dans des tableaux de protection appelés tableaux modulaires. Ce sont des tableaux modernes équipés d'un rail métallique sur lequel on clipse l'appareillage : disjoncteurs divisionnaires, coupe-circuits ou autres (figure 31).

Calibre des disjoncteurs divisionnaires				
Types de circuits	Nombre maximum de points d'utilisation		Section des conducteurs (mm^2)	Calibre en ampères
	Promotelec	Norme		
Éclairage	5	8	1,5	16
Prises de courant	5	8	2,5	25
Lave-linge	1	1	2,5	25
Lave-vaisselle	1	1	2,5	25
Sèche-linge	1	1	2,5	25
Congélateur	1	1	2,5	25
Cuisinière ou plaque de cuisson	1	1	6	38/40
Four seul	1	1	2,5	25
Convecteurs jusqu'à 2 200 W	—	—	1,5	16
Chauffe-eau	1	1	2,5	25
VMC	1	1	1,5	16

Les modèles de coupe-circuits et de disjoncteurs

Les coupe-circuits anciens

Les coupe-circuits de première génération étaient généralement fabriqués en porcelaine pour la partie isolante et en laiton ou alliage de laiton pour les parties conductrices.

Les modèles les plus antiques sont appelés « tabatières » (figure 32). Le fusible consistait en un fil serré par deux vis dans un capot qui se plaçait dans une embase. Ces modèles ne présentent plus une protection satisfaisante et ils doivent impérativement être remplacés.

Les coupe-circuits dits tabatières sont dangereux : ils doivent être remplacés.

Les coupe-circuits à broches sont également très présents. Ces modèles furent utilisés jusqu'à l'apparition des tableaux modulaires. Ils comportaient un porte-fusible et une embase (figure 32). Le porte-fusible est composé d'un support en porcelaine dans lequel se vissent deux broches qui s'enclenchent dans l'embase et qui viennent serrer un fil fusible ou un fusible sur plaquette. Le fil fusible et les fusibles en plaquettes ne sont plus commercialisés. Il existait aussi pour ces modèles des porte-fusibles calibrés non démontables. Quand le fusible était détruit, il était nécessaire de remplacer le porte-fusible entier. Ce type de matériel a également disparu.

Les fabricants proposent désormais des porte-fusibles contenant des cartouches calibrées qui s'adaptent sur les embases. Ce système est plus sécurisant et le seul qui existe encore pour ce type de matériel. Des versions magnétothermiques de ces appareils ont également été proposées. Elles permettaient de disposer du même type de protection que les disjoncteurs

Le tableau modulaire

Tableau de protection modulaire avec platine disjoncteur

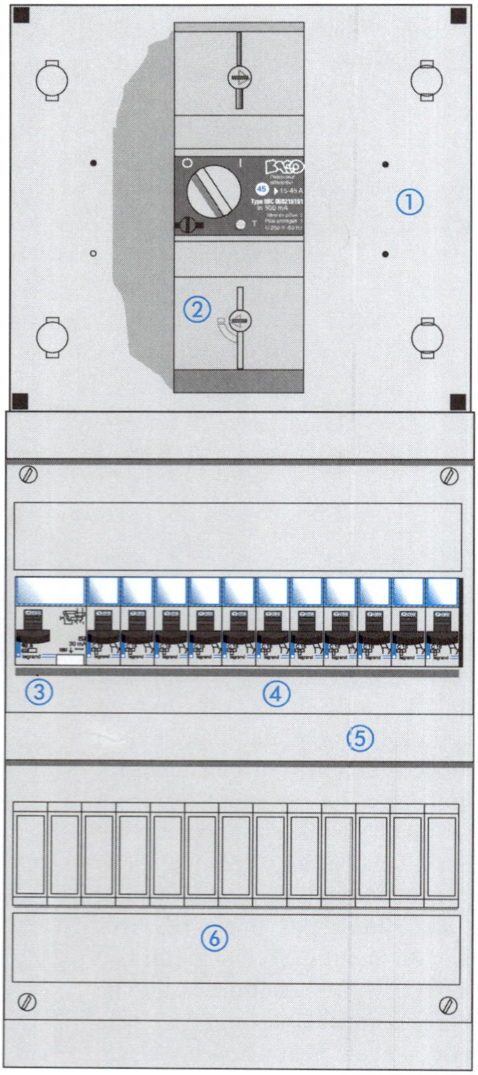

① Platine disjoncteur
② Disjoncteur d'abonné
③ Interrupteur différentiel 30 mA
④ Disjoncteurs divisionnaires
⑤ Tableau modulaire à deux rangées
⑥ Rangée non utilisée obturée avec des caches de fermeture

▲ *Figure 31 : Le tableau modulaire*

Principe de pose

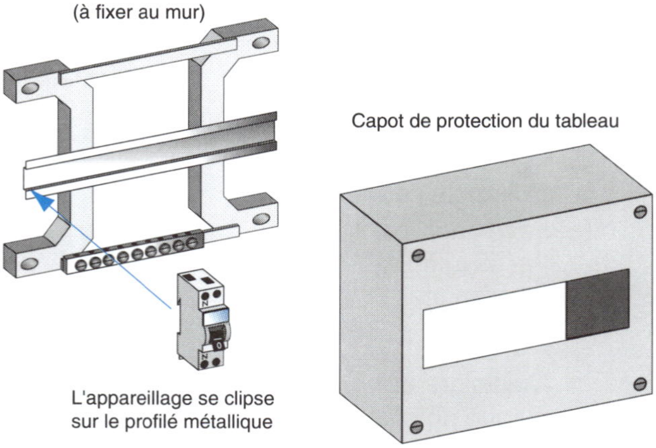

Exemple de raccordement

① Châssis du tableau
② Arrivée du disjoncteur
③ Rail de fixation
④ Interrupteur différentiel 30 mA
⑤ Disjoncteurs divisionnaires
⑥ Connecteur
⑦ Barrette de répartition
⑧ Barrette de terre
⑨ Arrivée de la prise de terre
⑩ Départ des lignes

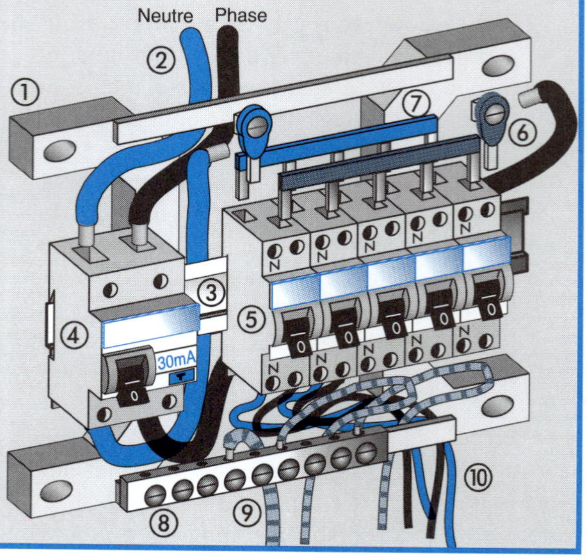

Figure 32 : Les premiers coupe-circuits ▶

Les coupe-circuits périmés
(à remplacer)

Coupe-circuit à tabatière

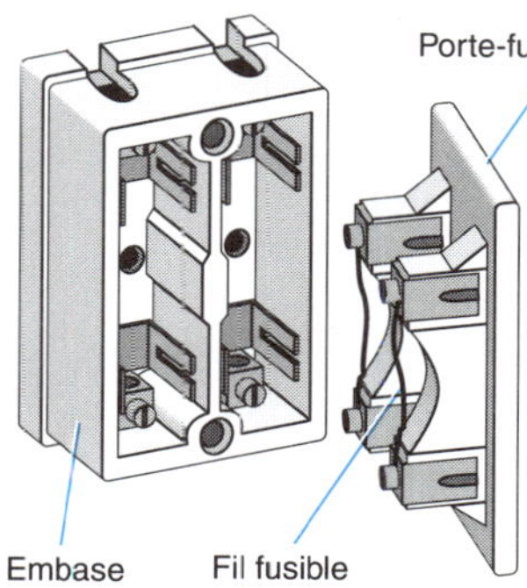

Coupe-circuit ancien à cartouche

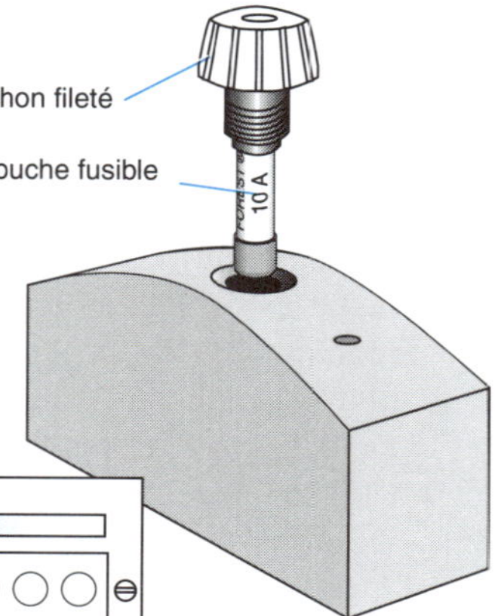

Ce type de matériel existait en modèle encastrable et en tableau prééquipé

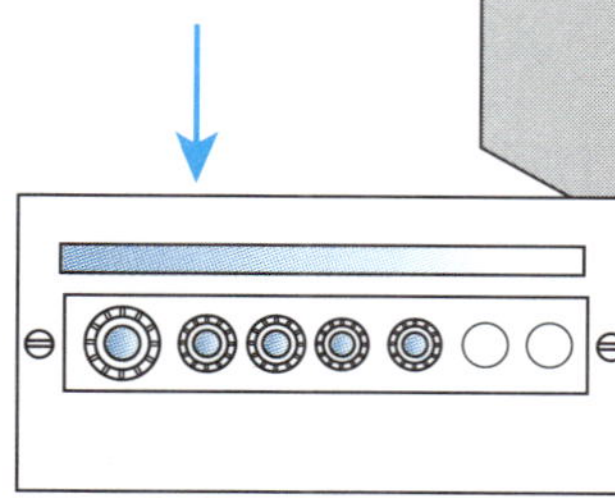

Coupe-circuit à broches

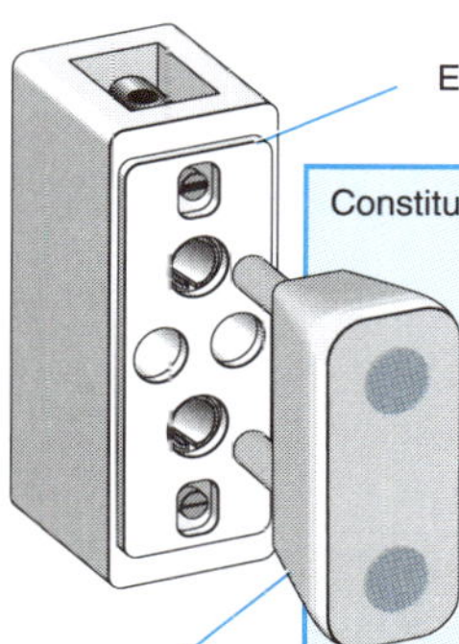

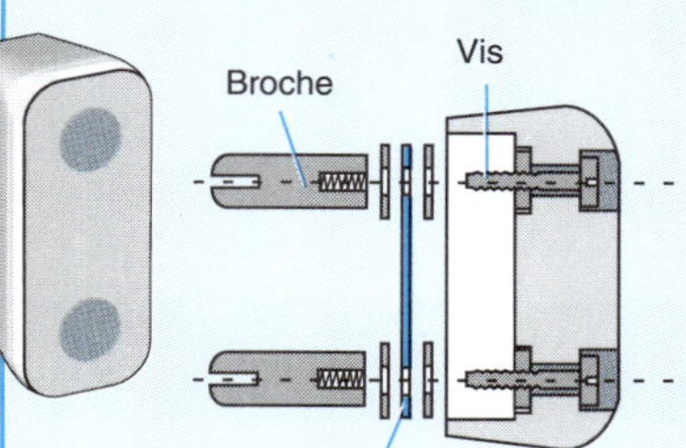

Embase 10 A unipolaire

Embase 10 A bipolaire

Embase 32 A unipolaire

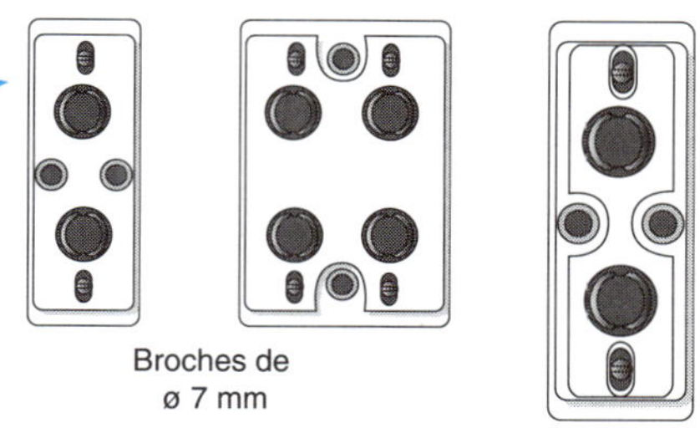

Broches de ø 7 mm

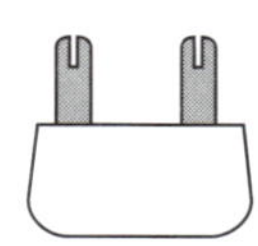

Porte-fusible de 10 à 16 A

Broches de ø 8,8 mm

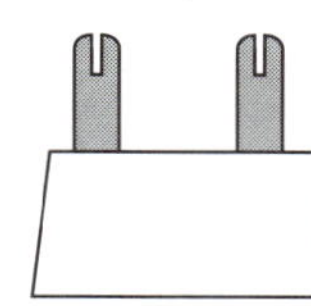

Porte-fusible de 20 à 32 A

Autres protections adaptables sur les coupe-circuits à broches

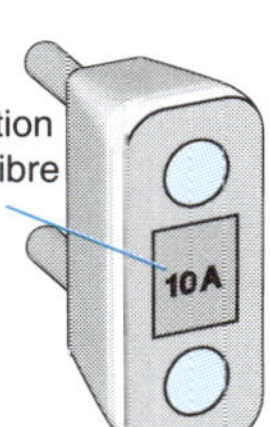

Porte-fusible calibré non démontable et non rechargeable

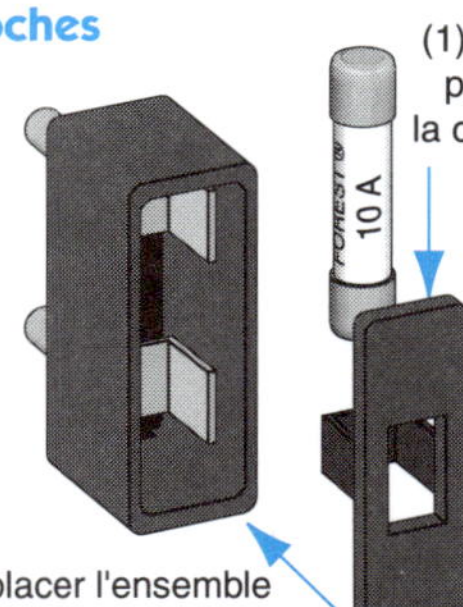

Adaptateur pour cartouches
(seul ce modèle est encore commercialisé)

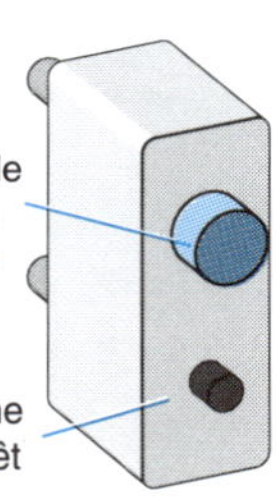

Dismatic (ancien disjoncteur magnétothermique)

Disjoncteur magnétothermique

divisionnaires en ne changeant que le porte-fusible. Ces appareils ne sont plus commercialisés aujourd'hui.
Les coupe-circuits étaient généralement installés sur des tableaux en bois. On ne réalisait pas de protection unipolaire + neutre mais une protection bipolaire. Deux porte-fusibles étaient nécessaires : l'un sur le neutre, l'autre sur la phase.
D'autres systèmes de coupe-circuits sont apparus, qui utilisaient des cartouches calibrées (figure 32). Ils assuraient généralement une protection unipolaire, ce qui ne répond plus aux normes actuelles. Ils étaient équipés d'un bouchon cylindrique contenant la cartouche fusible à visser dans l'embase.

Il existe également dans les installations domestiques des coupe-circuits section-

Le coupe-circuit modulaire

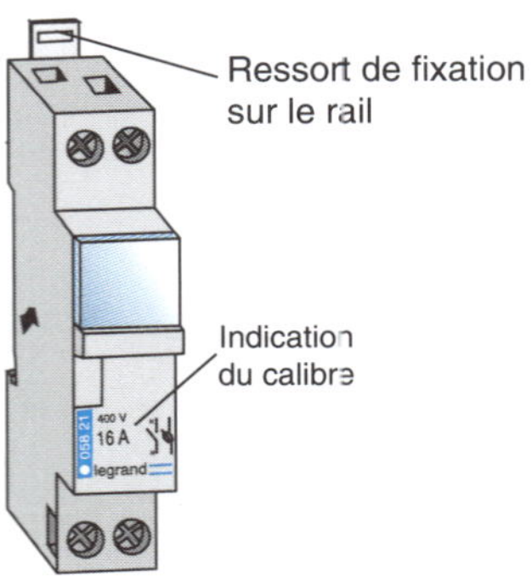

Coupe-circuit modulaire

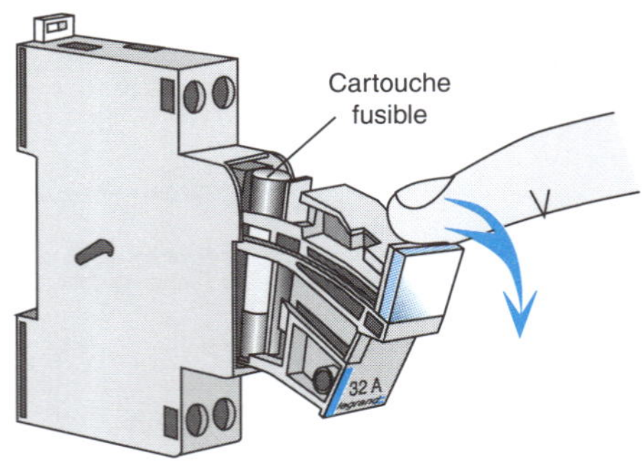

Coupe-circuit modulaire ouvert

Taille des cartouches fusibles en fonction du calibre des coupe-circuits

Coupe-circuit 10 A	Coupe-circuit 16 A	Coupe-circuit 20 A	Coupe-circuit 25 A	Coupe-circuit 32 A

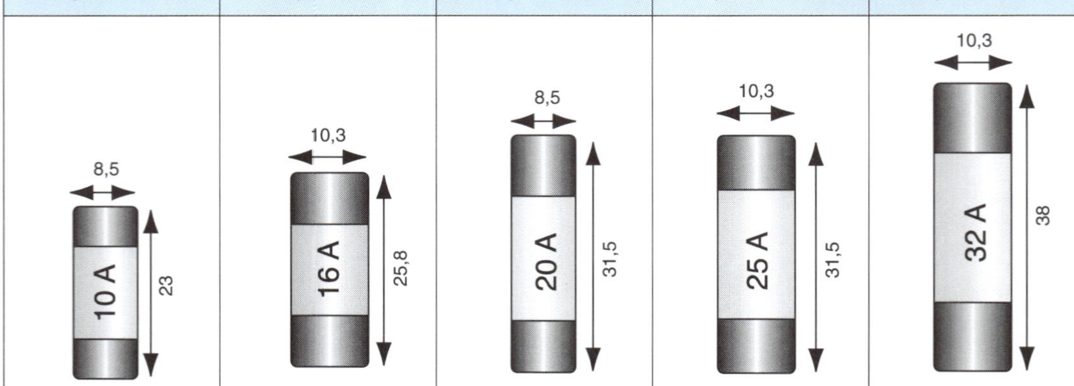

Les cartouches sont représentées en grandeur réelle; les cotes sont en millimètres.

Figure 33 : Les coupe-circuits modernes

nables destinés à une utilisation industrielle. Ces appareils peuvent se fixer en saillie sur un tableau en bois comme les anciens modèles en porcelaine. Ils sont équipés de cartouches cylindriques et sont au nombre de deux en cas de protection bipolaire. Souvent le coupe-circuit placé sur le conducteur de neutre contient un cylindre métallique. C'est tout à fait normal ; seule la phase est protégée par un fusible. Les volets d'ouverture du coupe-circuit de la phase et du neutre sont alors solidarisés mécaniquement pour ne permettre qu'une ouverture simultanée. Ces appareils sont toujours commercialisés mais n'étant pas normalisés pour une installation domestique, ils sont à éviter.

Les coupe-circuits modernes

Les coupe-circuits modernes destinés aux installations domestiques sont des appareils modulaires prévus pour être installés dans des tableaux prévus à cet effet. Ils assurent tous une coupure phase + neutre du circuit lors de leur ouverture mais le fusible ne protège que le conducteur de phase. Le neutre n'est coupé que mécaniquement lors de l'ouverture du dispositif. Leurs dimensions extérieures sont identiques quel que soit le calibre. En revanche, ils n'acceptent que la taille de cartouche prévue pour ce calibre, évitant ainsi des erreurs (cartouche trop importante pour la ligne). La figure 33 présente les coupe-circuits actuels et les tailles de cartouche en fonction des calibres.

Vous remplacerez donc toujours une

Les systèmes à voyant

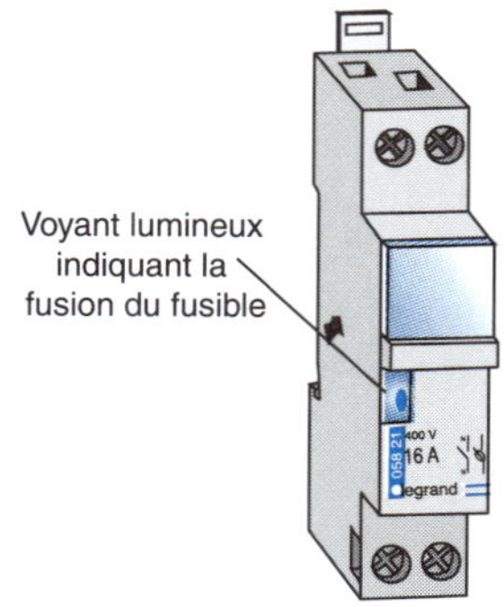

Coupe-circuit modulaire à voyant de fusion

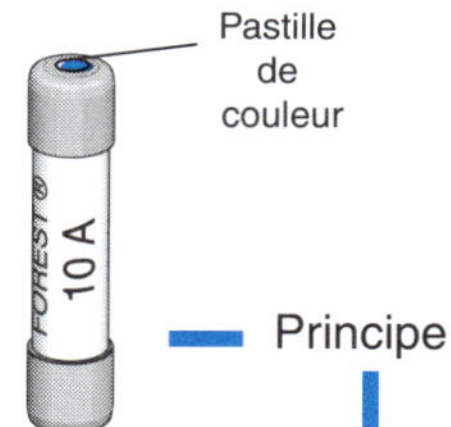

Cartouche à voyant de fusion

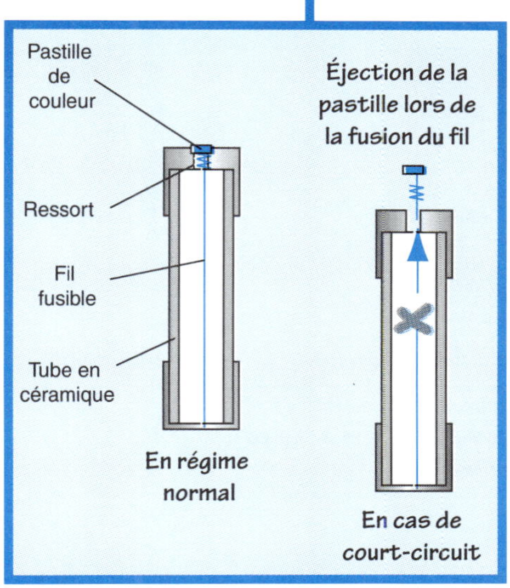

Figure 34 :
Les fusibles et coupe-circuits à voyant

cartouche par une autre de même dimension et de même calibre. Le calibre des cartouches est défini en ampères. Pour les installations domestiques, n'utilisez que des cartouches à usage domestique de type G ou Gl. L'inconvénient de ces dispositifs est que l'on ne sait jamais quel fusible a fondu, surtout si le tableau de protection n'est pas repéré (indication des circuits protégés par chaque fusible). Cet inconvénient peut être résolu de deux manières (figure 34) :

— en utilisant des coupe-circuits équipés d'un voyant lumineux qui indique que la cartouche fusible est détruite ;

— en utilisant des cartouches équipées d'un voyant de fusion : petite pastille de couleur rouge qui se détache lorsque le fusible est détruit, facilitant ainsi son repérage.

Les disjoncteurs modulaires

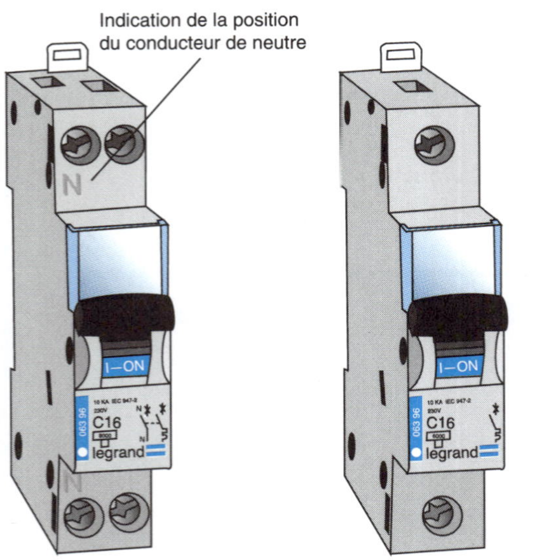

Appareil unipolaire + neutre

Appareil unipolaire

Seul cet appareil est autorisé pour les installations domestiques neuves ou rénovées.

Figure 35 : Les disjoncteurs divisionnaires

Les disjoncteurs divisionnaires

Les disjoncteurs divisionnaires sont exclusivement des appareils modulaires. Comme tout appareillage de ce type, la taille du boîtier extérieur est la même quel que soit le calibre. La taille du boîtier correspond à un voire deux modules normalisés. Leur aspect extérieur varie peu d'une marque à l'autre. Ils doivent assurer la coupure phase + neutre du circuit lors d'un déclenchement manuel ou automatique. Il existe des modèles unipolaires qui ne sont plus normalisés pour les installations domestiques actuelles.
Pour savoir si un modèle est unipolaire ou unipolaire + neutre, vous devez déposer le capot du tableau et vérifier le nombre de fils qui transitent par le dispositif. Si un seul fil transite (arrivée en haut, départ en bas), vous êtes en présence d'un appareil unipolaire.

Les appareils bipolaires sont rarement utilisés dans les installations domestiques et sont reconnaissables à leur taille : ils sont deux fois plus larges que les modèles unipolaires ou unipolaires + neutre. La figure 35 présente ces appareillages.

Les pannes des coupe-circuits et leurs remèdes

Par nature, les fusibles sont prévus pour se détruire et ainsi provoquer la coupure du circuit et donc mettre le circuit hors service. Mais des coupe-circuits d'époque peuvent aussi être la cause de pannes.

Cas d'un fusible détruit

Un fusible détruit n'est pas à proprement parler une panne : il en est plutôt l'effet. Le fusible se détruit pour deux raisons principales :
— en cas de surconsommation : vous avez, par exemple, raccordé trop d'appareils sur un circuit de prises de courant ou un appareil qui consomme trop pour ce type de circuit ;
— en cas de court-circuit : vous avez branché un appareil défectueux ou un appareillage s'est mis accidentellement en court-circuit.

Si la destruction du fusible est due à une surconsommation, il suffit de débrancher quelques appareils, de remplacer la cartouche fusible et de remettre en service.

En cas de court-circuit, il est nécessaire d'en rechercher l'origine et de le supprimer, faute de quoi, chaque fois que vous remplacerez le fusible, il se détruira. Si la panne ne correspond pas à un fait précis (raccordement d'un appareil), vous devrez débrancher ou déconnecter tous les appareils de ce circuit (électroménager, appareils d'éclairage, etc.) et essayer de remplacer le fusible. Si malgré ces opérations la destruction du fusible se reproduit , vous devrez examiner la ligne (voir plus loin).

Attention ! Lorsque vous remplacez un fusible, coupez le disjoncteur d'abonné, remplacez le fusible, puis remettez l'installation sous tension avec la manette du disjoncteur. Si vous ne coupez pas le disjoncteur et que vous remplacez le fusible sans vous être assuré que le défaut a disparu, le nouveau fusible risque de se détruire au moment où vous le mettrez en place, ce qui peut être dangereux avec certains modèles anciens.

> (!) Coupez toujours le disjoncteur avant de remplacer un fusible.

Pour détecter rapidement un fusible fondu dans un tableau de protection, la solution la plus rapide et la plus sûre consiste à utiliser un voltmètre. Vous pouvez aussi les vérifier visuellement, mais cette méthode n'est pas infaillible. En règle générale, les coupe-circuits sont alimentés par le haut, le départ des lignes s'effectuant par le bas.

Dans le cas d'une protection unipolaire + neutre ou bipolaire, vous devez détecter une tension en alimentation et en départ du coupe-circuit. Si vous ne détectez pas de tension en départ, cela signifie qu'un fusible est détruit (figure 36). Dans le cas de coupe-circuits en porcelaine, il n'est pas rare que le neutre et la phase soient équipés de fusibles. Après avoir détecté les deux porte-fusibles protégeant le circuit, utilisez un appareil de mesure en mode ohmmètre et testez chaque fusible pour trouver celui qui est défectueux.

Dans l'hypothèse d'une protection unipolaire, le neutre n'étant pas coupé par les coupe-circuits, mesurez la tension entre le neutre en sortie de disjoncteur et la phase du coupe circuit. Testez la phase d'arrivée et le départ. Si vous n'obtenez pas de tension en départ, c'est que le fusible est défectueux.

Dans le cas d'un tableau de protection moderne comportant des protections

Les méthodes de recherche d'un fusible détruit (installations anciennes)

• Vous disposez d'une protection unipolaire + neutre ou bipolaire

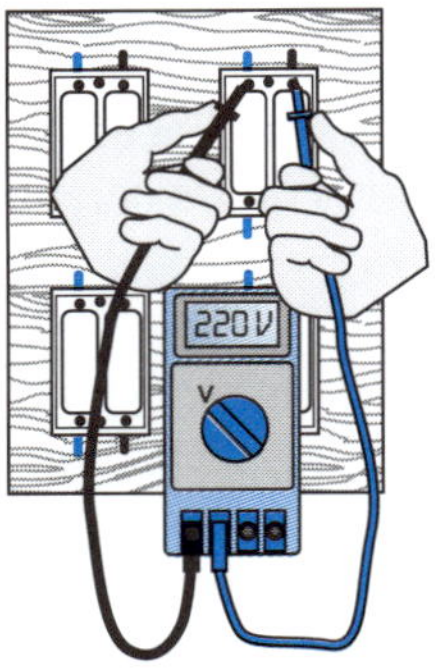

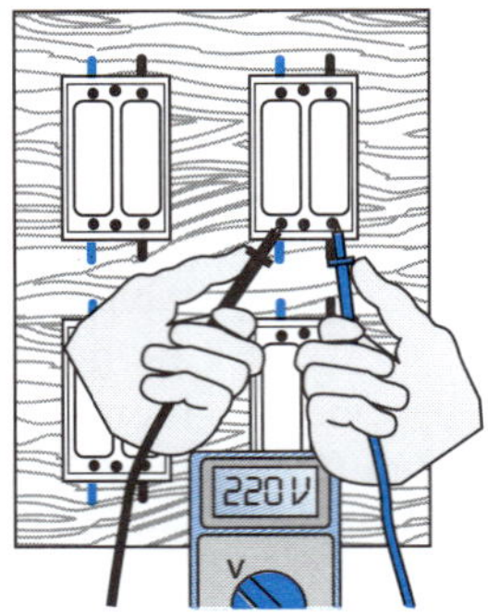

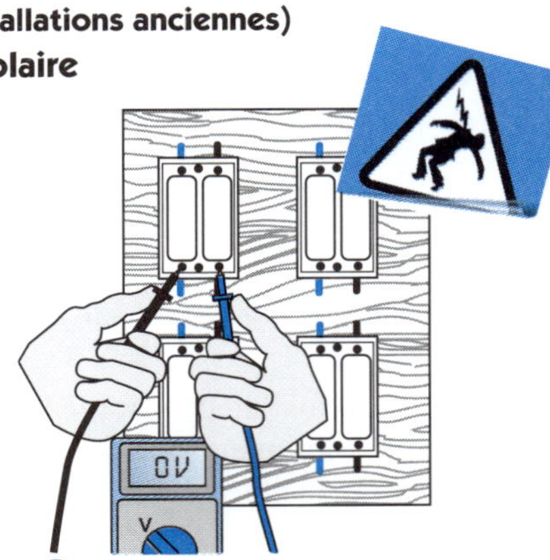

① À l'aide d'un voltmètre, mesurez la tension d'arrivée au coupe-circuit sur les vis de raccordement.

② Mesurez également la tension en sortie du coupe-circuit (en cas d'inversion de l'alimentation et du départ du coupe-circuit).

③ Si vous mesurez zéro volt, le fusible est détruit. Éliminez le défaut, puis remplacez les fusibles.

• Vous disposez d'une protection unipolaire

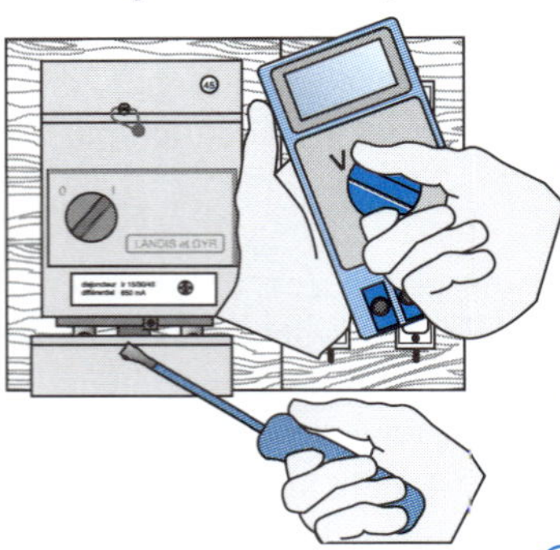

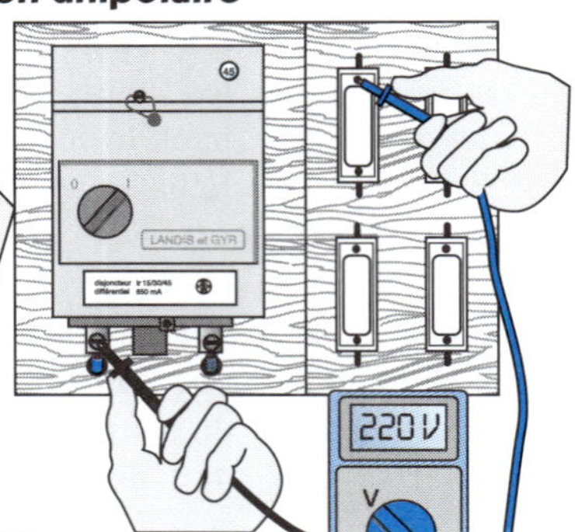

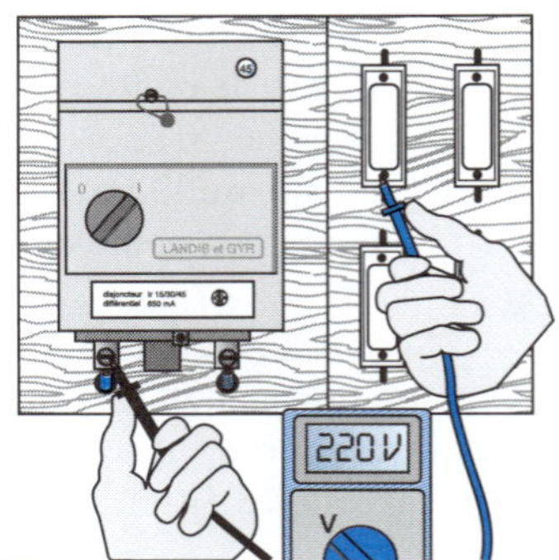

① Munissez-vous d'un voltmètre. Déposez le capot inférieur du disjoncteur. Attention aux éléments sous tension.

② Mesurez la tension entre le plot de neutre du disjoncteur et la borne d'arrivée d'un coupe-circuit. Vous devez mesurer 220 volts.

③ La tension entre la borne de neutre et la sortie du coupe-circuit doit être de 220 V. Sinon, le fusible est détruit.

Pour remplacer un porte-fusible à broches, utilisez un adaptateur pour cartouches

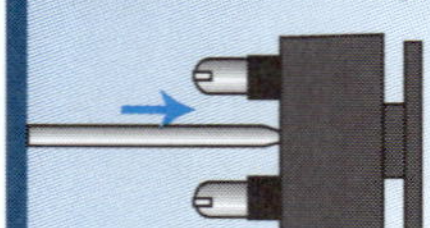

① Démontez le support de cartouche en le poussant avec la lame d'un tournevis comme indiqué ci-dessus.

② Glissez la carouche dans le support

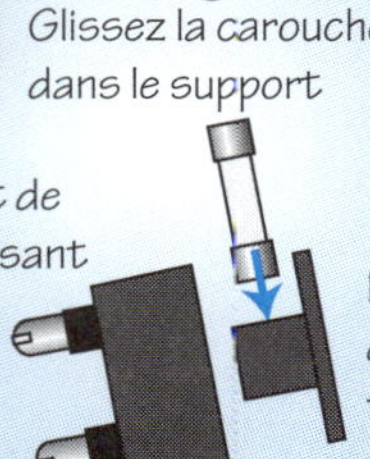

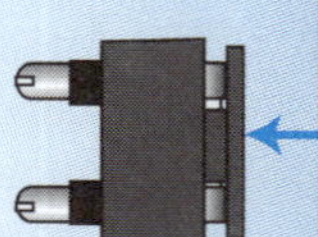

③ Placez l'ensemble dans le porte-fusible, puis le tout sur l'embase.

Pour tester une cartouche fusible

Si vous mesurez :
— zéro, le fusible est correct ;
— infini (∞), le fusible est détruit.

Positionnez votre appareil de mesure sur ohmmètre et mesurez entre les extrémités de la cartouche.

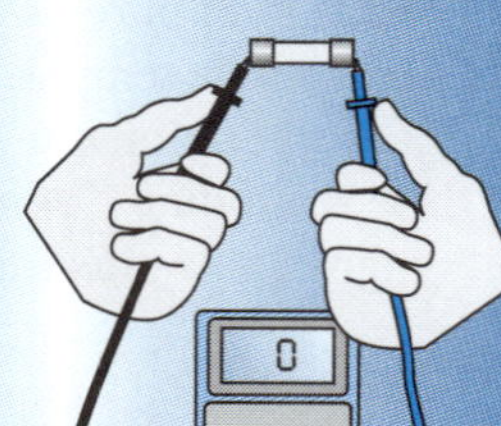

Figure 36 : Test des coupe-circuits avec un voltmètre

Les méthodes de recherche d'un fusible détruit (installations récentes)

• Avec des disjoncteurs divisionnaires...

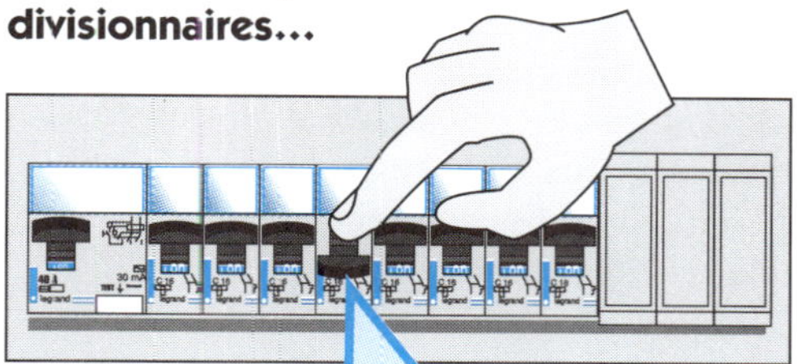

Le disjoncteur dont la manette est baissée indique le circuit en défaut. Éliminez le défaut et remontez la manette.

• Avec des coupe-circuits à voyant de fusion...

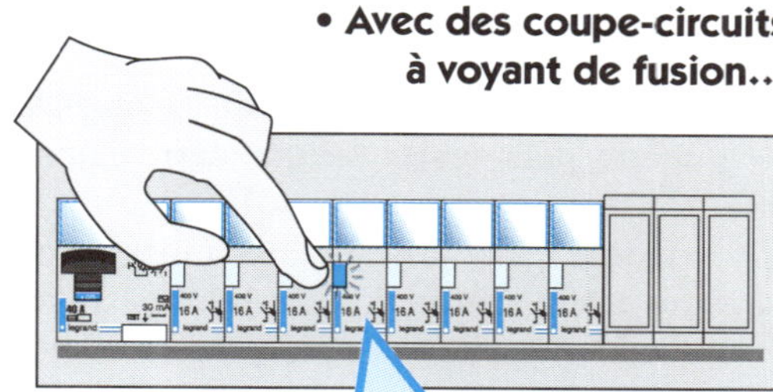

Le coupe-circuit dont le voyant est allumé (ou éteint selon les modèles) a coupé le circuit. Éliminez le défaut et remplacez la cartouche.

• Avec des coupe-circuits sans voyant de fusion...

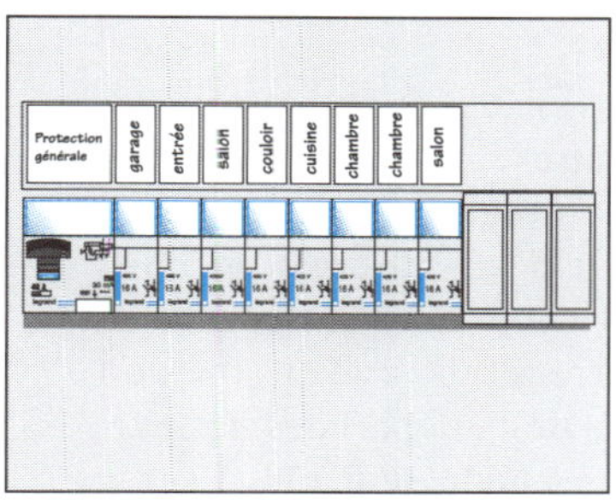

① Si le tableau est correctement repéré, ouvrez le coupe-circuit en défaut et remplacez la cartouche par une autre de même taille et de même valeur.

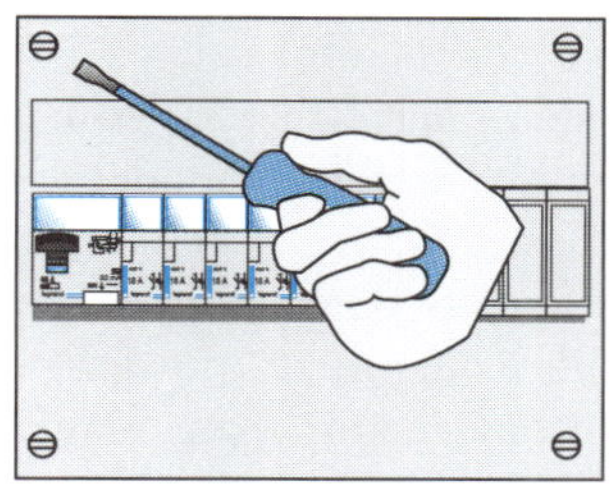

② Si le tableau n'est pas repéré ou est mal repéré, déposez le capot du tableau de protection.

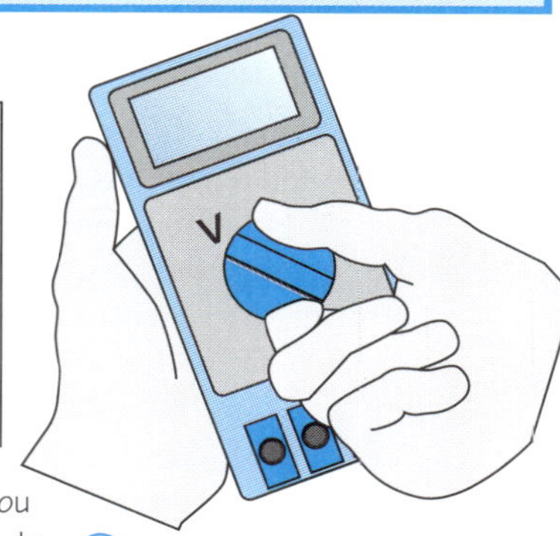

③ Munissez-vous d'un voltmètre réglé sur un calibre correspondant à la tension à mesurer.

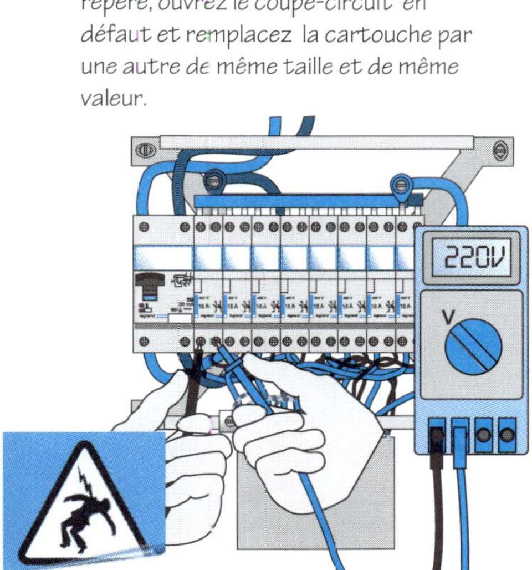

④ Mesurez a tension de sortie de chaque coupe-circuit (entre phase et neutre). Attention à ne pas toucher des parties sous tension à mains nues.

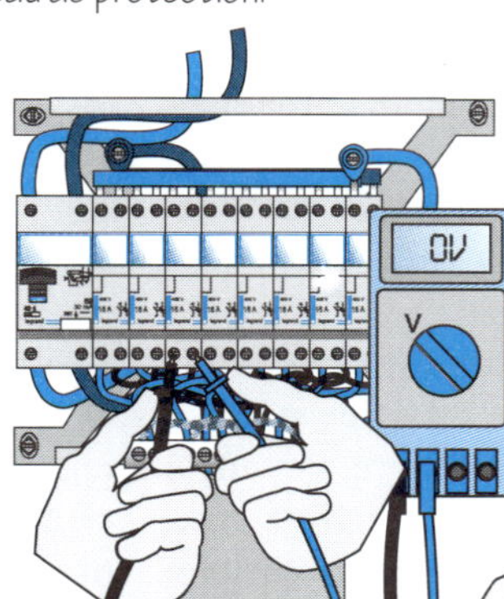

⑤ Si vous mesurez zéro volt à la sortie d'un coupe-circuit, cela indique que la cartouche fusible est détruite.

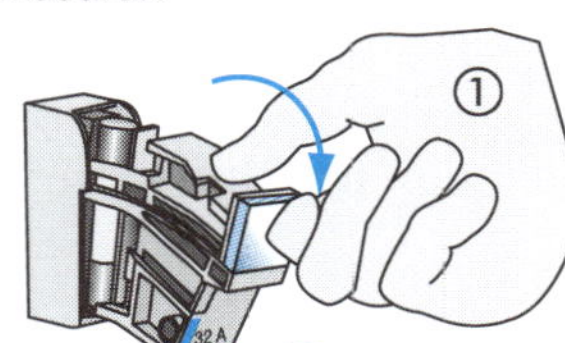

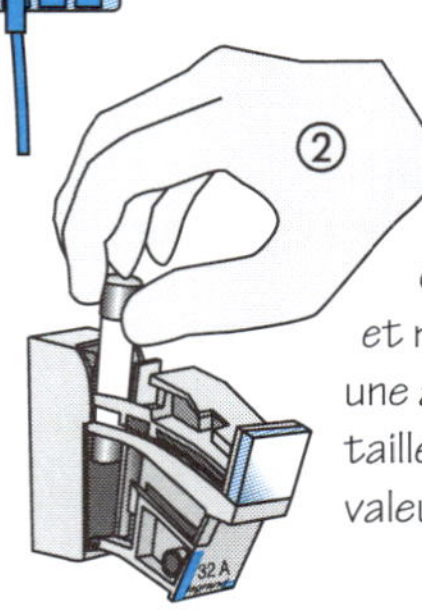

⑥ Éliminez la cause du court-circuit, ouvrez le coupe-circuit (1), retirez la cartouche (2) et remplacez-la par une autre de même taille et de même valeur.

Figure 37 : La recherche d'un fusible détruit

unipolaires + neutre, utilisez un ohmmètre pour tester chaque cartouche. Si votre appareil indique zéro ohm, le fusible est correct : s'il indique une résistance infinie, le fusible est défectueux. Reportez-vous à la figure 37 pour plus de détails.

Cas d'un échauffement anormal

Ce type de dysfonctionnement se produit souvent avec les coupe-circuits en porcelaine. Le coupe-circuit défaillant est très chaud et dégage même une odeur de brûlé ou émet des grésillements. La raison en est souvent une surintensité associée à un fusible mal calibré ou, pire, bricolé. Dans ce cas, l'intensité qui traverse le porte-fusible dépasse ses capacités et provoque l'échauffement. Le fusible étant mal calibré, il ne coupe pas le circuit. L'élévation de température peut se transmettre aux fileries, endommager les isolants, les raccordements et même provoquer un incendie. Un coupe-circuit en régime de fonctionnement normal ne doit pas s'échauffer.

La première chose à faire est de déposer le porte-fusible et de vérifier que le fusible est correctement calibré. Pour des porte-fusibles à broches, vérifiez que celles-ci sont bien serrées sur le fil fusible ou la plaquette (figure 38). Remettez le porte-fusible en place.

Si l'échauffement persiste, vérifiez le serrage des fileries en arrivée et en départ du coupe-circuit. Un fil desserré peut également produire ce phénomène. Vous pouvez le constater assez facilement : les isolants des fils sont brunis par l'échauffement. Déconnectez les fileries, éliminez la partie endommagée et réalisez une connexion correcte bien serrée. Si la ou les vis de serrage ne peuvent plus être dévissées, vous devrez remplacer le coupe-circuit. Si l'échauffement persiste, remplacez l'ensemble.

Il n'est pas rare que ce type de mauvais serrage aille jusqu'à sectionner le fil juste à la sortie de la connexion. C'est là un point à vérifier si vous ne trouvez pas de tension en sortie du coupe-circuit alors que les fusibles sont en bon état.

Si vous disposez de coupe-circuits modernes, il est très rare de constater un échauffement anormal. Il peut être dû à un coupe-circuit d'un calibre trop important pour les lignes qu'il protège ou à un mauvais serrage au niveau soit de l'alimentation, soit du départ des lignes. Pour rénover un conducteur qui a surchauffé, reportez-vous à la figure 39 qui présente diverses solutions.

Cas d'une cartouche inadaptée

Dans les coupe-circuits modernes, il n'est pas possible de mettre une cartouche d'un calibre supérieur à celui prévu : par exemple, il n'est pas possible de placer une cartouche de 20 A dans un coupe-circuit de 10 A. Mais le contraire est possible, pour certains calibres où les cartouches sont de même diamètre. La cartouche entre mais elle est trop courte pour établir le contact lorsque l'on referme le coupe-circuit. Le fusible est correct mais le circuit reste coupé.

Figure 38 : ▶
La vérification des coupe-circuits à broches

Les mauvais serrages sur des coupe-circuits

• Exemples de mauvais serrages de porte-fusibles à broches

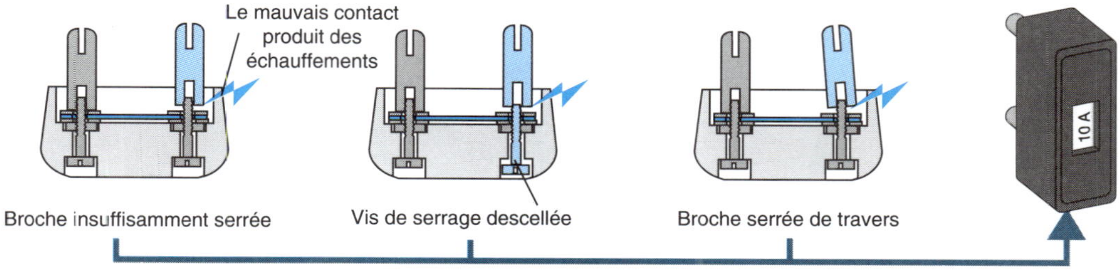

Remplacez le porte-fusible défectueux par un adaptateur pour cartouche cylindrique

• Exemple de mauvais serrage des conducteurs sur une embase

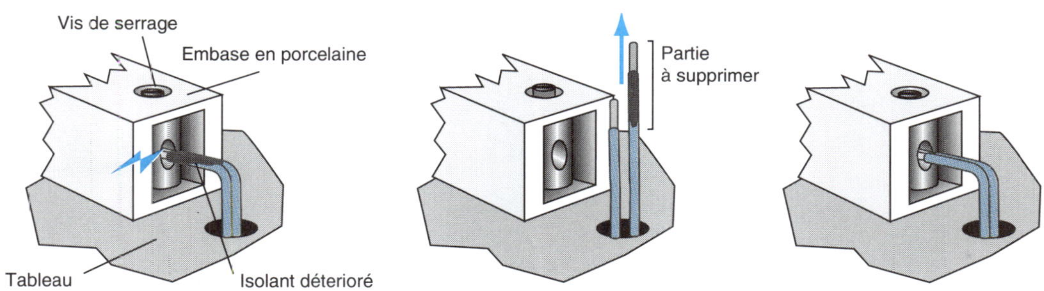

① Le mauvais serrage des conducteurs produit des échauffements qui endommagent l'isolant et le cuivre.

② Coupez le disjoncteur. Déconnectez les conducteurs, tirez-les pour récupérer de la longueur et supprimez la partie détériorée.

③ Dénudez l'extrémité du conducteur réparé et replacez les deux fils. Serrez correctement la vis. Si la vis est détériorée, remplacez le coupe-circuit.

• Exemples de mauvais serrages dans un tableau modulaire

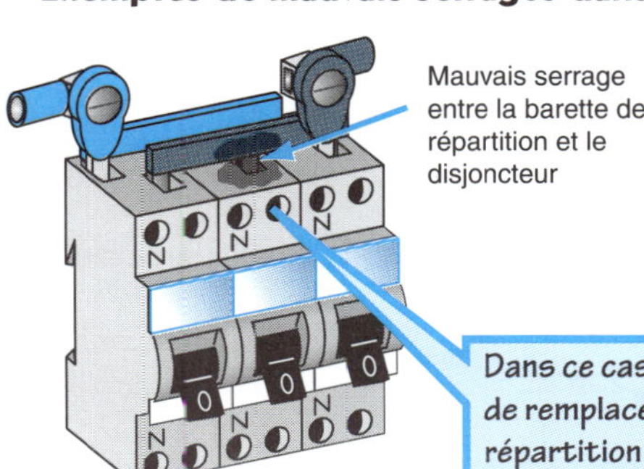

Dans ce cas, il est nécessaire de remplacer la barette de répartition et le disjoncteur endommagé.

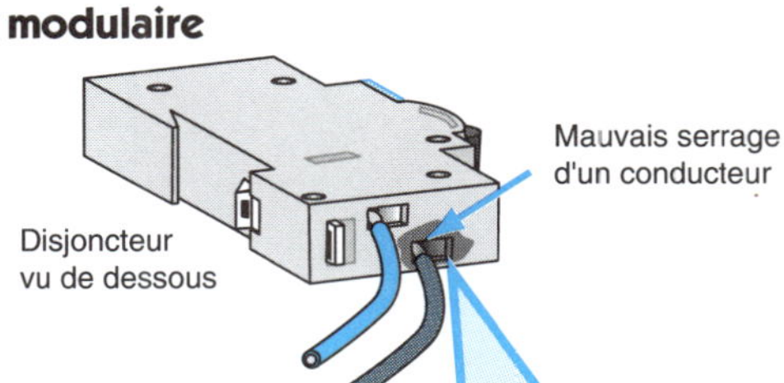

Resserrez la vis du disjoncteur. Si elle est en mauvais état, remplacez le disjoncteur après restauration du conducteur.

La restauration d'un conducteur endommagé

• Vous disposez d'une longueur suffisante

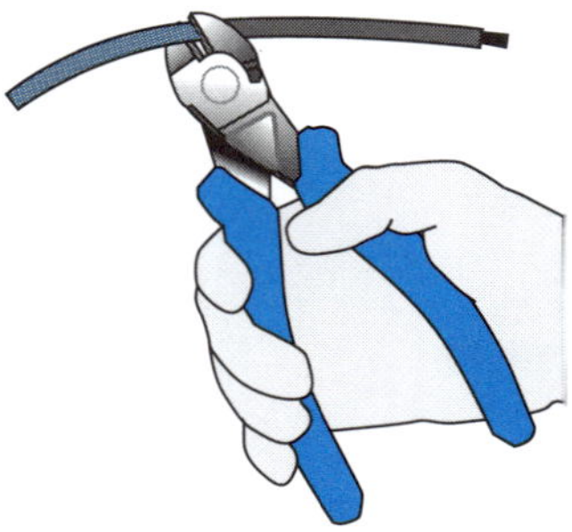

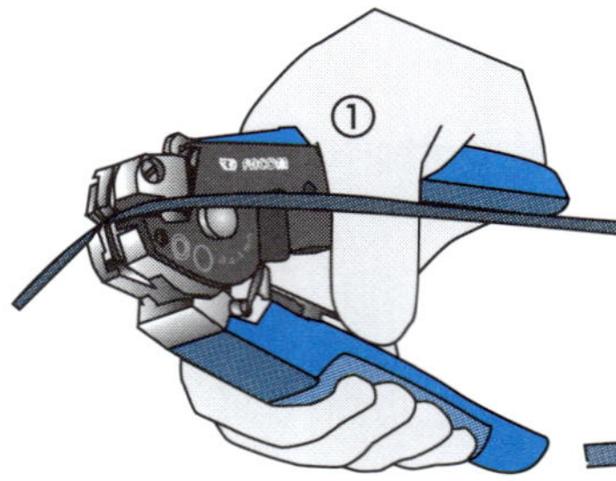

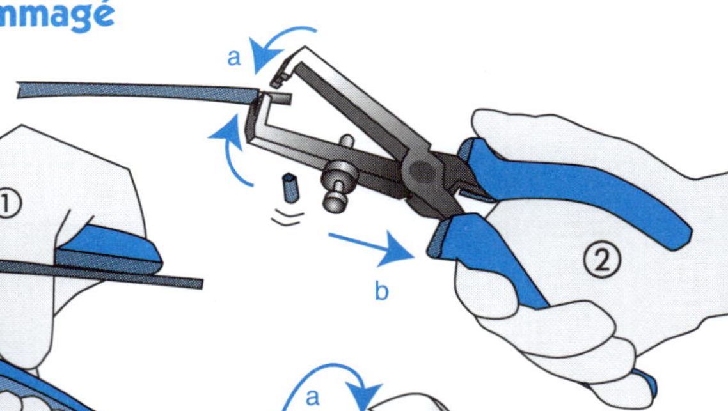

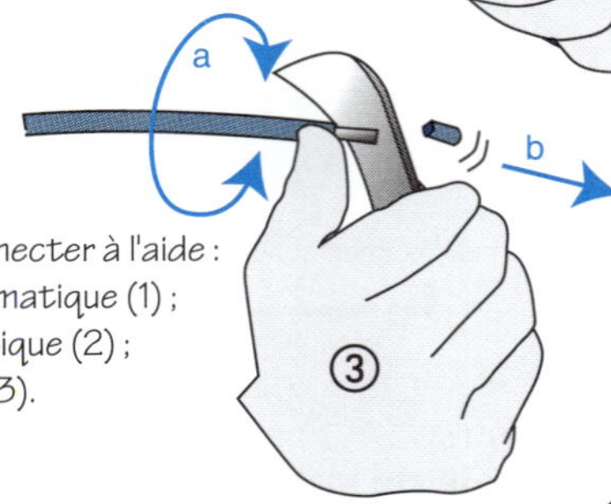

① Coupez la partie endommagée à l'aide d'une pince coupante.

② Dénudez l'extrémité à connecter à l'aide :
— d'une pince à dénuder automatique (1) ;
— d'une pince à dénuder classique (2) ;
— d'un couteau d'électricien (3).

• Vous ne disposez pas d'une longueur suffisante

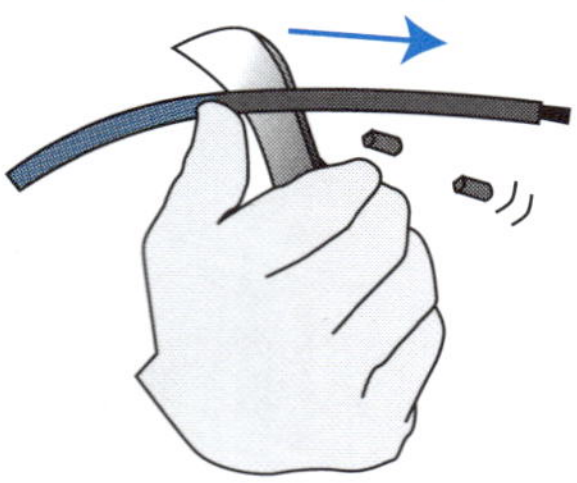

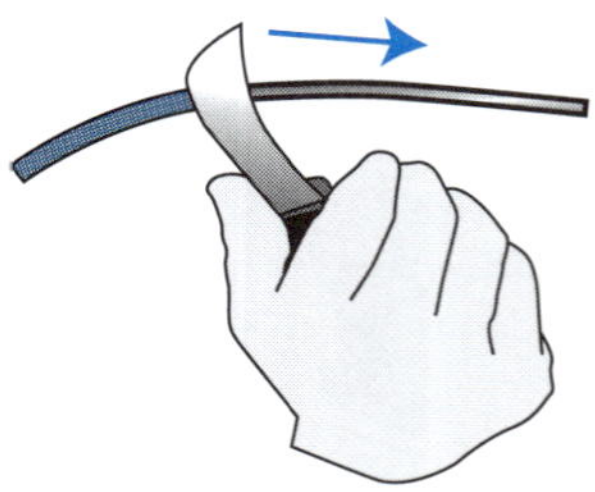

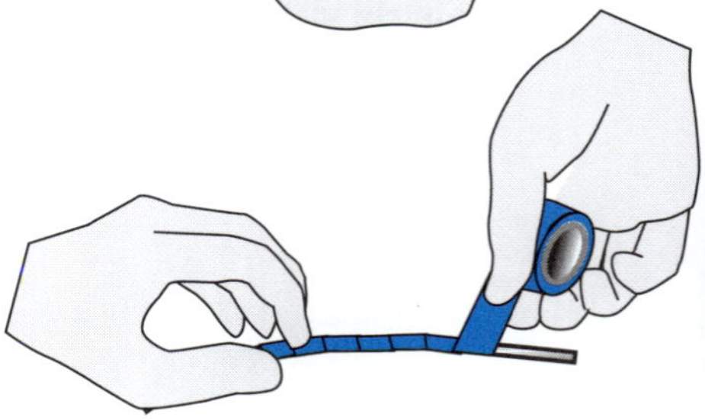

① Retirez l'isolant calciné à l'aide d'un couteau d'électricien.

② Grattez l'âme du conducteur pour que le cuivre redevienne brillant (vous pouvez aussi utiliser de la toile émeri).

③ Remplacez l'isolant par du ruban adhésif d'électricien ou par un manchon thermorétractable (voir ci-dessous).

Utilisation d'un manchon thermorétractable

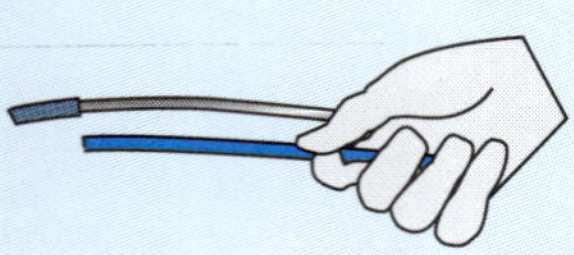

Munissez vous d'un manchon rétractable d'un diamètre correspondant à celui du conducteur. Mesurez la longueur nécessaire.

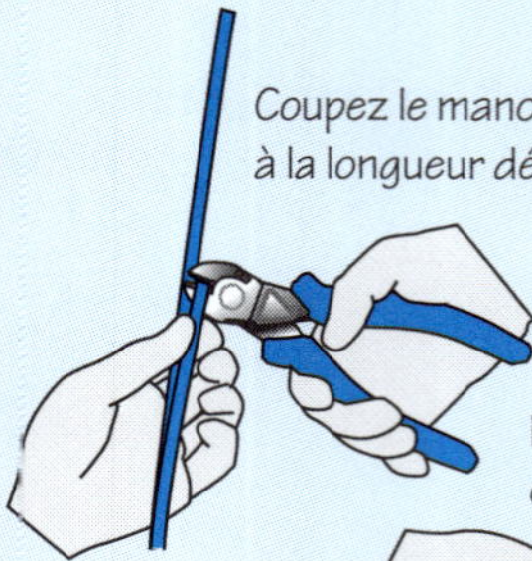

Coupez le manchon à la longueur désirée.

Enfilez-le sur le conducteur.

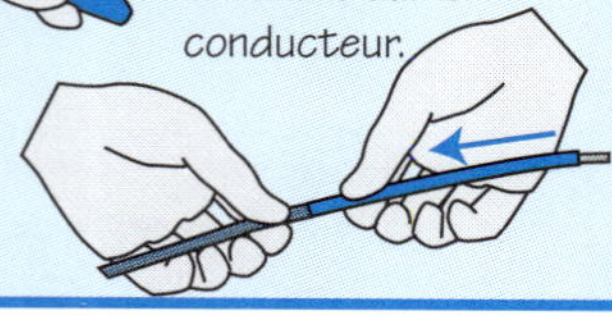

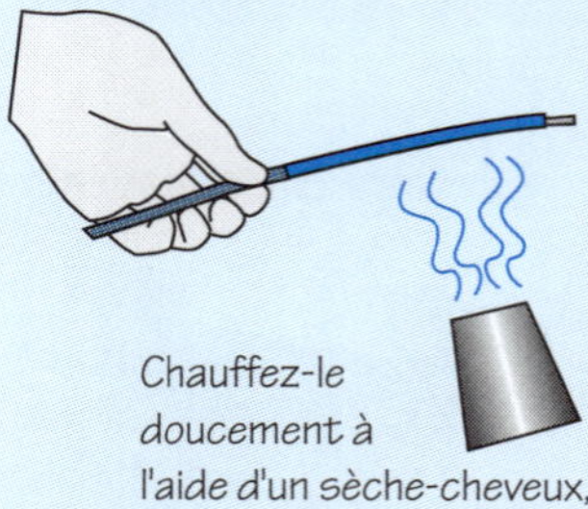

Chauffez-le doucement à l'aide d'un sèche-cheveux, d'un pistolet thermique ou même d'un briquet pour qu'il se rétracte et vienne coller au conducteur.

Figure 39 : La restauration d'un conducteur

Le remplacement d'un coupe-circuit ancien

La figure 40 illustre la méthode à suivre pour le remplacement d'un ancien fusible tabatière. Cette solution n'est présentée qu'à titre d'exemple de dépannage provisoire, car une installation équipée de ce type de protection doit être rénovée impérativement et totalement.
Vous devez en premier lieu couper l'alimentation électrique au niveau du disjoncteur d'abonné en prenant soin que personne ne puisse le réenclencher accidentellement.

Déposez les moulures en entourage du coupe-circuit, déconnectez les fils et déposez le coupe-circuit et son support en bois. Si vous intervenez sur un coupe-circuit placé sur un tableau en bois, la méthode de remplacement commence au paragraphe suivant.
Repérez les fils d'alimentation et le départ de la ligne. Installez un tableau modulaire dont la taille est adaptée à la place dont vous disposez. Placez un nouveau coupe-circuit ou un disjoncteur divisionnaire, puis raccordez-le. Sur des lignes anciennes, choisissez le calibre du dispositif de protection selon les indications du tableau de la page 57.
Si l'isolant des fils est en mauvais état, restaurez-le avec du ruban adhésif isolant ou avec un manchon thermorétractable, c'est-à-dire un manchon isolant que l'on place sur le conducteur et qui, une fois chauffé, vient épouser parfaitement la forme de celui-ci, créant un nouvel isolant.

Dans le cas où l'alimentation de l'ancien coupe-circuit est reprise par épissure sur une ligne générale de l'installation, il est nécessaire de supprimer les épissures, source de pannes ultérieures, comme indiqué figure 40.
Toutes ces opérations étant terminées, remettez le disjoncteur en service.
Si vous disposez d'un tableau de protection moderne, le remplacement d'un module fusible ou d'un disjoncteur divisionnaire est simplifié.
Après coupure du courant, il suffit de démonter les barettes de répartition et les lignes, puis de remplacer le module. La figure 41 présente la méthode à suivre.

Les pannes des disjoncteurs divisionnaires

Les disjoncteurs divisionnaires sont très rarement la source de pannes. Toutefois, il peut être impossible de remettre en service des appareils qui ont subi de nombreux déclenchements. Il est alors nécessaire de les remplacer.
Dans tous les autres cas, vérifiez la présence de tension à l'arrivée et au départ du dispositif comme pour les coupe-circuits. Si vous constatez un manque de tension en sortie, vérifiez les connexions. Si elles sont correctes, remplacez l'appareil.
Des connexions mal serrées en alimentation ou en départ peuvent également endommager un disjoncteur divisionnaire.

LE TRANSPORT ET LE RACCORDEMENT

Les paragraphes qui suivent sont consacrés aux lignes d'alimentation et aux pannes auxquelles elles peuvent être exposées. De nombreux conseils vous

❶

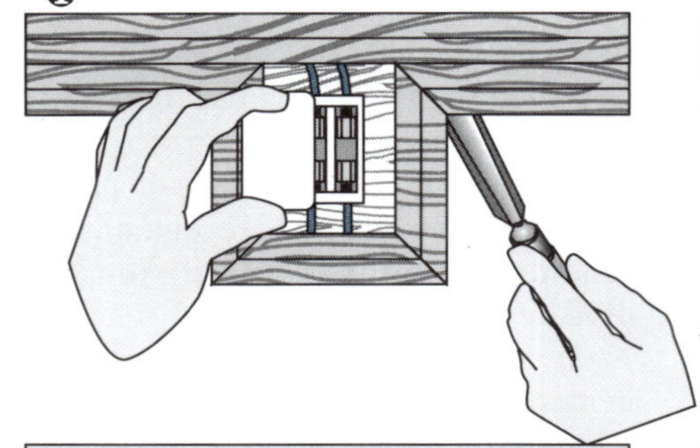

Coupez le courant au disjoncteur.
Déposez le capot du coupe-circuit.
Déposez le couvercle des baguettes électriques en entourage du coupe-circuit.

❷

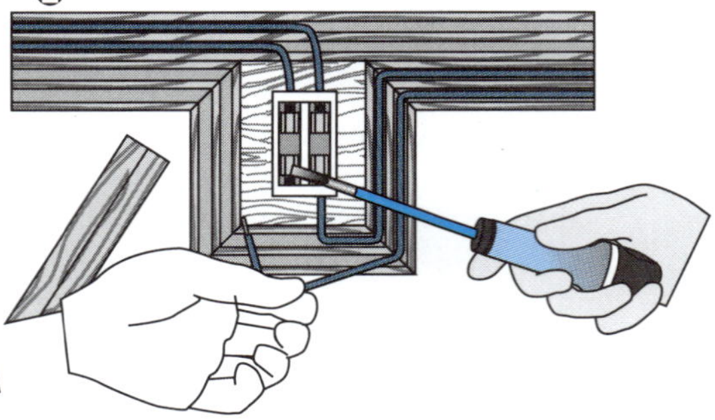

Déconnectez les conducteurs du coupe-circuit. Si l'isolant est en mauvais état, reconstituez-le avec du ruban adhésif isolant. Déposez le coupe-circuit et son support.

❸

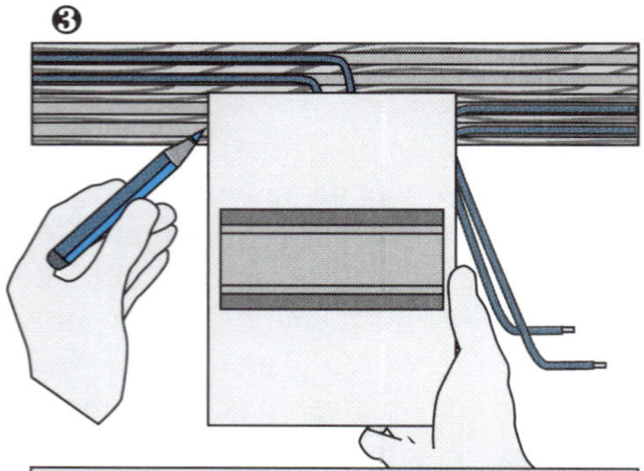

Approvisionnez un tableau modulaire de 4 ou 6 modules de manière à recouvrir totalement l'emplacement de l'ancien coupe-circuit. Tracez son emplacement.

❹

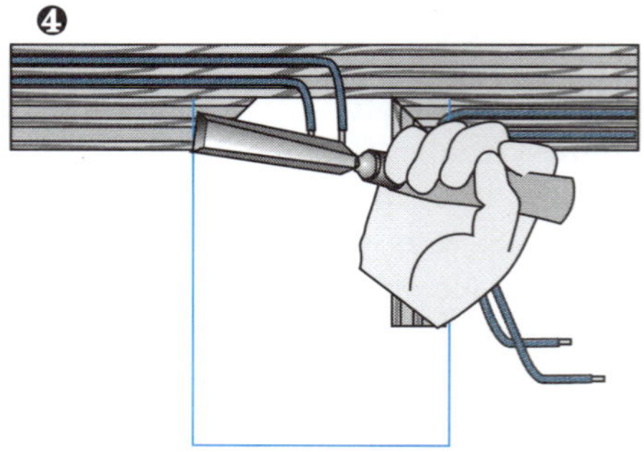

À l'aide d'un ciseau à bois et d'un marteau, découpez les socles des baguettes en bois selon le tracé. Fixez la base du tableau modulaire à l'aide de vis et de chevilles.

❺

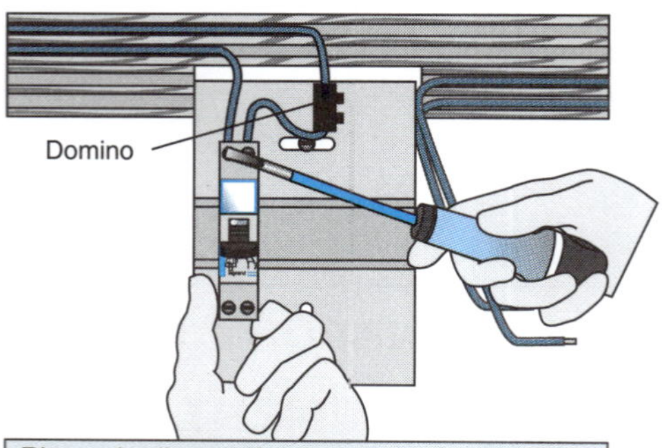

Placez le dispositif de protection (coupe-circuit ou disjoncteur), puis raccordez-le. Si un conducteur est trop court, faites un raccord avec un domino.

❻

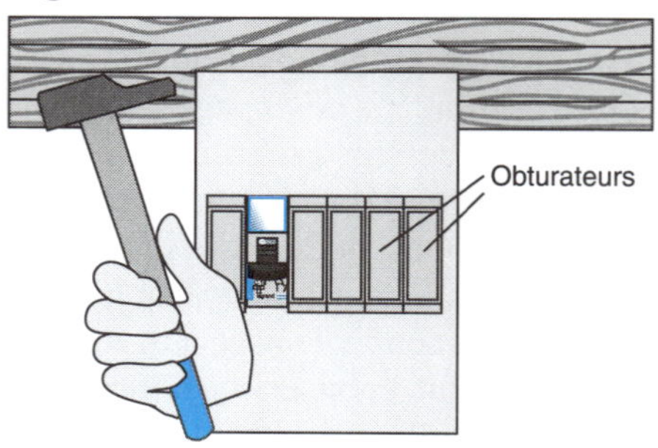

Posez le capot du tableau modulaire. Placez des obturateurs pour fermer la fenêtre. Clouez les couvercles des baguettes après les avoir découpés à la bonne longueur.

Figure 40 : Le remplacement d'un coupe-circuit en porcelaine

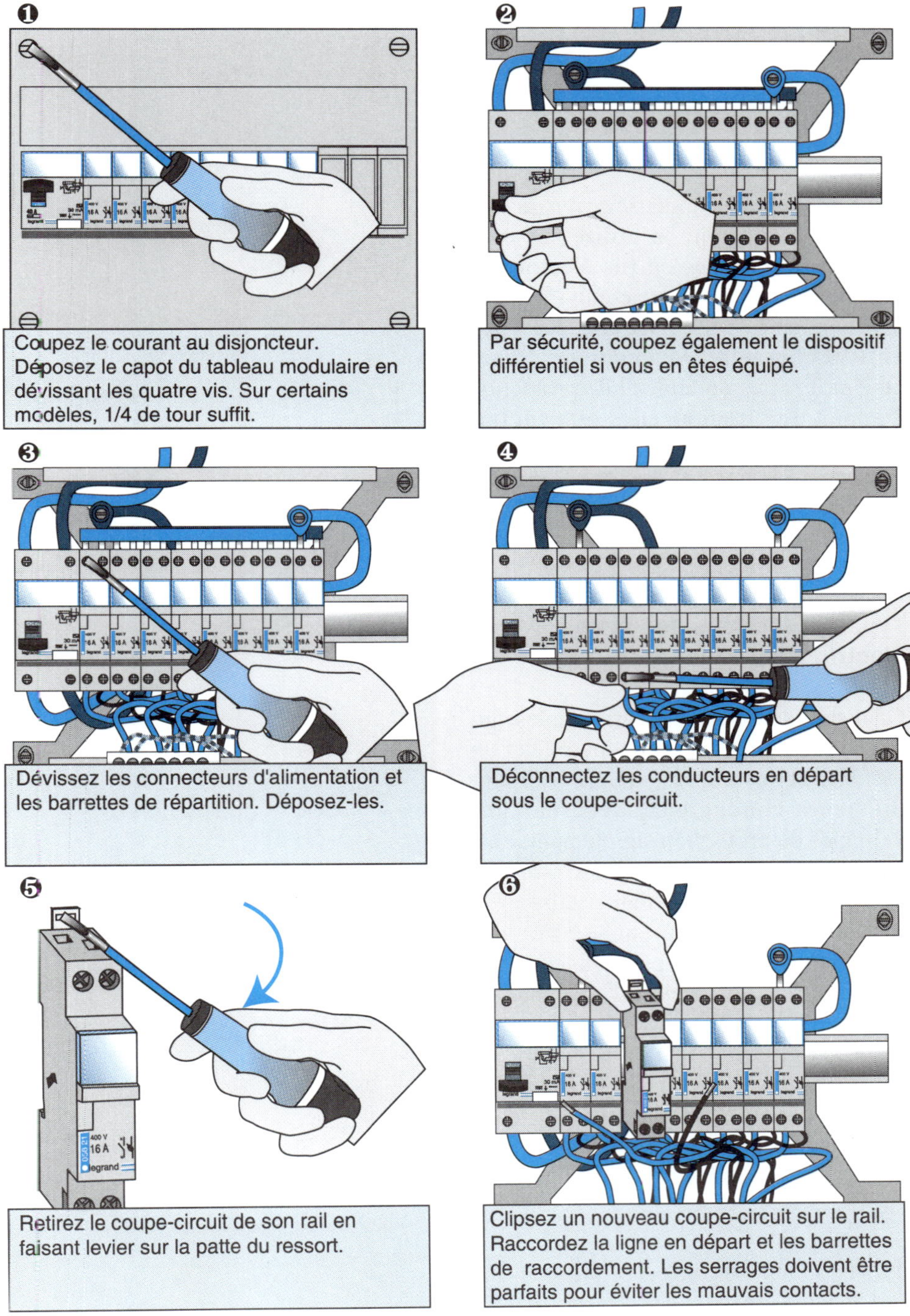

Figure 41 : Le remplacement d'un coupe-circuit modulaire

permettront de rénover ces éléments essentiels de l'installation électrique.

Les lignes

Pour acheminer l'électricité jusqu'aux points d'utilisation, on utilise des conducteurs électriques ou fils électriques. Un conducteur, ou fil, se compose d'une âme conductrice en cuivre et d'un isolant en PVC ou autre. Si toutes les lignes étaient directes du tableau de protection au point d'utilisation, elles seraient très peu sensibles aux pannes. Mais, par leur conception même (raccordements, reprises), elles peuvent être sujettes à quelques dysfonctionnements.

Types et sections des lignes électriques

On distingue les conducteurs simples, qui consistent en une âme conductrice et un isolant, et les câbles, qui regroupent plusieurs conducteurs avec des enveloppes de protection supplémentaires. Les conducteurs anciens sont protégés par une enveloppe isolante à base de caoutchouc et de coton qui se fragilise avec le temps. Ils sont plus sensibles aux contraintes extérieures, par exemple les chocs ou l'humidité.
Les installations datant de la période de la seconde guerre mondiale ont quelquefois été réalisées avec des conducteurs en aluminium. La figure 42 présente les différents types de fils électriques.

Selon la destination des lignes, les conducteurs doivent respecter une section minimale normalisée (voir le tableau, page 57), à savoir :

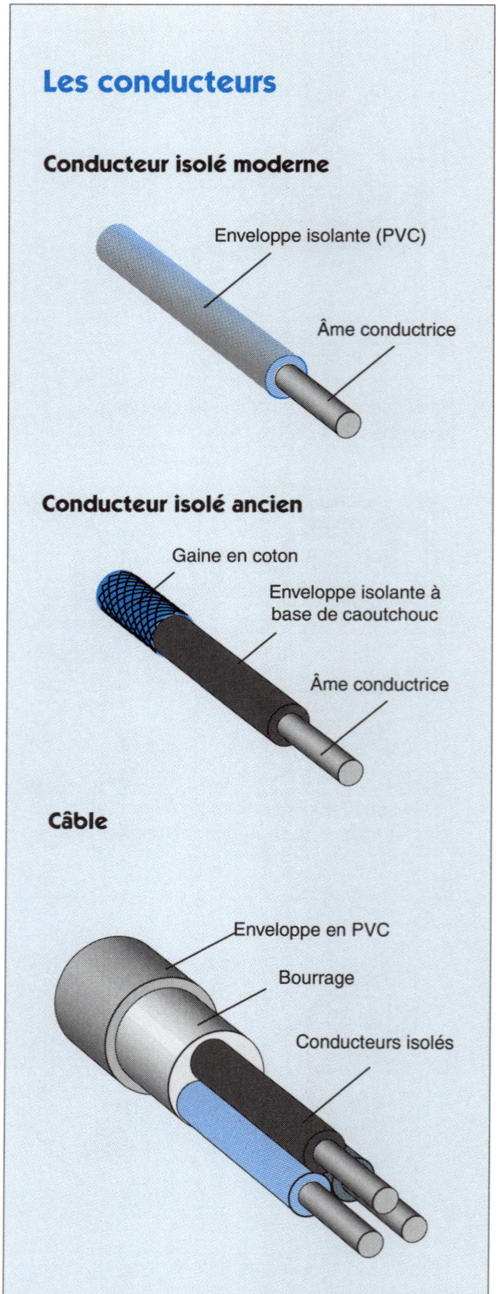

Figure 42 :
Les conducteurs électriques

— 1,5 mm^2 pour les circuits d'éclairage et les alimentations de petits appareils (aérateurs, sonnettes et chauffages électriques jusqu'à 2 200 W) ;
— 2,5 mm^2 pour les prises de courant, les appareils ménagers (lave-linge, lave-vaisselle, sèche-linge, congélateur, four électrique, convecteurs jusqu'à 4 400 W) ;
— 6 mm^2 pour les appareils gros consommateurs d'énergie (plaques de cuisson et cuisinières électriques).

Les installations anciennes n'étaient pas soumises aux mêmes exigences et les circuits de prises de courant étaient souvent alimentés en 1,5 mm^2, voire en 16/10e. De telles installations ne sont évidemment plus aptes à supporter des appareils modernes, gros consommateurs d'énergie. Il est judicieux de rénover l'installation en conséquence afin de pouvoir bénéficier d'une installation fiable et performante.
Les conducteurs sont installés en saillie ou en encastré.

La distribution en saillie

Ce type de distribution s'appelle également distribution à l'air libre ou apparente. Seuls les câbles peuvent être fixés directement sur une paroi, par collage ou avec des cavaliers isolants. Cette solution est souvent adoptée pour ajouter une prise sur un circuit déjà existant.
Dans le cadre d'une rénovation, cette solution est peu esthétique mais engendre un minimum de dégâts.
Les conducteurs sont obligatoirement posés :

— sous des baguettes électriques en bois ou, désormais, en plastique. Les moulures en bois sont interdites dans les locaux humides (salles d'eau, cuisines, W.-C., buanderies) mais les installations anciennes ne respectaient pas cette règle ;
— dans des plinthes électriques en bois ou en plastique ;
— sous des tubes plastiques ou métalliques.

Pour les installations modernes et la rénovation, seuls les tubes en plastique de type ICO (ou ICA), ICT (ou ICTA) et IRO (ou IRL) sont autorisés. Les tubes en acier sont utilisés uniquement dans les rares cas où une protection mécanique importante est requise, par exemple dans les parcs de stationnement.
Les premières installations utilisaient fréquemment le tube en acier et le tube Bergman, c'est-à-dire un tube en fer doux garni de carton bitumeux. Ce tube n'est plus commercialisé depuis longtemps. Vous pouvez rencontrer également des conducteurs de type méplat ou torsadé directement fixés aux parois. Cette pratique est très dangereuse, la protection mécanique étant très insuffisante. Même s'ils sont toujours opérationnels, il convient de remplacer ces tubes et fils par un matériel actuel.

La distribution encastrée

Pour une distribution encastrée, les câbles et les conducteurs sont obligatoirement passés sous une gaine (ICO, ICT ou IRO) en fonction du type de paroi.
Comme indiqué précédemment, les installations anciennes utilisaient les tubes en acier et Bergman. Il n'est pas rare de rencontrer des câbles blindés,

Les types d'installations

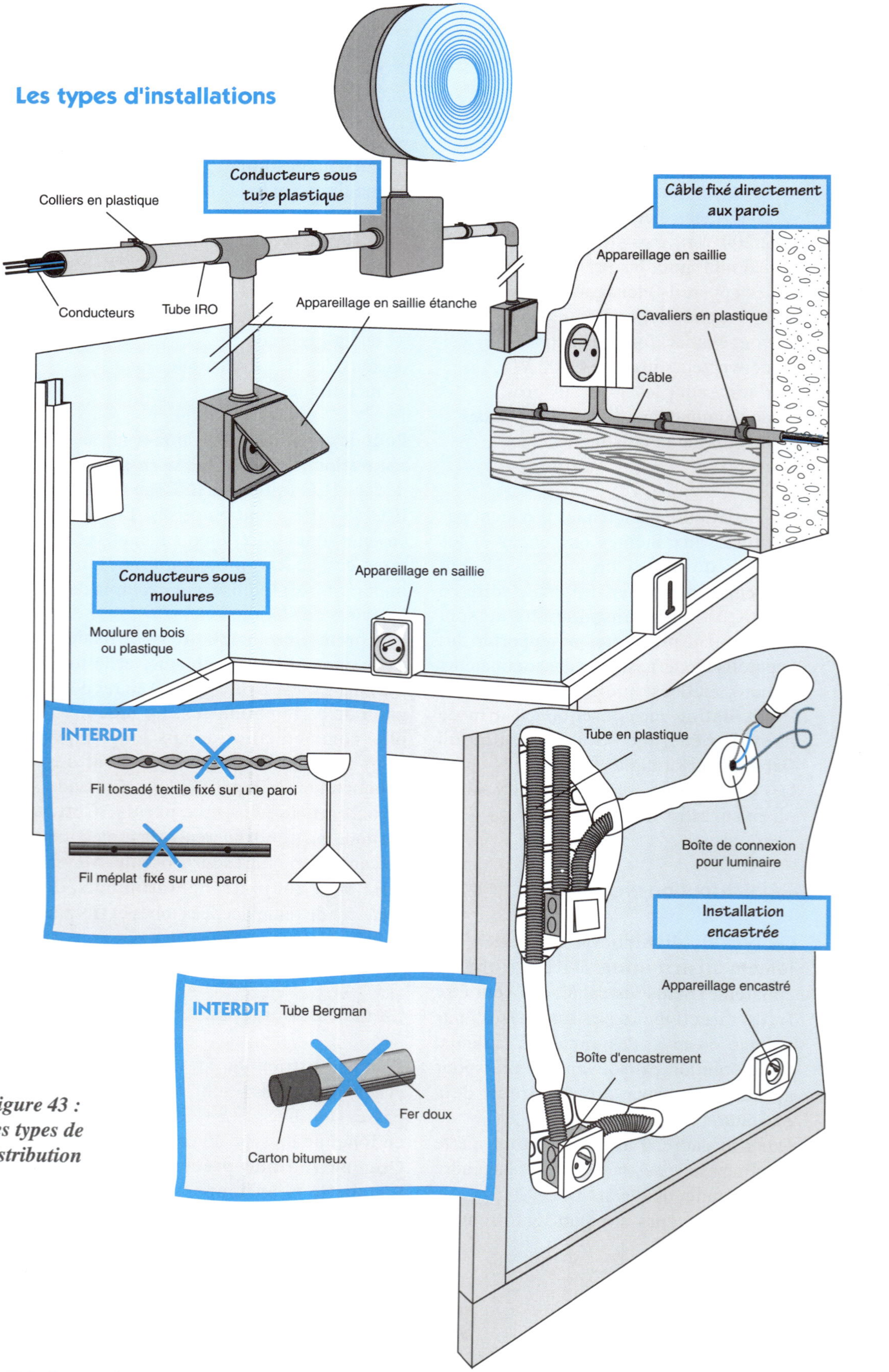

Figure 43 : Les types de distribution

c'est-à-dire entourés d'une gaine supplémentaire en plomb ou en acier, ou même des câbles normaux directement encastrés dans les murs. Cette pratique est totalement interdite de nos jours. Dans la mesure du possible, rénovez l'installation ou passez de nouvelles lignes, mais n'utilisez en aucun cas ces vieux câbles pour effectuer de nouvelles installations.

Il est conseillé de remplacer les tubes Bergman en fer doux.

La figure 43 présente les divers types de distribution des lignes électriques.

Les pannes pouvant survenir sur les lignes et leurs remèdes

Vous trouverez ci-après les pannes les plus fréquemment rencontrées sur les lignes électriques. La plupart peuvent être résolues par un bricoleur confirmé.

Cas d'un échauffement anormal

Un échauffement anormal des lignes est très néfaste pour les conducteurs : il entraîne le vieillissement prématuré de l'isolant, la dégradation des raccordements et, dans le pire des cas, des risques d'incendie. Ce type de phénomène apparaît le plus souvent sur des installations anciennes où la section des conducteurs est insuffisante pour les appareils qui y sont raccordés. Si les dispositifs de protection sont correctement calibrés, il ne devrait pas se produire d'échauffement. Il ne suffit pas de surdimensionner une protection et de remplacer une ancienne prise pour penser que la ligne sera apte à supporter une consommation plus importante. On ne s'aperçoit malheureusement pas tout de suite d'un tel phénomène, même si l'on peut sentir une odeur de « chaud ». C'est très souvent lorsque le problème s'aggrave que l'on en prend conscience. Il est donc impératif de toujours respecter le calibre des protections.

En cas d'échauffement anormal, vérifiez la protection de la ligne, calibrez correctement le dispositif de protection et évitez d'y raccorder des appareils gros consommateurs. Si vous avez absolument besoin de beaucoup de puissance à cet endroit, passez une nouvelle ligne à partir du tableau de protection.

Cas d'un mauvais contact (épissure)

Ce problème est souvent la conséquence de celui cité plus haut. Autrefois, les raccords étaient très souvent réalisés à l'aide d'épissures (figure 44) directement

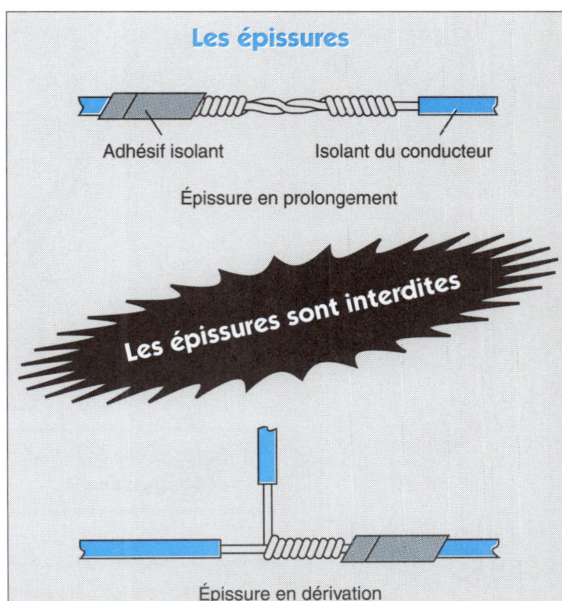

Figure 44 : Les épissures

dans les moulures. Ce type de raccordement, maintenant interdit, permettait de faire des raccords ou des repiquages, c'est-à-dire des dérivations, dans peu d'espace.

Les épissures sont interdites. Utilisez une boîte de connexion.

Sous l'effet d'une consommation trop importante ou d'un court-circuit, les épissures ont tendance à se dégrader. Le dysfonctionnement peut se traduire par la coupure du circuit, par un fonctionnement intermittent ou par un vacillement dans le cas d'un éclairage. On peut même, dans certains cas, entendre des grésillements dus au mauvais contact.

L'épissure étant souvent placée dans une moulure en bois, il est nécessaire de trouver son emplacement. Deux techniques existent. La première est la méthode visuelle. Vous devez observer les moulures où sont susceptibles de passer les conducteurs et remarquer la présence d'un échauffement : brunissement de la peinture ou du revêtement. Mettez la ligne sous tension, raccordez une lampe de chevet en position allumée, dans le cas d'un circuit de prises ou placez l'interrupteur du point lumineux en position marche. Tapotez à cet endroit, avec un

La recherche d'une épissure défaillante

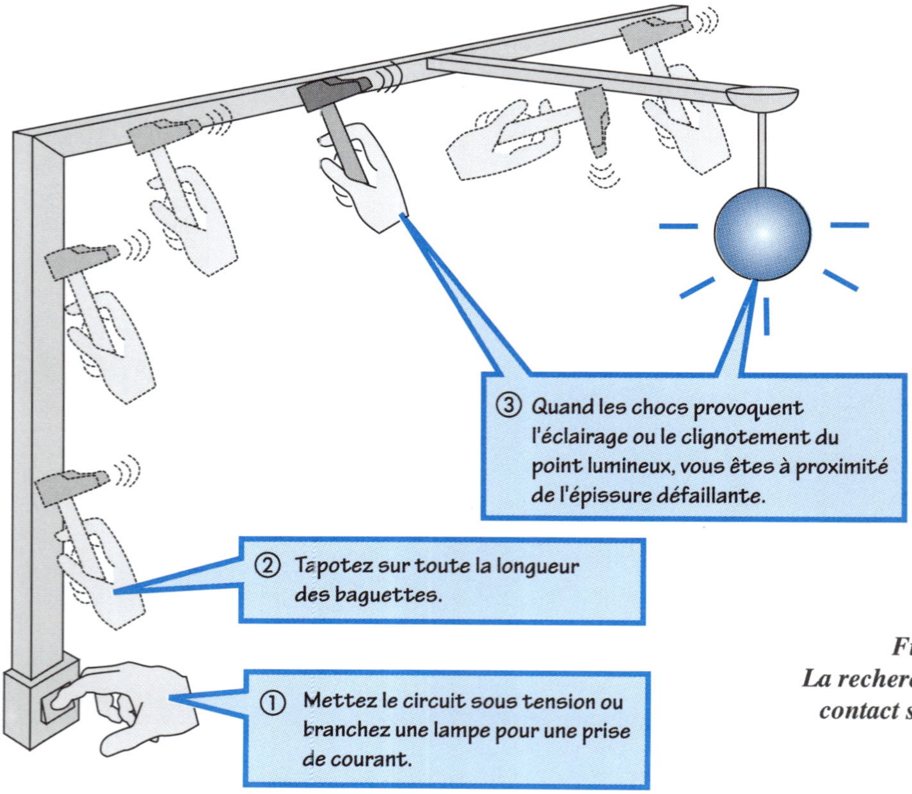

Figure 45 : La recherche d'un mauvais contact sur une épissure

❶

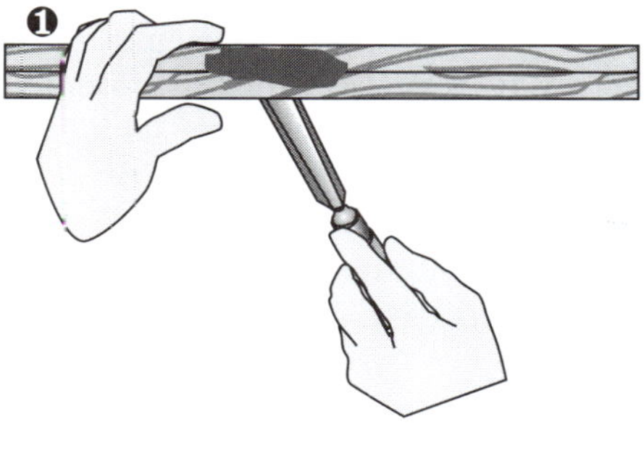

Après repérage de l'emplacement de l'épissure, coupez le courant au niveau du disjoncteur. Déposez délicatement le couvercle de la baguette électrique.

❷

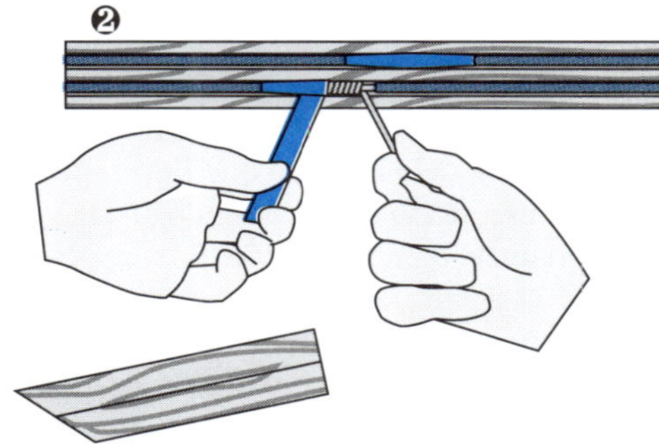

Déposez l'isolant entourant l'épissure, puis défaites les spires pour récupérer de la longueur sur les conducteurs. S'il existe deux épissures, dans le doute, déposez les deux.

❸

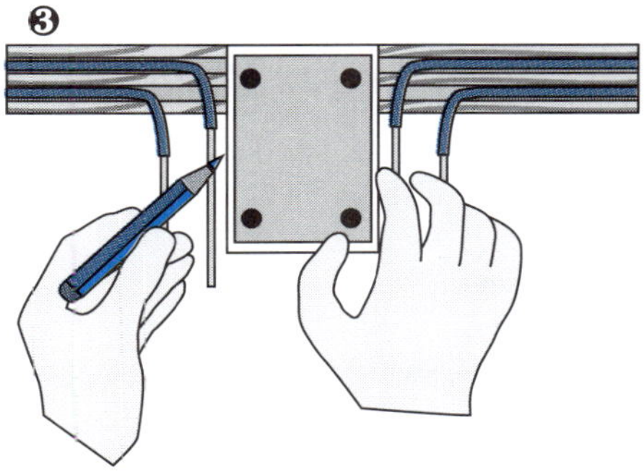

Approvisionnez une boîte de connexion pour montage en apparent, placez-la à l'endroit où se situaient les épissures, puis tracez son emplacement.

❹

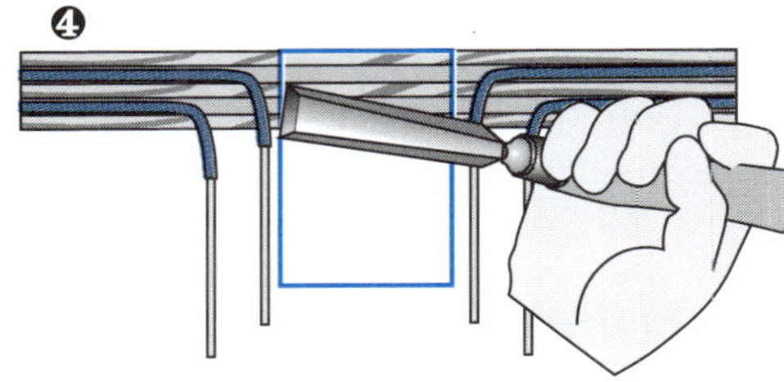

À l'aide d'un ciseau à bois et d'un marteau, découpez les socles des baguettes en bois selon le tracé. Fixez la boîte à l'aide de vis et de chevilles.

❺

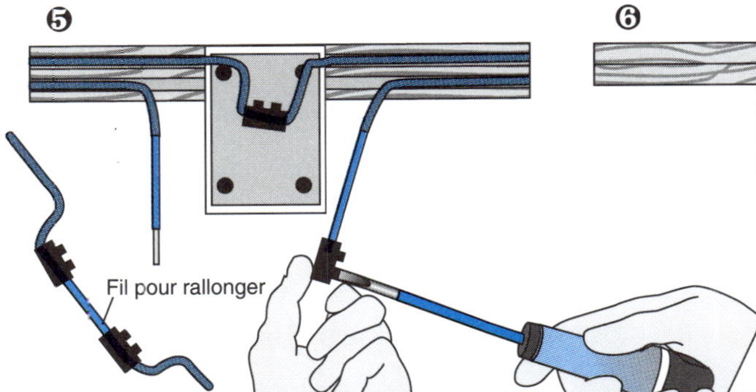

Isolez la partie nue des conducteurs, puis procédez au raccordement. Si les fils sont trop courts (fil cassé), utilisez deux dominos comme indiqué ci-dessus.

❻

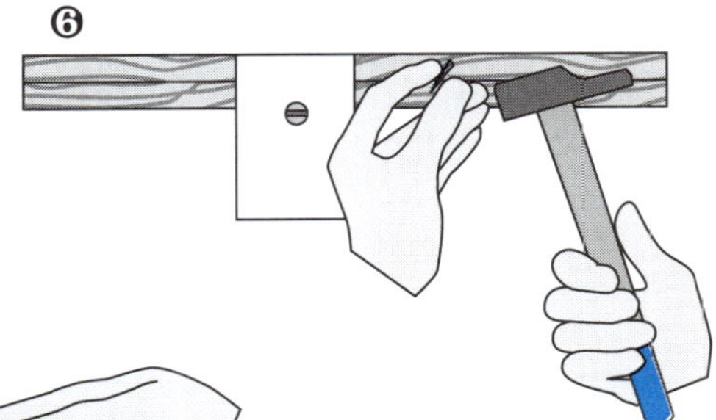

Fermez la boîte de connexion. Clouez les couvercles des baguettes après les avoir recoupés à la longueur adéquate.

Figure 46 : La réparation d'un circuit avec épissures

marteau, par exemple. Si, au moment où vous tapez, la lumière ou l'appareil se remet en marche ou si vous entendez un grésillement, cela indique que l'épissure défectueuse se trouve à cet endroit-là.

La deuxième technique doit être appliquée si vous ne détectez pas de marque d'échauffement. Vous devez mettre le circuit sous tension et, comme précédemment, raccorder une lampe de chevet ou allumer le point lumineux, puis tapoter toutes les moulures de la pièces ou éventuellement les plinthes électriques. Comme précédemment, vous devez trouver, en affinant la recherche, l'endroit précis qui arrête ou remet en route le circuit. La figure 45 représente ces techniques de recherche.

Lorsque vous avez détecté l'emplacement de l'épissure défectueuse, il convient de procéder au dépannage de la ligne. La solution la plus satisfaisante serait, naturellement, la rénovation totale de l'installation de la pièce, il existe cependant une solution de dépannage.

Coupez l'alimentation électrique, déposez délicatement le couvercle de la moulure en bois, puis repérez l'épissure. Sortez les conducteurs des rainures de la moulure, puis défaites l'épissure. Approvisionnez une boîte de dérivation, découpez la moulure pour placer la boîte. Raccordez les fils avec des dominos, fermez la boîte, puis replacez les couvercles découpés aux dimensions. La figure 46 présente de façon détaillée cette opération.

Quand vous reposez le couvercle d'une ancienne moulure en bois, elle a tendance à se fendre. Pour éviter ce problème, utilisez des clous de petite taille et de faible diamètre et donnez toujours un petit coup de marteau sur la pointe du clou.

Si vous ne trouvez pas l'épissure en défaut, il sera nécessaire de déposer tous les couvercles des baguettes de la ligne pour suivre le circuit et vérifier les conducteurs. Dans ce cas, profitez de cette opportunité pour remplacer les moulures et les conducteurs par des matériels aux normes actuelles.

Cas de lignes coupées

Les lignes se coupent rarement d'elles-mêmes, sauf dans le cas d'une épissure, comme nous venons de le voir. Généralement, la coupure est la conséquence d'une intervention malheureuse : pose d'un clou ou d'une vis dans une moulure ou percement d'un trou dans la paroi.

En apparent

Pour réparer une ligne apparente coupée, c'est-à-dire une ligne en saillie ou sous baguette, la solution consiste à créer un nouveau raccord dans une boîte de dérivation, comme indiqué au paragraphe précédent.

En encastré

Pour une ligne encastrée, le problème est plus complexe. Il faut être certain de l'endroit de la coupure. Dans le cas d'un percement, vous devez agrandir le trou pour vous assurer visuellement de la coupure. Si vous avez percé plusieurs trous sans savoir lequel a provoqué la coupure, vous devrez agrandir chacun d'eux.

La meilleure solution consiste à réaiguiller une nouvelle ligne ou simplement le conducteur endommagé dans le conduit. On peut utiliser cette méthode pour le passage entre une plinthe

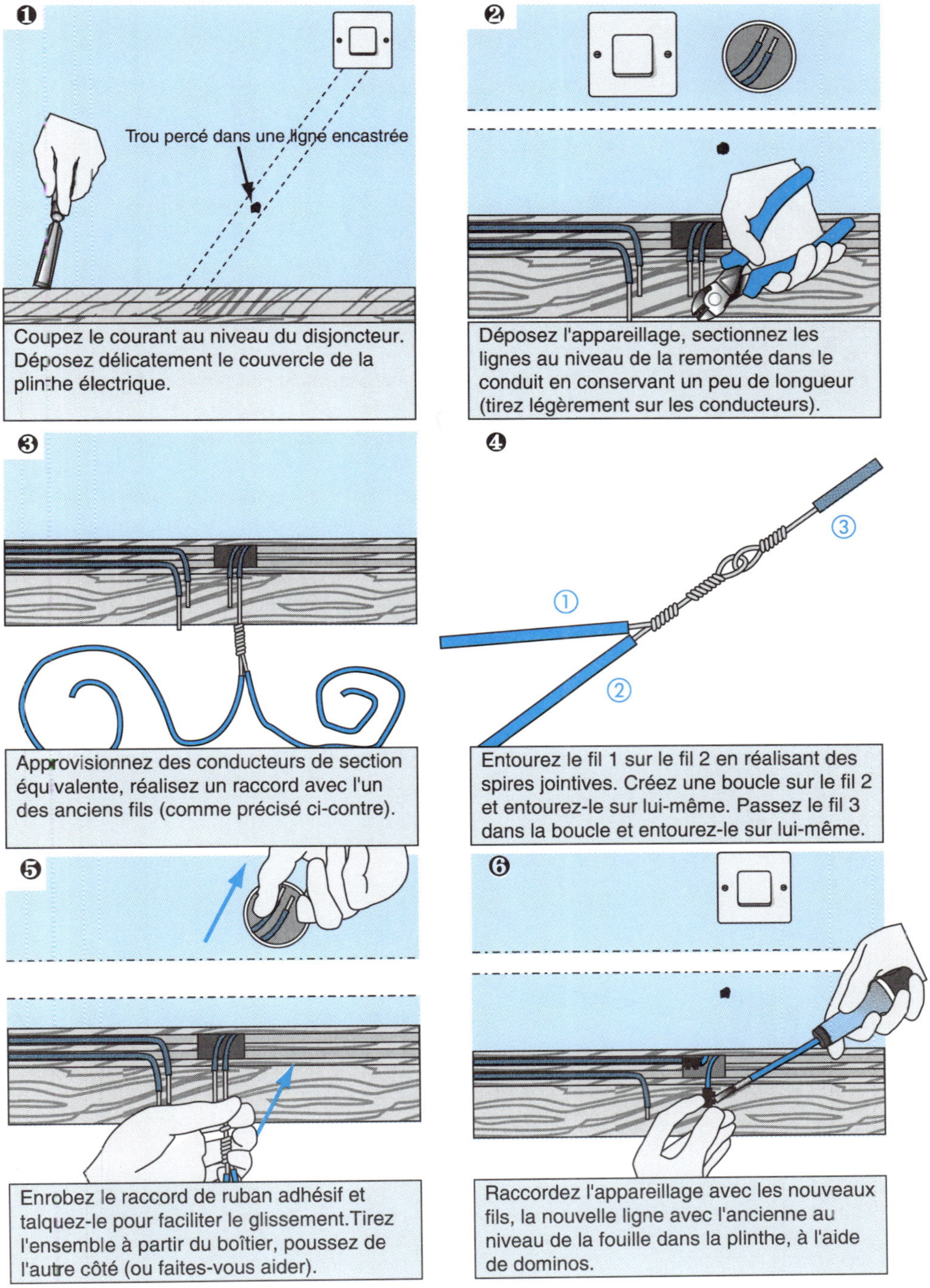

Figure 47 : Le réaiguillage d'une ligne encastrée

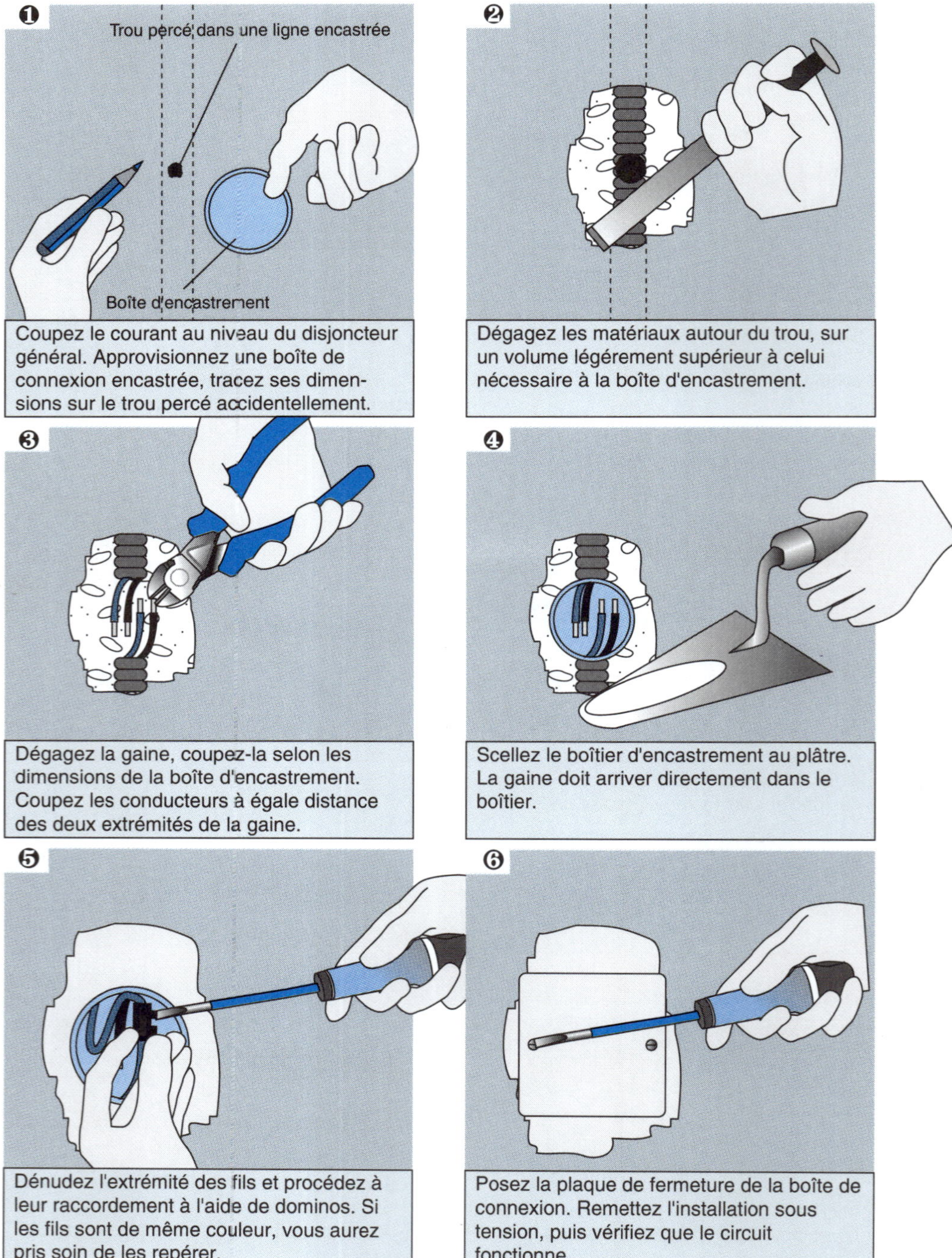

Figure 48 : La réfection d'une ligne encastrée

électrique et un interrupteur ou entre une moulure électrique et un plafonnier. Dans le cas d'une plinthe électrique, vous réaliserez le raccord entre l'ancienne et la nouvelle ligne dans la plinthe. Dans le cas d'une moulure, vous devez poser une boîte de dérivation pour réaliser ce raccordement. La figure 47 présente la méthode du réaiguillage.

Malheureusement, dans certains cas, cette solution est impossible, car le conduit est trop coudé et il n'y a pas moyen de savoir où arrive la ligne, etc. Voici une autre solution de dépannage adaptée à ces cas particuliers.
Une fois l'endroit détecté, approvisionnez une boîte de dérivation encastrable. Agrandissez le percement à la taille de la boîte. Coupez les autres conducteurs, scellez la boîte au plâtre. Rétablissez les connexions. Si la longueur des fils est insuffisante, essayez de les tirer légèrement pour gagner de la longueur. La figure 48 présente cette méthode.

Si, malgré ces indications, vous ne parvenez pas à détecter la coupure, avant de déposer des lignes ou d'effectuer la réfection totale du circuit, faites appel à un professionnel qualifié.

Cas de lignes en défaut d'isolement

En premier lieu, il est indispensable de s'assurer que le défaut d'isolement provient bien de la ligne et non pas de l'appareil ou de l'éclairage qui y est raccordé. Vous devez déconnecter tous les appareils raccordés sur la ligne, y compris les luminaires, puis vérifier la persistance du défaut. Pour ce faire, mesurez la résistance entre le conducteur de phase de la ligne en défaut et la terre de l'installation. Si vous mesurez une résistance infinie, cela indique que le conducteur de phase n'est pas en contact avec la terre. Il n'y a pas de défaut d'isolement ou il a disparu. Une résistance, même très importante, indique que vous êtes en présence d'un défaut d'isolement. La figure 49 présente les mesures prélimaires à effectuer.

Comme indiqué précédemment, ce type de dysfonctionnement est dû à une déficience de l'isolant d'un conducteur de phase. Il peut également provenir d'un objet métallique en contact avec l'âme du conducteur et la paroi (clou, vis ou agrafe). Il peut s'agir également d'un antique tube métallique encastré où la partie conductrice d'un fil touche le tube. La présence d'humidité, même minime, est souvent remarquée lors d'un défaut d'isolement. Plus l'humidité est forte, plus le défaut est important.

En cas de défaut d'isolement dû à un dégât des eaux sur une installation en saillie équipée de conducteurs d'époque dans une moulure en bois, par exemple, il suffit de déposer le couvercle, de sortir les conducteurs des rainures, puis de les laisser sécher. Le défaut disparaît dès que les conducteurs ne sont plus en contact avec la moulure humide.

Si les conducteurs vous paraissent en piteux état, profitez-en pour remplacer la moulure en bois par un modèle en plastique et changer les vieux conducteurs.
Dans le cas d'un défaut d'isolement dans des tubes métalliques encastrés, la solution la plus sûre consiste à réaiguiller des nouvelles lignes, comme dans le cas d'une coupure de ligne.
Quand il se produit un défaut d'isolement

Les recherches préliminaires d'un défaut d'isolement

① Coupez le courant et assurez-vous que vous êtes bien en présence d'un défaut d'isolement

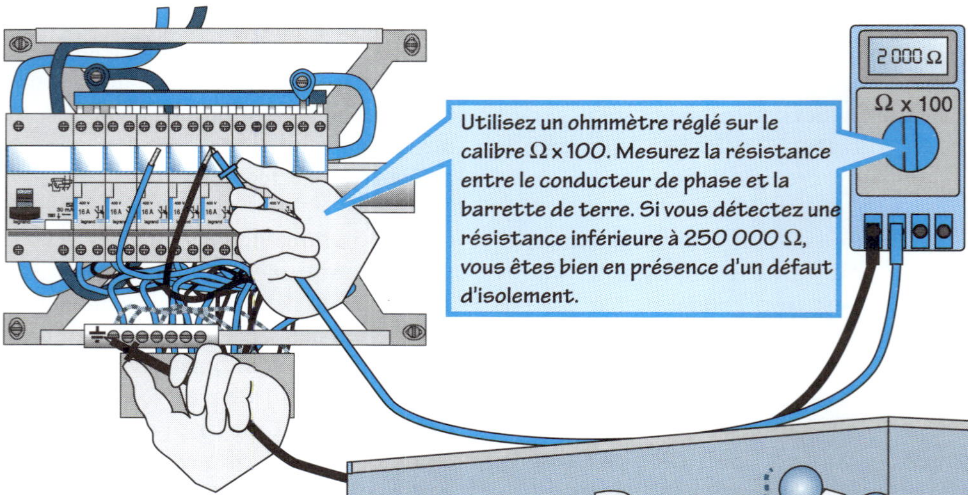

② Débranchez tous les appareils ou luminaires raccordés sur cette ligne.

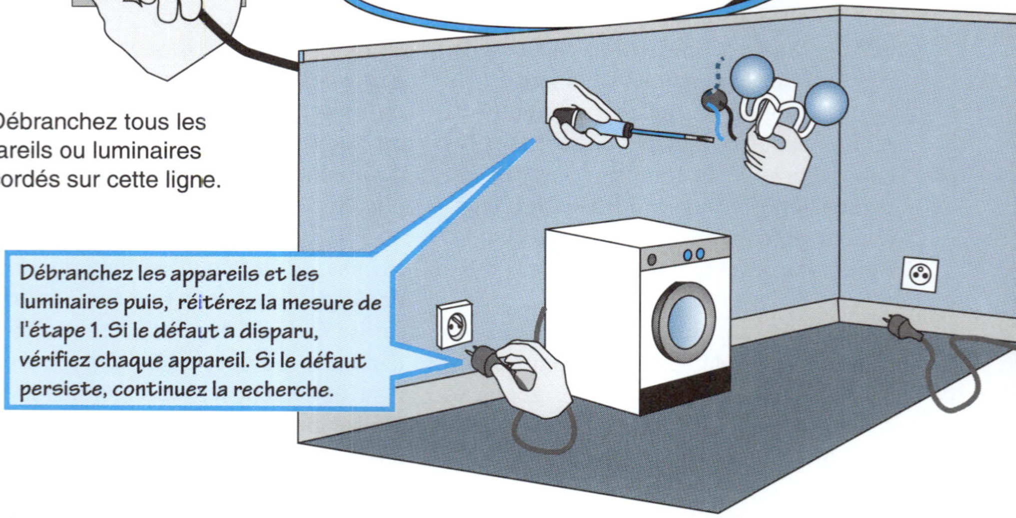

③ Vérifiez que les lignes électriques ne se trouvent pas dans une zone humide.

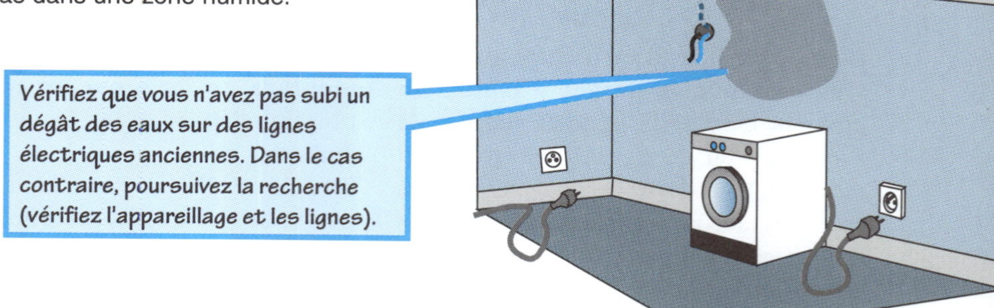

Figure 49 : La recherche d'un défaut d'isolement

sur une ligne sans raison particulière, il est très difficile d'en rechercher l'origine. Vous pouvez vérifier toutes les moulures électriques, observer si aucun objet métallique n'y a été planté et retirer tout ce qui semble douteux. Le défaut peut se produire des années après la pose d'un clou ou d'un piton.

Pour une installation encastrée, vous pouvez (disjoncteur coupé), à l'aide d'un ohmmètre, tester la résistance entre le conducteur de phase, par exemple dans une prise, et les divers clous et pitons plantés dans les murs. Si vous détectez la moindre résistance entre ces deux points de mesure, retirez le clou incriminé, puis essayez de remettre en service. La figure 50 présente cette méthode de recherche.

> (!) Attention ! Cette opération s'effectue pendant que le disjoncteur est coupé.

La recherche d'un clou planté dans une ligne

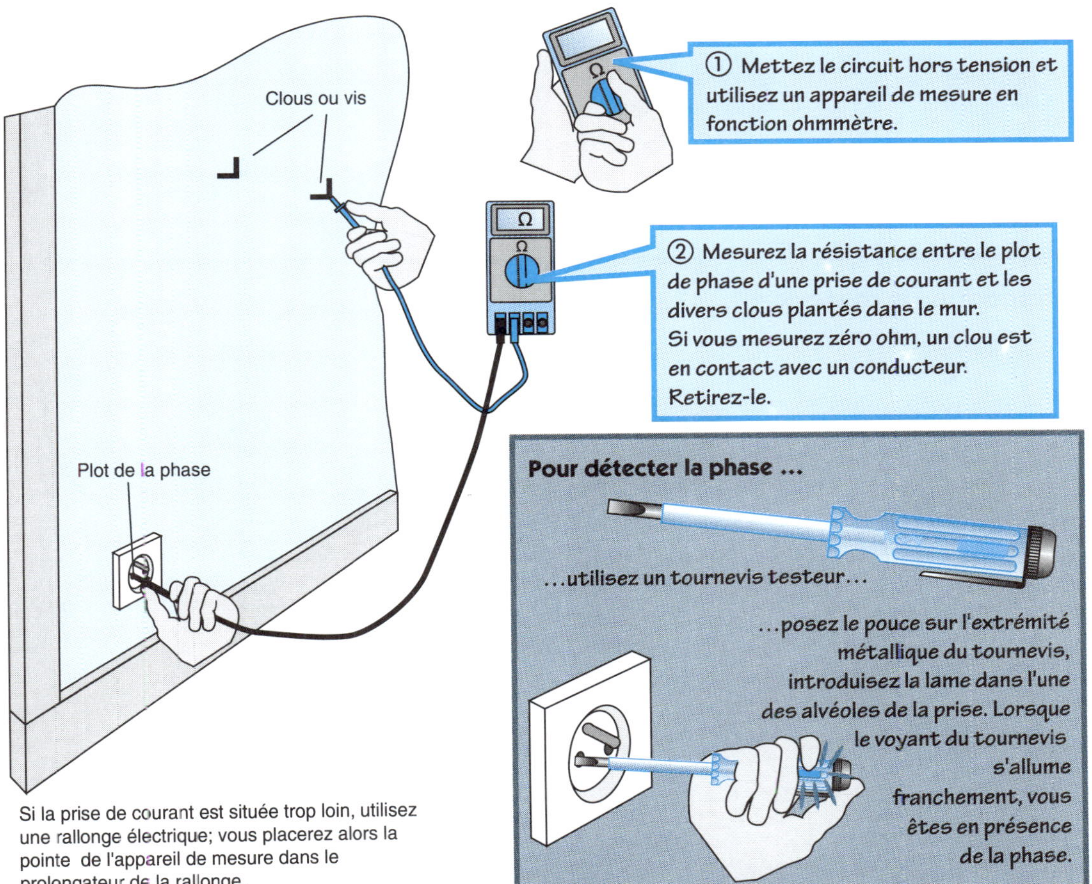

Si la prise de courant est située trop loin, utilisez une rallonge électrique; vous placerez alors la pointe de l'appareil de mesure dans le prolongateur de la rallonge.

Figure 50 : La recherche d'un clou dans une ligne encastrée

Les boîtes de connexion

Dans les constructions récentes, les boîtes de raccordement des luminaires sont utilisées comme boîtes de connexion.

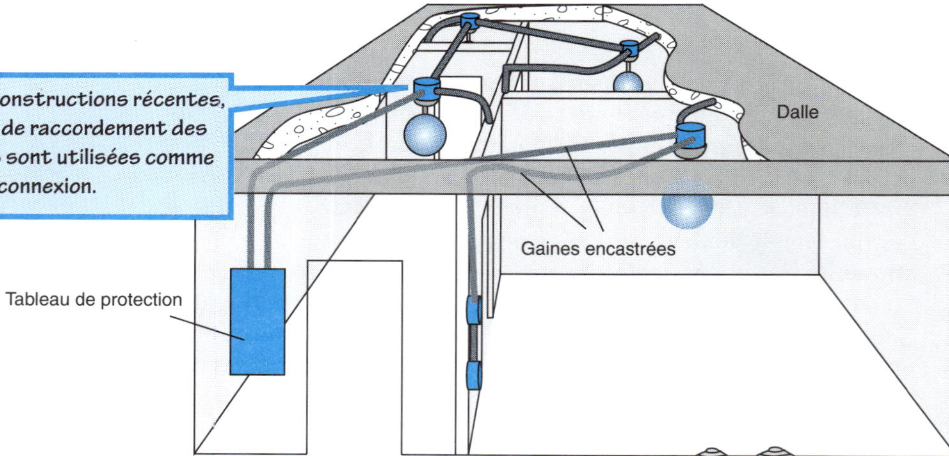

Quelques modèles de boîtes de connexion

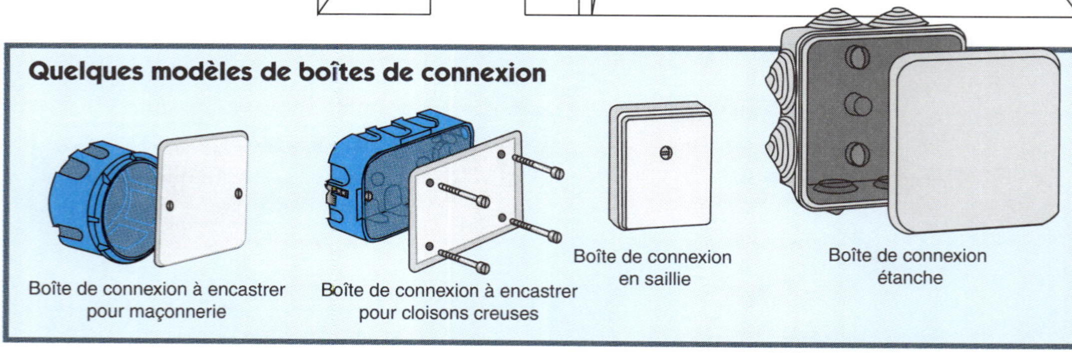

Les dispositifs de connexion

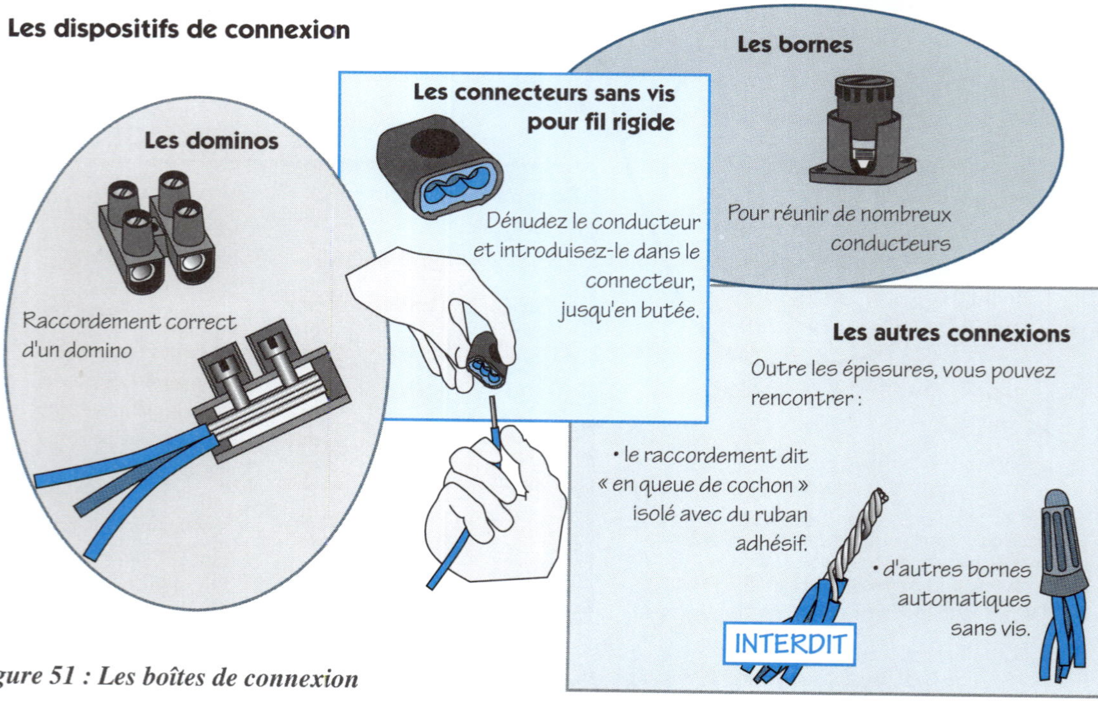

Figure 51 : Les boîtes de connexion

Si aucune de ces méthodes ne vous a permis de détecter le défaut d'isolement, vérifiez tous les appareillages et les lignes. Si vous n'obtenez aucun résultat, faites appel à un professionnel. Il dispose d'appareils de détection plus sophistiqués pour rechercher ce type de défaut.

Les boîtes de connexion

Les boîtes de connexion sont destinées à héberger les raccordements entre conducteurs pour les repiquages ou les dérivations. Il existe également des boîtes de connexion à placer en fin de ligne, destinées au raccordement d'appareils fixes tels que fours électriques, plaques de cuisson, appareils de chauffage.
Dans les immeubles modernes, les boîtes destinées au raccordement des plafonniers sont très souvent utilisées comme boîte de connexion. Les boîtes d'encastrement de prises de courant ou d'interrupteur peuvent aussi servir de boîtes de connexion.

Les modèles de boîte de connexion

Il existe des boîtes de connexion pour les installations en saillie et les installations encastrées.
Les boîtes pour les installations en saillie sont souvent en plastique et équipées ou non de borniers de raccordement. Il existe également des boîtes étanches pour les installations dans les locaux humides tels que buanderie, sous-sol, cave. Dans les installations anciennes, il est possible de trouver des boîtes de dérivation en céramique ou métalliques.
Les boîtes de connexion des installations encastrées sont de tailles et de formes variées, en fonction des besoins.

Les connexions à l'intérieur de ces boîtes sont réalisées à l'aide de dominos, de connecteurs automatiques, de bornes de serrage, etc. La figure 51 présente les divers modèles de boîtes de connexion.

Les pannes dans les boîtes de connexion

L'unique panne qui peut se produire au niveau d'une boîte de connexion est due à la dégradation des raccordements : mauvais serrage des dispositifs de connexion ou, pour des installations anciennes, dégradation des épissures. Il suffit généralement de remettre en état les connexions et de rénover les conducteurs, si nécessaire.

L'APPAREILLAGE

Cette partie traite de la plupart des pannes pouvant survenir au niveau de l'appareillage de l'installation mais aussi, de manière générale, sur un circuit complet. On appelle appareillage tout le matériel qui sert à la commutation (interrupteurs, variateurs, boutons-poussoirs, etc.) et au raccordement, c'est-à-dire les prises de courant. L'appareillage est différent selon qu'il est destiné à une installation en saillie ou encastrée. Les vieux appareillages en saillie sont aisément remplaçables alors que les appareillages encastrés nécessitent souvent le scellement d'un nouveau boîtier dans la paroi. Cela présente l'inconvénient d'endommager la décoration.

Les règles d'installation dans les locaux humides, en particulier dans une salle d'eau, sont très strictes. Si vous prévoyez le remplacement des appareillages dans ce type de local, vous devrez impérativement respecter ces règles (voir « Volumes de protection » dans la section « Recherche rapide », en fin d'ouvrage).

Les prises de courant

Les prises de courant sont destinées au raccordement d'appareils mobiles : appareils électroménagers, de chauffage, chaînes hi-fi, etc. Les prises neuves doivent obligatoirement être équipées d'une broche de mise à la terre. Elles permettent le raccordement de tous les types d'appareils dont la fiche comporte ou non un raccordement de terre. En revanche, les prises anciennes ne permettent pas le raccordement des prises avec terre, les alvéoles étant d'un diamètre inférieur. On peut résoudre ce désa-

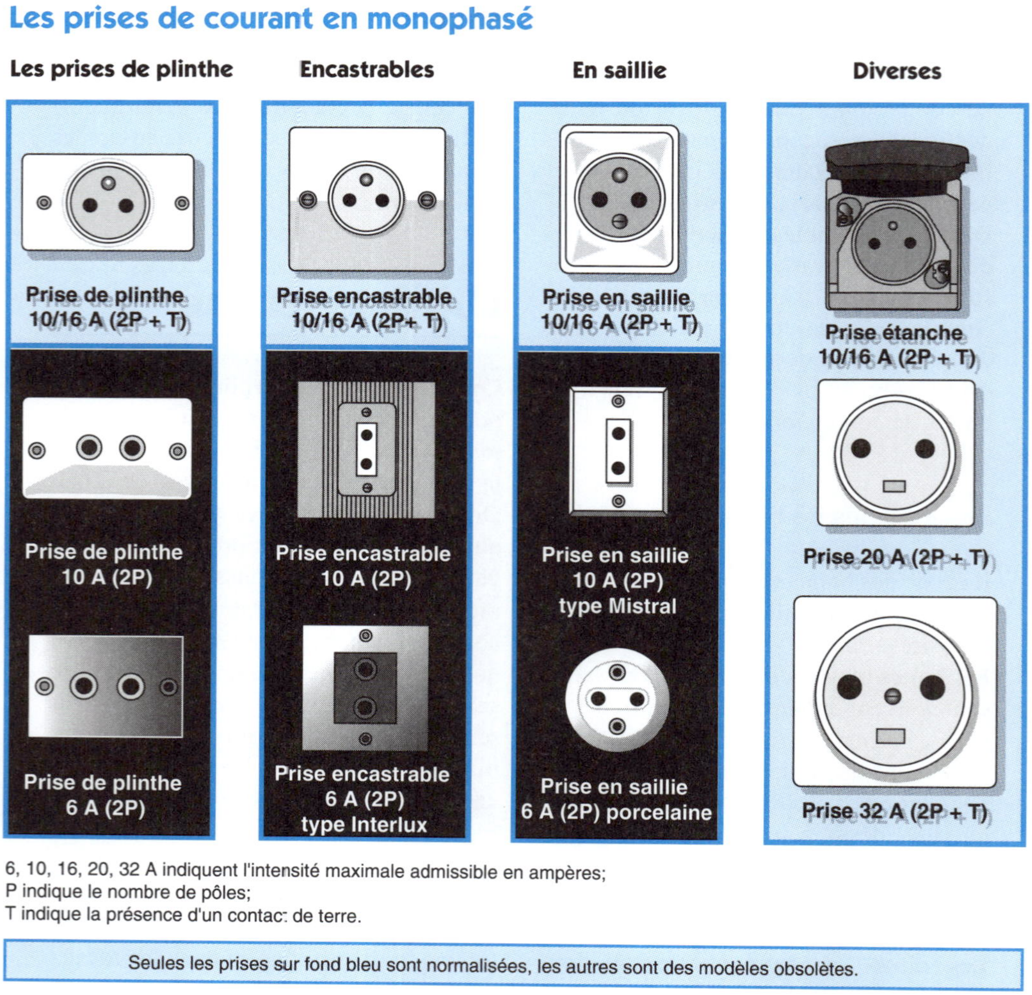

Figure 52 : Quelques modèles de prise de courant

grément en utilisant un adaptateur ou en remplaçant la prise. Nous ne présenterons ici que les prises de courant pour le monophasé, c'est-à-dire les prises à deux pôles (2P) ou deux pôles plus terre 2P + T) car ce sont les plus répandues. En présence de prises de courant en triphasé, les techniques de dépannage sont sensiblement identiques.

Les modèles de prises de courant

Les prises modernes normalisées sont toutes des modèles 10/16 A + T (10/16 ampères plus terre) avec des éclipses de protection qui empêchent toute introduction d'objet dans les alvéoles. Cette protection est très appréciée comme sécurité pour les enfants.

Les installations anciennes présentent une grande variété de modèles et de formes qui vont des prises en porcelaine jusqu'aux prises en matière plastique. Elles étaient rarement équipées de prise de terre. La figure 52 présente quelques modèles. Les modèles équipés d'une prise de terre sont apparus dans les constructions à la fin des années cinquante. Leur installation n'intervenait que dans les locaux humides (cuisine, salles d'eau).
Différents modèles de prises sont disponibles en fonction de la nature de l'installation : en saillie, encastrée ou pour une pose dans des plinthes en bois.

Si vous remplacez une prise ancienne dans un local humide, vous devez en installer une nouvelle aux normes actuelles munie d'une prise de terre, mais il est très rare que cela soit possible. Il faut que l'installation dispose d'une prise de terre — cas rare dans les vieux immeubles — et que vous ameniez un conducteur raccordé sur cette prise de terre jusqu'à la prise remplacée. Pour contourner la difficulté, vous installez un dispositif différentiel à haute sensibilité en protection de la ligne d'alimentation de cette prise.

Attention ! L'emplacement des prises de courant dans une salle d'eau est très réglementée (voir « Volumes de protection » dans la section « Recherche rapide », en fin d'ouvrage).
Pour les locaux secs, il est admis de remplacer une prise existante par une prise 10/16 A sans contact de terre.

Les pannes des prises de courant et leurs remèdes

Pour détecter rapidement un problème de prises de courant sur une ligne, reportez-vous à l'organigramme de la page 98. Nous détaillerons ci-après les pannes pouvant survenir sur une ou plusieurs prises de courant.

Panne sur une seule prise

Avant toute chose, assurez-vous que ce n'est pas l'appareil raccordé sur cette prise qui ne fonctionne pas. Pour vérifier, testez la tension sur la prise au moyen d'un voltmètre, ou raccordez un autre appareil, par exemple une lampe de chevet. Vérifiez également qu'il ne s'agit pas d'une prise commandée, c'est-à-dire une prise que l'on met sous tension et que l'on éteint à partir d'un interrupteur situé à l'entrée de la pièce.

Une panne survenant sur une seule prise peut être due à plusieurs phénomènes.

En premier lieu, il convient d'examiner la prise. Lorsqu'on raccorde un appareil puissant, le mauvais serrage des conducteurs de la prise ou de la fiche raccordée peut provoquer un échauffement (avec dégagement d'une odeur de brûlé) qui va dilater les parties élastiques du raccordement prise entre la prise et la fiche. Vous remarquerez alors une trace d'échauffement (figure 53) autour de l'un ou des deux trous de la prise de courant. Dans ce cas, vous devez remplacer la prise et la fiche de l'appareil.
Si, sur cette prise, n'est pas raccordé un appareil gros consommateur d'énergie, il est possible que vous ne constatiez pas de trace d'échauffement. Dans ce cas, démontez la prise, puis vérifiez les serrages.

Si la prise et les raccordements vous paraissent corrects, vous devez poursuivre vos investigations. Les prises sont très souvent reprises les unes sur les autres : c'est ce qu'on appelle le repiquage. Vérifiez que la prise située la plus près de celle qui est en panne fonctionne (figure 53). Démontez-la, puis vérifiez s'il y a un repiquage et assurez-vous que les serrages sont corrects. Si cela ne donne rien, vérifiez une autre prise, en adoptant la même méthode. Il est même possible que la prise en panne soit reprise sur une prise de courant située de l'autre côté d'une cloison, dans une autre pièce, ou qu'il existe un raccord dans un boîtier d'interrupteur encastré.

Attention ! Certaines prises de courant anciennes étaient équipées d'un fusible incorporé (figure 53). Dans ce cas, il suffit de remplacer la cartouche pour remettre la prise en service.
Si toutes ces recherches sont restées infructueuses, la panne peut se situer au niveau des lignes d'alimentation, par exemple en cas d'épissure défectueuse ou d'une boîte de connexion (voir plus haut). Dans ce cas, suivez la ligne à partir de la prise.

Panne sur plusieurs prises

Lorsqu'une panne intervient sur plusieurs prises de courant, vérifiez en premier lieu que le dispositif de protection de la ligne est en bon état. Si tel est le cas, la panne peut se situer au niveau d'un repiquage sur une autre prise. Vérifiez que la prise la plus proche de celles qui sont en panne fonctionne, comme indiqué précédemment.
Si toutes ces vérifications n'apportent pas la solution, la panne peut se situer au niveau de la ligne d'alimentation du circuit ou d'une boîte de dérivation. Effectuez une recherche sur les lignes comme indiqué plus haut.

Le remplacement d'une vieille prise

En présence d'une prise trop ancienne ou défectueuse, la meilleure solution consiste à la remplacer. Si cette prise est placée dans une salle d'eau, vérifiez si son emplacement est encore autorisé, pas trop près d'une douche ou d'une baignoire, par exemple. Dans le cas contraire, il sera nécessaire de la déplacer ou de la condamner.
Si vous effectuez un remplacement de prise consécutif à des travaux d'isolation par doublage des murs avec des panneaux isolants, ne laissez jamais les moulures

Figure 53 : La recherche d'une panne sur une prise de courant ▶

Les recherches préliminaires d'une panne sur une prise de courant

① Assurez-vous que c'est bien la prise qui ne fonctionne pas et non l'appareil que vous avez raccordé.

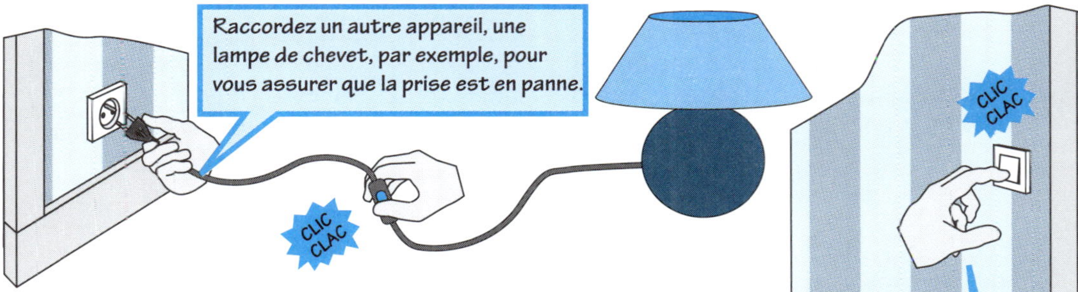

② Assurez-vous que la prise n'est pas commandée par un interrupteur.

③ Assurez-vous que la prise n'est pas équipée d'un fusible incorporé.

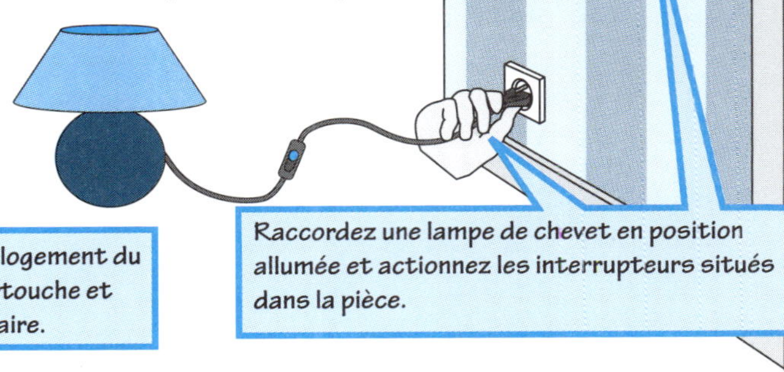

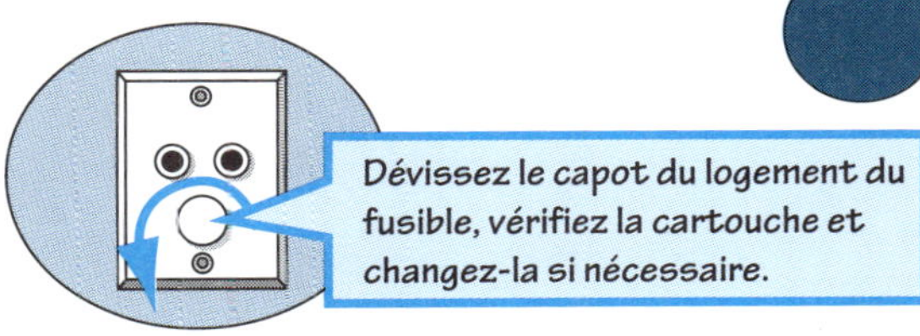

④ Vérifiez que la prise n'est pas en mauvais état.

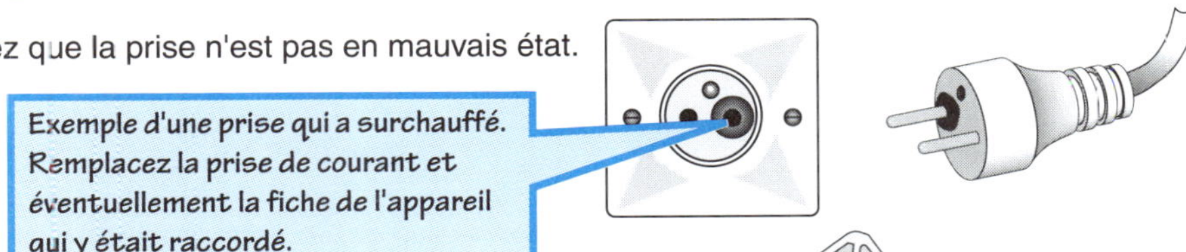

⑤ Vérifiez les fusibles au tableau de protection. S'ils sont corrects, coupez le courant, puis démontez la prise.

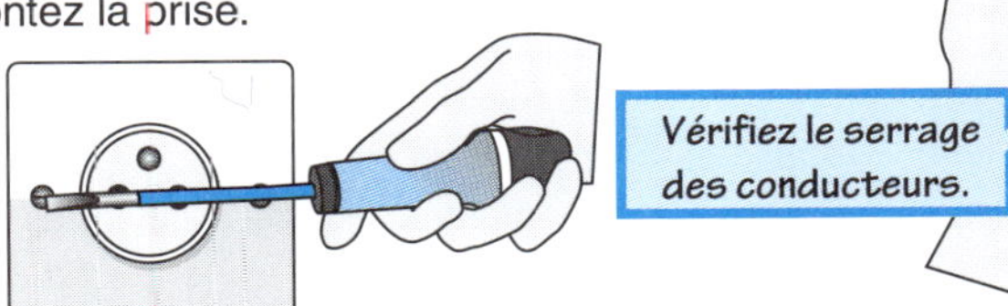

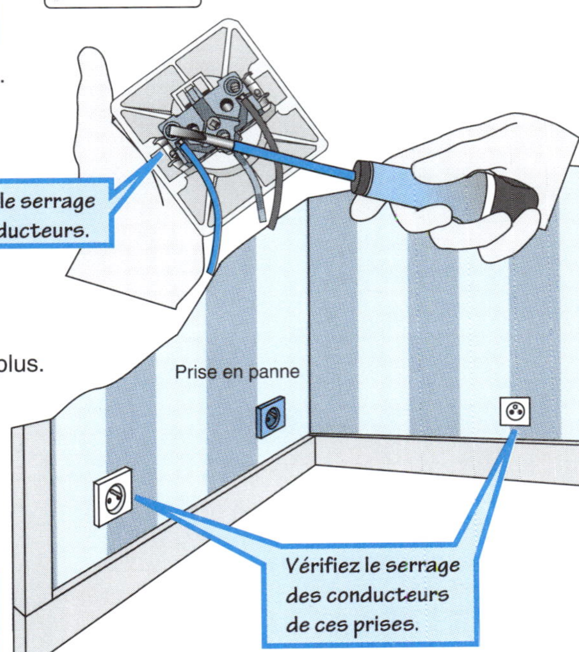

⑥ Vérifiez les raccordements des prises en amont et en aval de celle qui ne fonctionne plus.

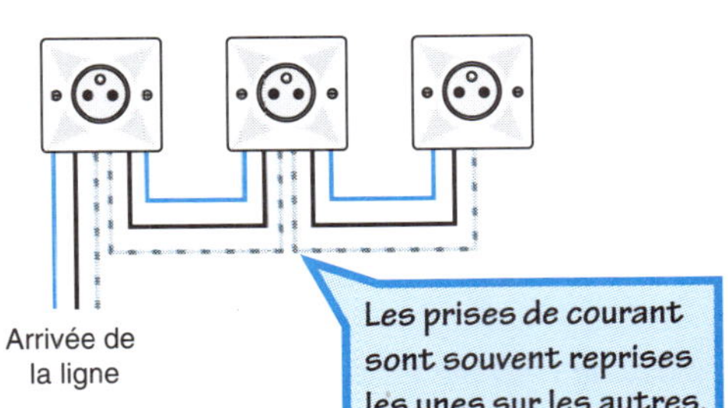

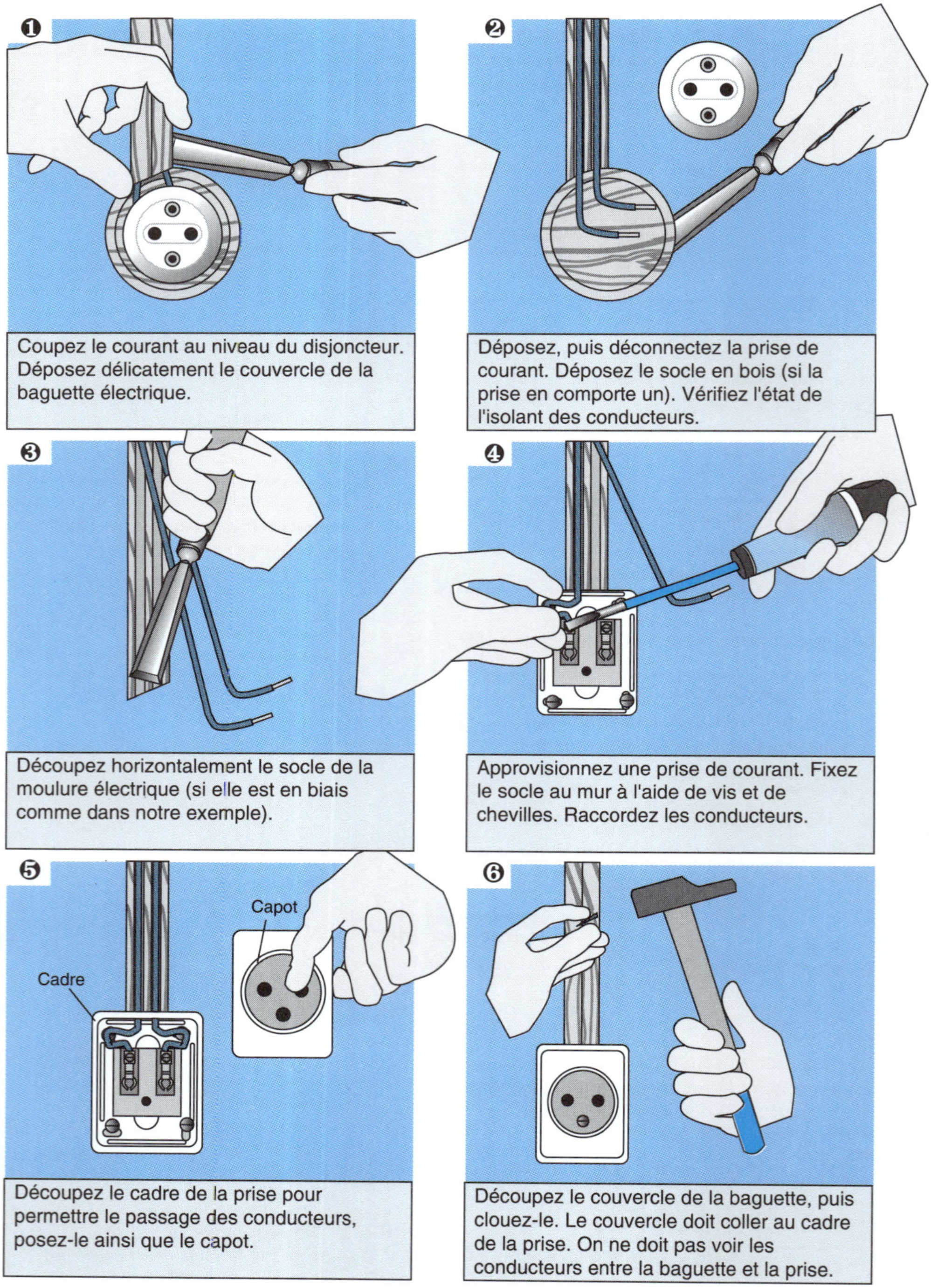

Figure 54 : Le remplacement d'une prise de courant en saillie

derrière le doublage : vous ne pourriez plus y accéder. Prévoyez la réfection de cette partie de l'installation électrique soit en encastré derrière l'isolant, soit en saillie sous plinthe ou baguette posée sur la plaque de plâtre. La pose de lambris en recouvrement d'une moulure ancienne implique les mêmes travaux.
Vous pouvez être confronté à trois types d'installation différents : prise en saillie, encastrée ou dans une plinthe. Examinons chacune de ces situations.

Cas d'une prise de courant en saillie

Prenons le cas d'une prise alimentée par des conducteurs sous moulure en bois. Coupez l'alimentation générale de l'installation. Déconnectez, puis déposez la prise de courant (figure 54). Déposez le couvercle de la moulure en bois, coupez-la à l'horizontale à l'aide d'un ciseau à bois en bon état afin d'éviter les éclats de bois. Le fait de recouper la moulure permettra de gagner un peu de longueur sur les conducteurs et permettra à la nouvelle prise de joindre parfaitement à la moulure.

En aucun cas les conducteurs ne doivent être apparents entre la prise et la moulure. Vérifiez l'état des conducteurs et celui de leur isolant. Si l'isolant est défectueux, reconstituez-le avec du ruban adhésif isolant ou avec un manchon thermo-rétractable. Ce type de manchon est un petit tube isolant que l'on enfile sur la partie dénudée du conducteur. Lorsqu'on le chauffe, il se rétracte pour épouser parfaitement le conducteur et rétablit ainsi son isolation (voir page 70).

Pour changer une prise d'époque en porcelaine, déposez le socle en bois devenu inutile. Placez la nouvelle prise, fixez-la à l'aide de vis et chevilles appropriées à la nature de la paroi. Raccordez les conducteurs en les serrant correctement, puis mettez en place le capot de protection. Ensuite, recoupez le couvercle de la moulure en bois de façon qu'elle épouse parfaitement le bord du capot. Remettez l'installation sous tension, vérifiez le bon fonctionnement de cette nouvelle prise.

Cas d'une prise de courant encastrée

Le remplacement d'une prise encastrée moderne est très aisé. La figure 55 présente les diverses étapes à suivre. La seule difficulté repose sur le type de boîtier que vous allez rencontrer lors du démontage de la prise. Les boîtiers ronds sont largement utilisés et compatibles avec de nombreux types d'appareillage munis de griffes. Les griffes s'écartent dans le boîtier lors du serrage. Les boîtiers à vis peuvent également accueillir divers types d'appareillage, mais certains fabricants proposent des boîtiers spécifiques à leur matériel. Dans ce cas, vous devez donc reposer le même type d'appareillage.

Le remplacement d'une prise encastrée ancienne demande plus de savoir-faire. En effet, le remplacement du boîtier d'encastrement est souvent inévitable, car il n'est plus adapté à l'appareillage actuel (figure 56).

Coupez l'alimentation générale de l'installation. Déconnectez, puis déposez la prise de courant. Déposez le vieux boîtier. Choisissez un nouveau boîtier adapté au type d'appareillage que vous souhaitez installer, tracez son emplacement sur le mur. Réalisez une fouille d'encastrement un peu plus grande que la taille du boîtier

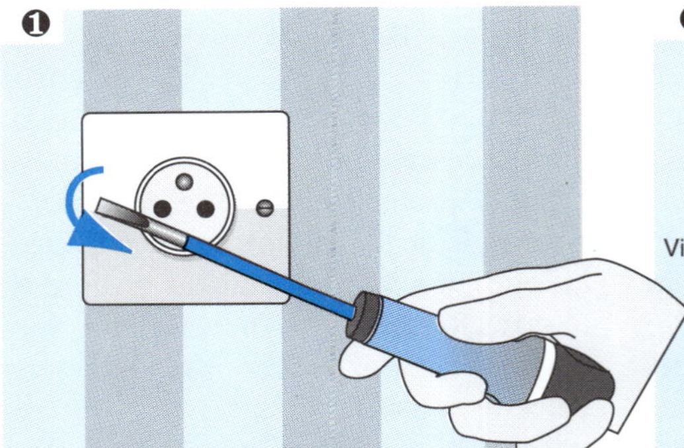

Coupez le courant au niveau du disjoncteur, puis dévissez les vis de fixation. Si la prise comporte des griffes de fixation, quelques tours suffisent pour la retirer.

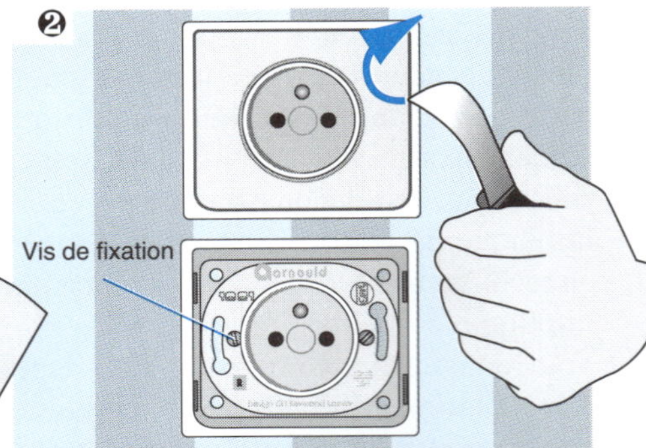

Sur certaines prises, les fixations ne sont pas apparentes. Il est nécessaire de retirer préalablement l'enjoliveur au moyen d'une lame de couteau.

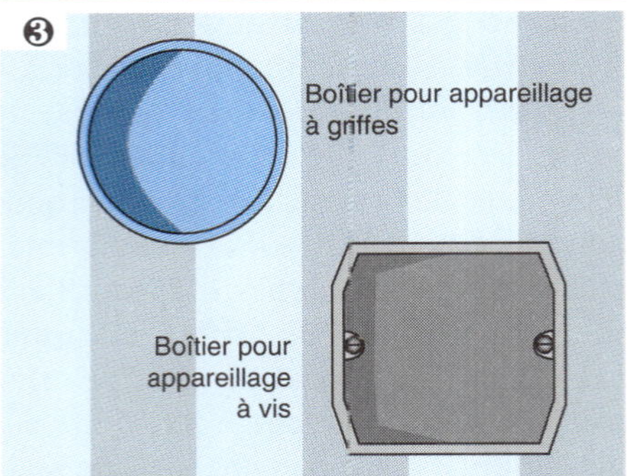

En fonction du boîtier d'encastrement dont vous disposez, approvisionnez une prise de remplacement à fixation à griffes ou à vis.

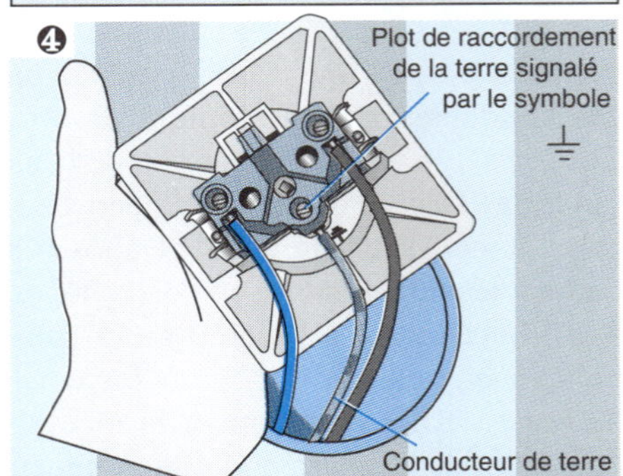

Déconnectez la prise en prenant soin de repérer l'emplacement des fileries, en particulier le conducteur de terre. La phase et le neutre peuvent être intervertis.

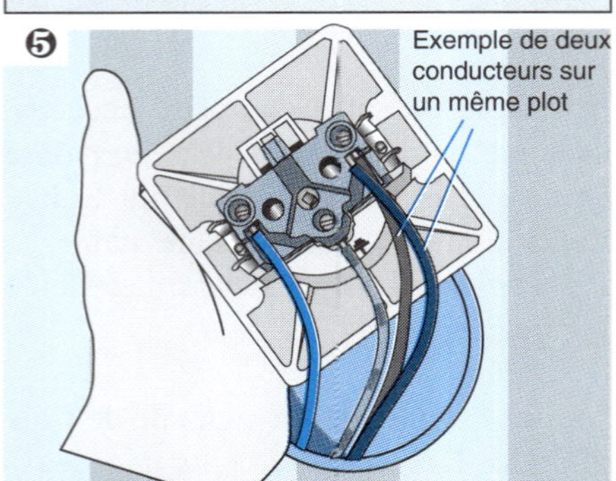

Raccordez la nouvelle prise. Attention ! si plusieurs conducteurs étaient connectés sur un même plot, respectez scrupuleusement le même raccordement.

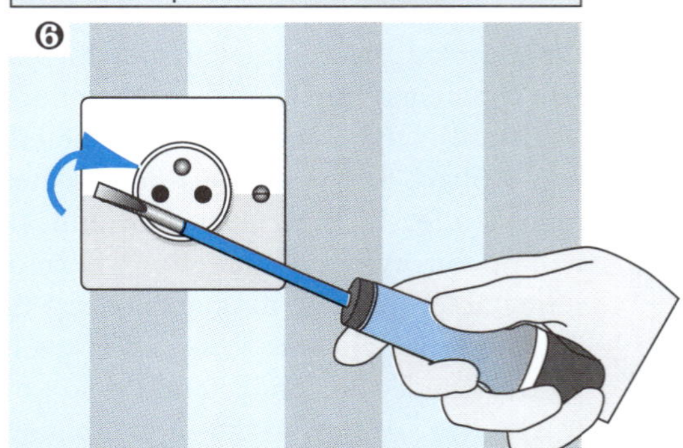

Fixez la nouvelle prise. Si c'est une prise à griffes serrez généreusement les vis des griffes pour éviter tout risque d'arrachement.

Figure 55 : Le remplacement d'une prise moderne

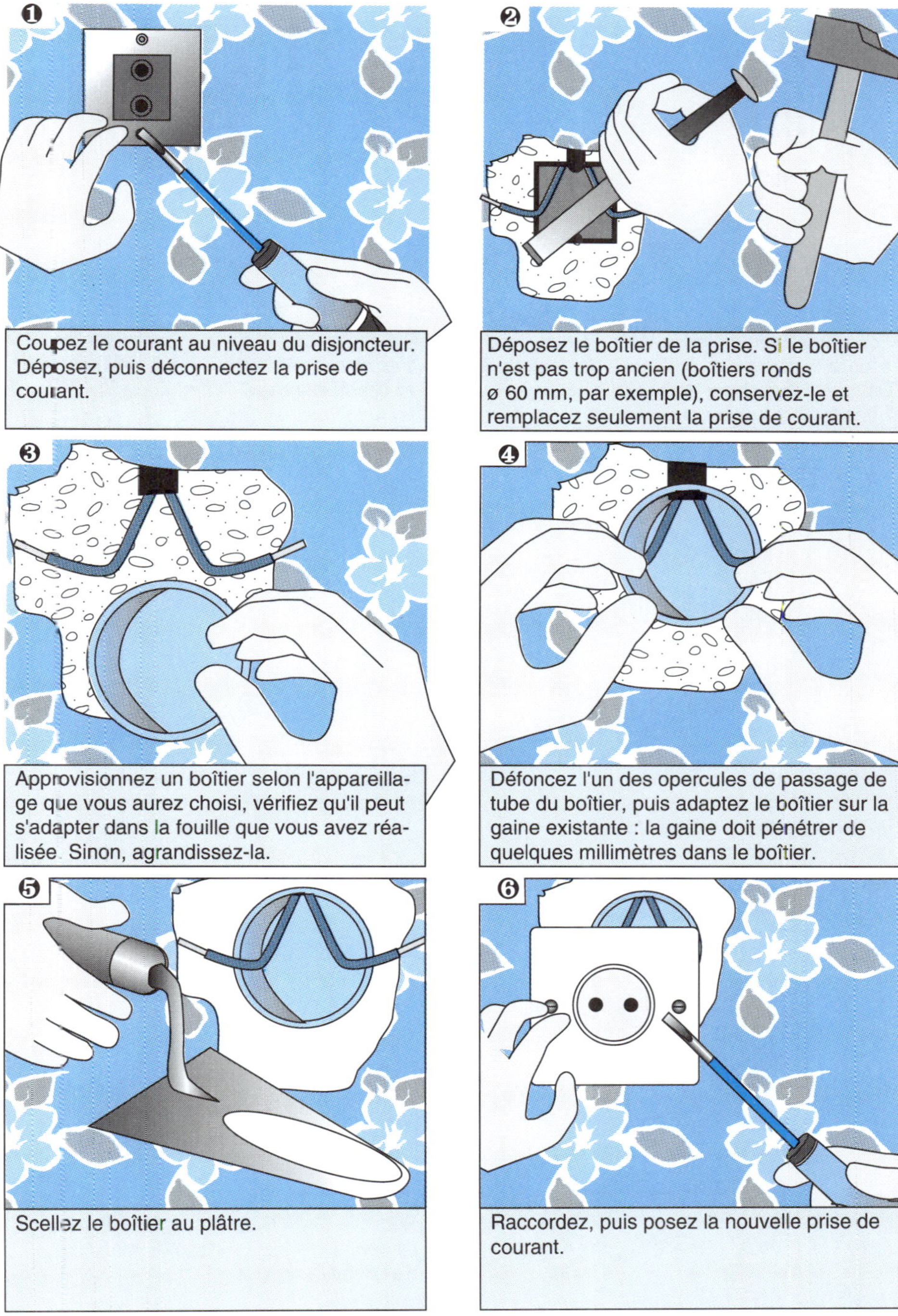

Figure 56 : Le remplacement d'une prise de courant encastrée

Pour remplacer une prise Mistral encastrée, coupez le courant au niveau du disjoncteur. Dévissez, puis déconnectez la prise. Conservez les deux vis de fixation.

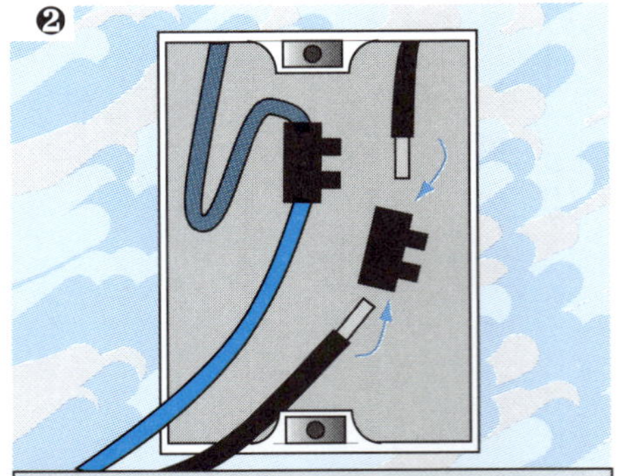

Prolongez les conducteurs au moyen de dominos et de fils rigides (2,5 mm^2) de 10 à 15 cm de longueur.

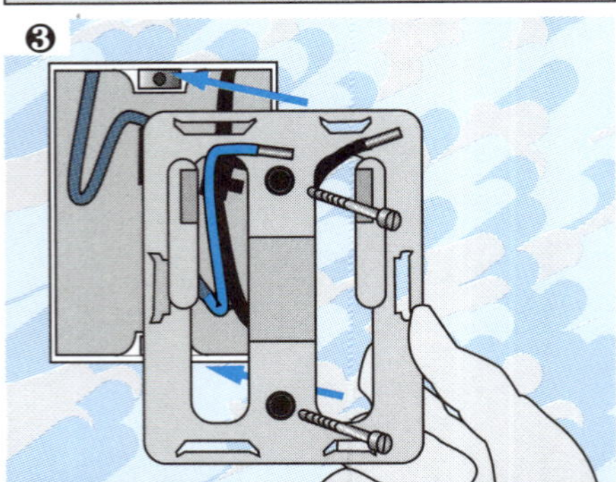

Procurez-vous un adaptateur Mistral / Galion. Vissez la platine sur le boîtier encastré en utilisant les deux vis récupérées précédemment.

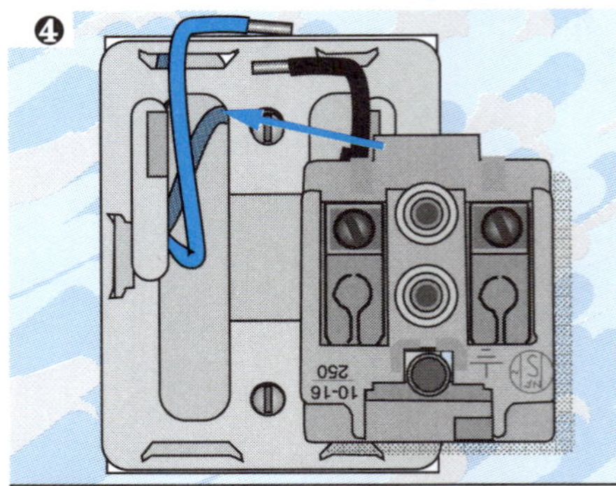

Enclipsez le module prise de courant sur la platine. Cette opération peut être réalisée avant la pose de la platine. N'oubliez pas de sortir les conducteurs.

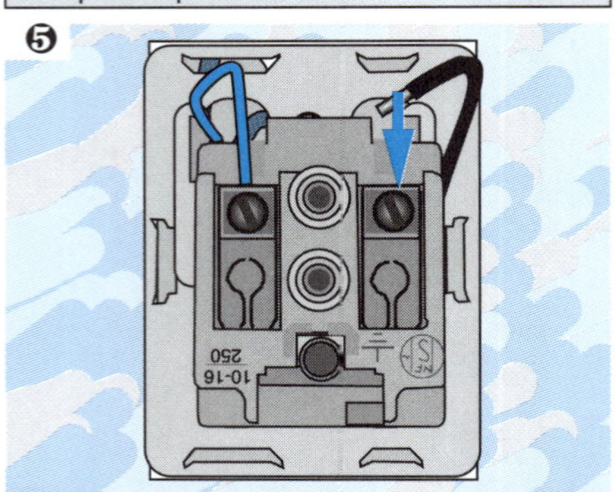

Raccordez les conducteurs sur la nouvelle prise.

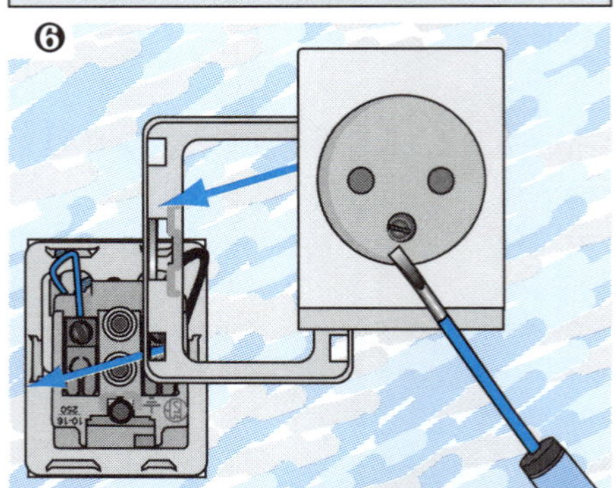

Posez le cadre Galion et vissez l'enjoliveur. La nouvelle prise est en saillie mais vous n'avez fait aucun dégât.

Figure 57 : Le remplacement d'une prise Mistral encastrée

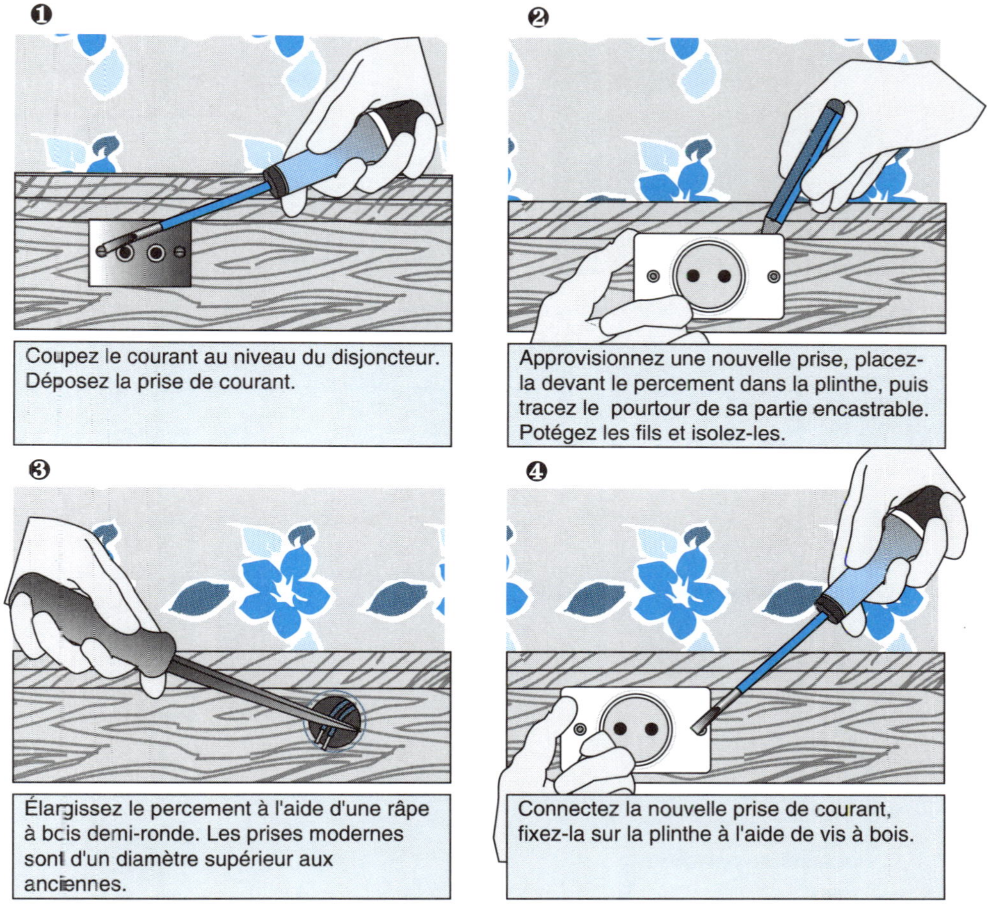

Figure 58 : Le remplacement d'une prise en plinthe

(environ un centimètre). Scellez le nouveau boîtier au plâtre.
Vérifiez l'état de l'isolant des conducteurs et rénovez-le si nécessaire (voir page 70). Connectez la nouvelle prise, puis mettez-la en place. Rétablissez l'alimentation, puis testez la prise.

Si vous souhaitez remplacer une prise encastrée ancienne de type Mistral (voir figure 52), le fabricant de ce modèle propose des adaptateurs pour fixer un autre appareillage. Cependant, cet adaptateur permet uniquement de poser un appareillage en saillie. Néanmoins, le remplacement de la prise est très simple (figure 57).

Cas d'une prise de courant en plinthe

Cette méthode de pose des prises de courant est très répandue. Toutes les prises de plinthe anciennes avec plastron métallique doivent être remplacées.

Coupez l'alimentation générale de l'installation. Déposez, puis déconnectez la prise de courant (figure 58). Vérifiez

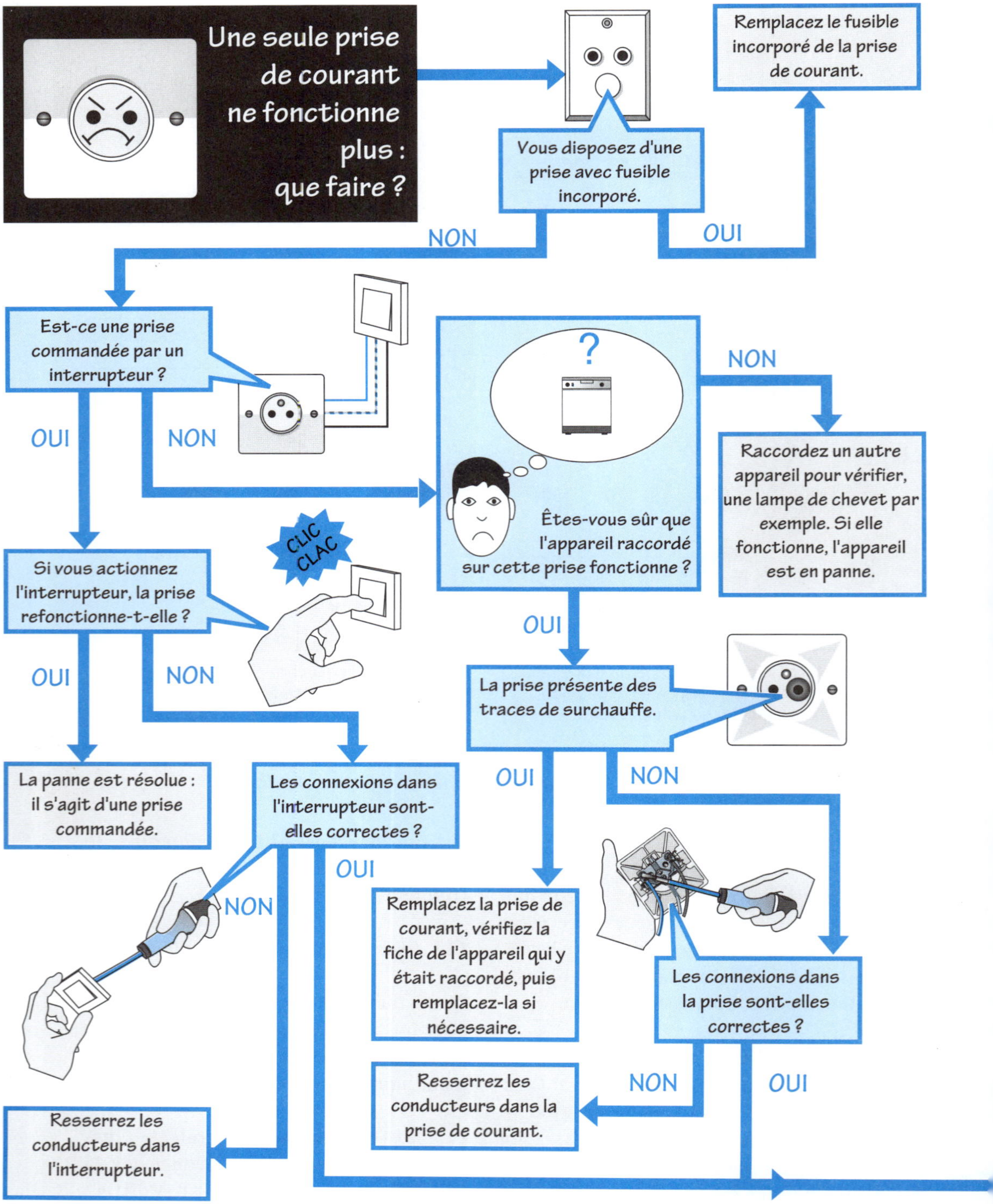
Une seule prise de courant ne fonctionne plus : que faire ?
Vous disposez d'une prise avec fusible incorporé.
OUI
Remplacez le fusible incorporé de la prise de courant.
NON
Est-ce une prise commandée par un interrupteur ?
OUI
Si vous actionnez l'interrupteur, la prise refonctionne-t-elle ?
CLIC CLAC
OUI
La panne est résolue : il s'agit d'une prise commandée.
NON
Les connexions dans l'interrupteur sont-elles correctes ?
NON
Resserrez les conducteurs dans l'interrupteur.
OUI
NON
?
Êtes-vous sûr que l'appareil raccordé sur cette prise fonctionne ?
NON
Raccordez un autre appareil pour vérifier, une lampe de chevet par exemple. Si elle fonctionne, l'appareil est en panne.
OUI
La prise présente des traces de surchauffe.
OUI
Remplacez la prise de courant, vérifiez la fiche de l'appareil qui y était raccordé, puis remplacez-la si nécessaire.
NON
Les connexions dans la prise sont-elles correctes ?
NON
Resserrez les conducteurs dans la prise de courant.
OUI

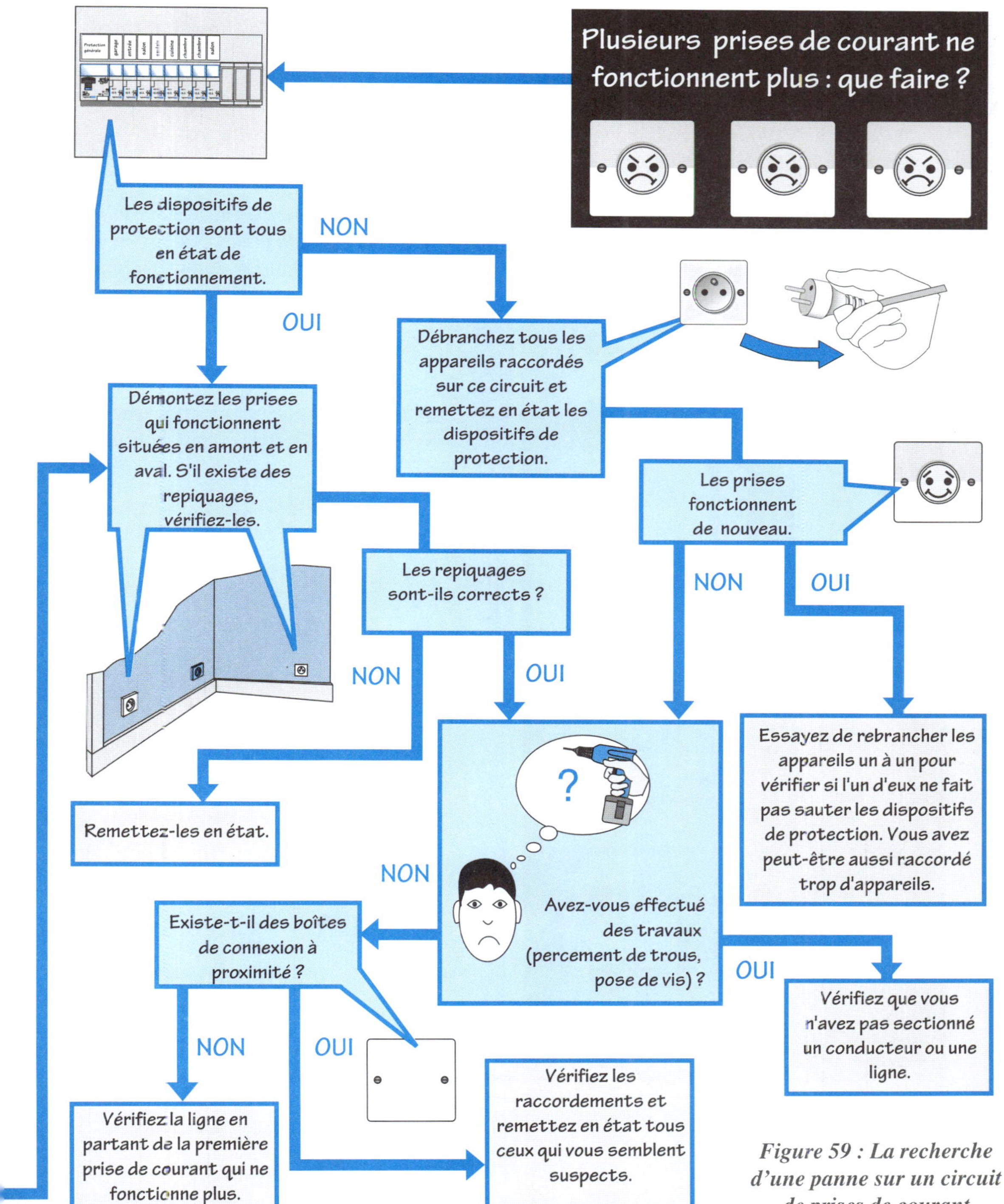

Figure 59 : La recherche d'une panne sur un circuit de prises de courant

l'état de l'isolant. Les prises de plinthe sont toujours commercialisées mais les modèles récents requièrent un trou d'encastrement plus grand que les modèles anciens. Vous devez donc agrandir le trou de la plinthe à l'aide d'une râpe à bois demi-ronde.
Cette opération effectuée, connectez, puis reposez la nouvelle prise. Vérifiez son bon fonctionnement. Si d'autres prises se reprennent sur celle que vous avez remplacée, vérifiez qu'elles fonctionnent également.

La recherche d'une panne sur un circuit de prises

La méthode complète de recherche de pannes sur un circuit de prises de courant est illustré par l'organigramme de la figure 59. Ce schéma vous permettra

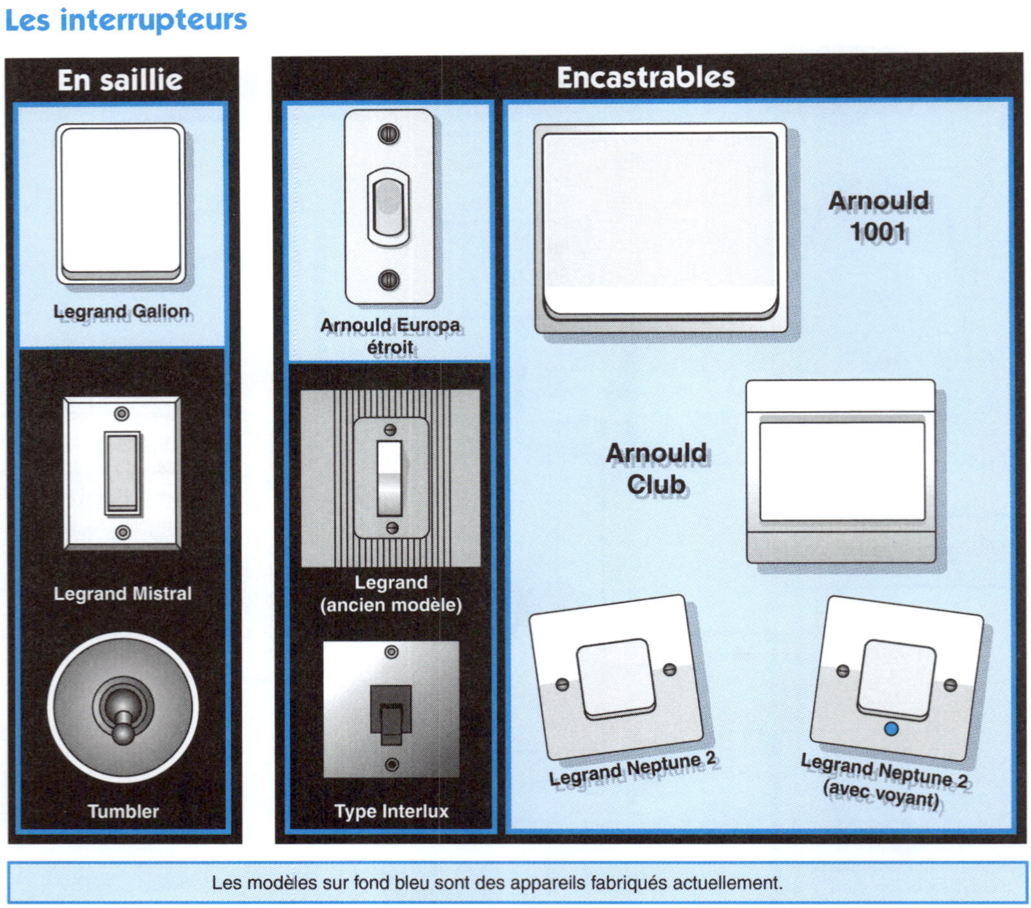

Figure 60 : Quelques modèles d'interrupteur

d'analyser rapidement la nature de la panne à laquelle vous êtes confronté.

Les interrupteurs et les commutateurs

Les interrupteurs et les commutateurs sont destinés à commander la mise en service ou l'arrêt d'un appareil ou d'un point lumineux. Nous présenterons, pour chaque appareillage, un schéma explicatif de raccordement.

Les modèles d'interrupteur

D'un point de vue esthétique, il existe une grande variété de modèles, de tailles et de couleurs. Les antiques interrupteurs de couleur blanche sont désormais remplacés par toute une gamme de produits aux couleurs, textures et matériaux divers qui permettent de personnaliser votre intérieur. La figure 60 présente quelques formes de modèles anciens et récents.
Les interrupteurs et les commutateurs permettent d'assurer des fonctions de commande différentes ; il en existe divers types réservés chacun à un usage particulier.

L'interrupteur

L'interrupteur est destiné à une commande appelée simple allumage (figure 61). Actionné une fois, il met en service l'appareil (il ferme le circuit). Actionné une deuxième fois, il coupe l'alimentation de l'appareil (il ouvre le circuit).

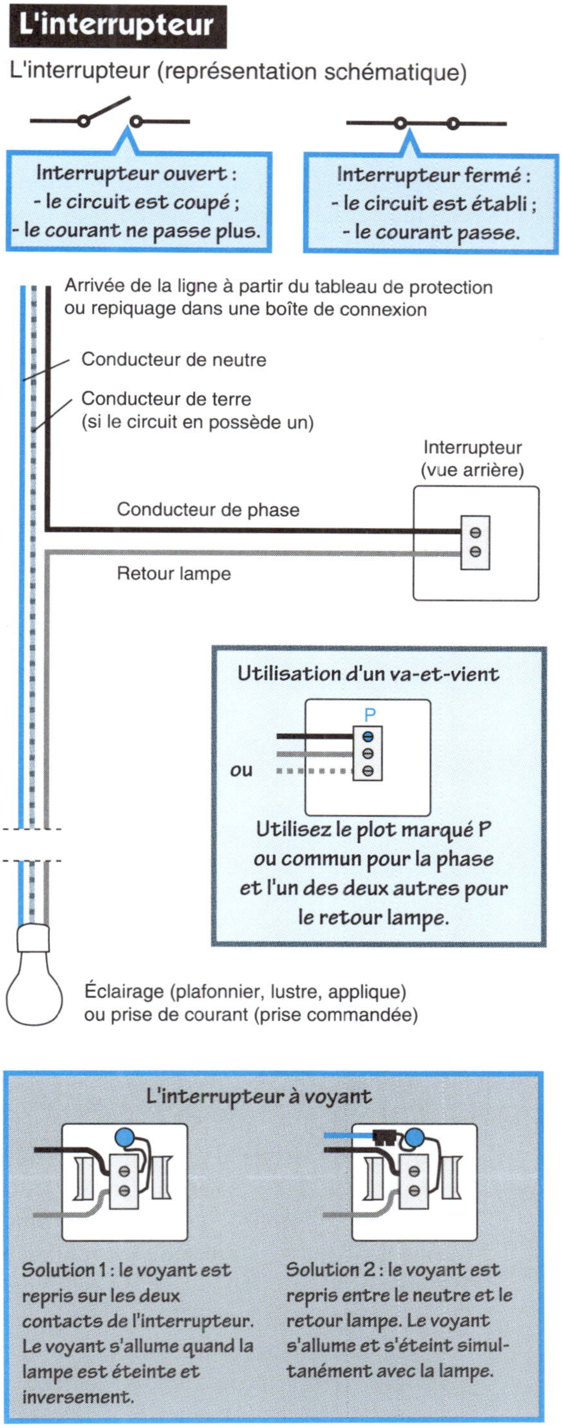

Figure 61: Le raccordement d'un interrupteur

L'interrupteur comporte une seule touche à bascule. Il est muni de deux plots de raccordement : l'un pour le raccordement de la phase (repéré par la lettre P), l'autre étant dirigé vers l'alimentation de l'appareil (souvent appelé « retour lampe »). La figure 61 présente ce type de circuit. Généralement, le neutre ne transite pas par l'interrupteur. Il n'est donc pas possible d'installer une prise de courant reprise sur un interrupteur contrairement, à ce que beaucoup de néophytes croient.

Une variante de l'interrupteur simple est l'interrupteur à voyant. Celui-ci permet, grâce à un petit voyant lumineux, de connaître l'état d'un éclairage que l'on ne voit pas directement (cave ou grenier, par exemple).

Si vous remplacez un interrupteur simple par un interrupteur à voyant et que vous connectez le voyant aux deux bornes de l'interrupteur, il fonctionnera à l'inverse du point lumineux qu'il commande. Lorsque le point lumineux est en service, le voyant est éteint et vice versa. Pour obtenir un voyant lumineux fonctionnant en même temps que l'éclairage que commande l'interrupteur, vous devez amener un conducteur de neutre. Dans ce cas, le voyant est connecté entre le neutre et le retour lampe.

Il existe également des interrupteurs doubles munis de deux touches pour commander deux circuits différents ou pour assurer le double allumage (voir plus loin). La figure 61 présente les schémas de raccordement de ces systèmes. Vous remarquerez la présence d'un conducteur de terre, désormais obligatoire sur toutes les lignes. Dans une installation ancienne, ce conducteur n'est pas présent.

Le va-et-vient

Le commutateur en va-et-vient permet la commande d'un circuit à partir de deux points différents. Extérieurement, le va-et-vient est similaire à l'interrupteur. Son mécanisme est cependant différent : il est muni de trois connecteurs. Sur l'un, marqué de la lettre P, est raccordé le conducteur de phase ; sur les deux autres sont raccordés des conducteurs appelés navettes. Sur le second va-et-vient, le retour lampe est raccordé sur le connecteur marqué P, les navettes étant raccordées sur les deux autres. L'inversion des navettes ne nuit pas au fonctionnement du système. Chacun des deux va-et-vient du circuit permet indépendamment l'ouverture et la fermeture du circuit, donc à la mise en service ou à l'arrêt du système d'éclairage.

Un va-et-vient peut remplacer un interrupteur tandis que le contraire est impossible. Pour utiliser un va-et-vient sur un circuit en simple allumage, il suffit d'utiliser le plot marqué P (appelé également « commun ») et l'un des deux autres plots.

Il existe également des va-et-vient doubles destinés à la commande de deux circuits différents.

Dans les installations très anciennes, il est possible de rencontrer un système dépassé de va-et-vient appelé va-et-vient « allemand » ou « belge ». Ce système fonctionne parfaitement mais il est très dangereux. Les navettes sont remplacées par la phase et le neutre (voir figure 62). En cas de remplacement d'un va-et-vient

***Figure 62:* ▶**
Le raccordement du va-et-vient

Le va-et-vient

Le va-et-vient (représentation schématique)

Le va-et-vient dispose d'un plot P, appelé aussi commun. Lorsque l'on appuie sur la touche du va-et-vient, le contact entre P et 1 se coupe et s'établit entre P et 2. Le va-et-vient permet de commander un éclairage de deux points différents.

Raccordement conventionnel

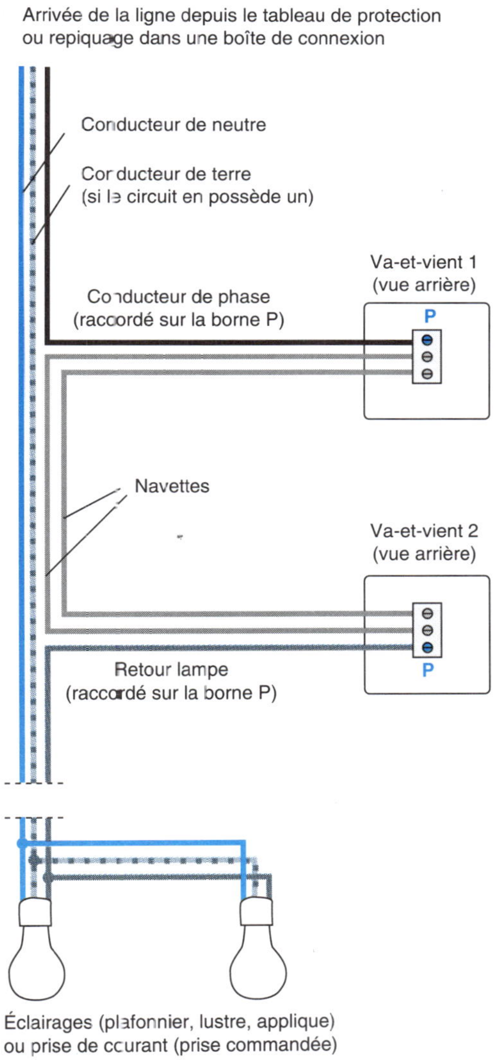

Autres raccordements

Variante peu usitée

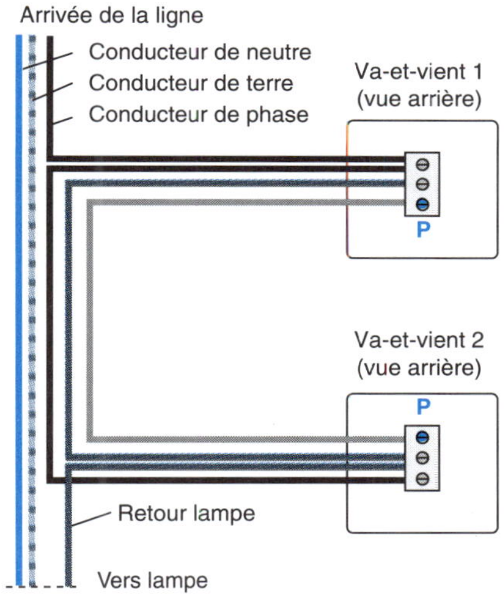

Va-et-vient appelé «allemand»ou «belge»

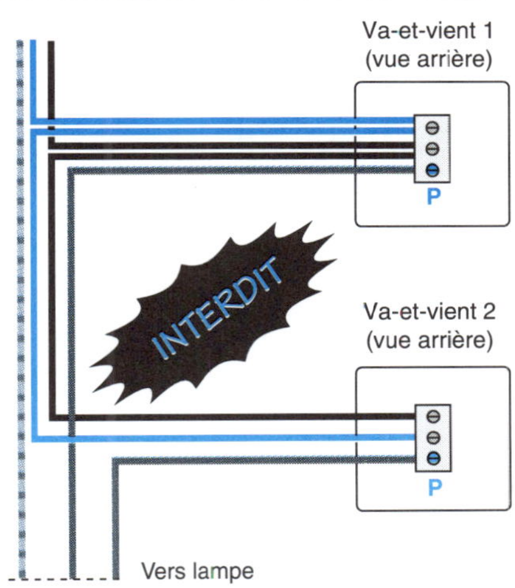

Attention : les plots P des va-et-vient dans les dessins sont quelquefois inversés pour faciliter la lecture des schémas.

équipé de vieux fils mal repérés, le court-circuit est assuré. De plus, les commutateurs souffrent et vieillissent beaucoup plus vite. En présence d'un tel système, la rénovation totale du circuit est indispensable.

Il existe également un autre type de montage de va-et-vient présenté figure 62. Ce raccordement est rarement utilisé. Certains montages sont appelés « faux va-et-vient ». Ce sont le plus souvent des montages avec deux interrupteurs en série. Il ne permettent la commande de l'éclairage que dans un ordre précis et il est nécessaire de réallumer à partir du bouton avec lequel on a éteint.

La figure 62 présente les divers types de va-et-vient.

Le permutateur

Le permutateur est un commutateur qui n'est plus très utilisé de nos jours. Ce type de matériel était obligatoirement installé sur un circuit de va-et-vient. Son rôle consiste à inverser les deux navettes et à créer ainsi un va-et-vient avec trois commutateurs de commande. Le permutateur dispose de quatre plots de raccordement (figure 63) sur lesquels viennent se connecter les navettes. Les fabricants fournissent encore ce type de commutateurs mais ce sont généralement des va-et-vient doubles adaptés. Désormais, lorsqu'on désire plus de deux points de commande, on utilise un télérupteur (voir page 111). La figure 63 illustre le raccordement d'un permutateur.

Si vous disposez d'un permutateur et qu'il tombe en panne, vous pouvez vous

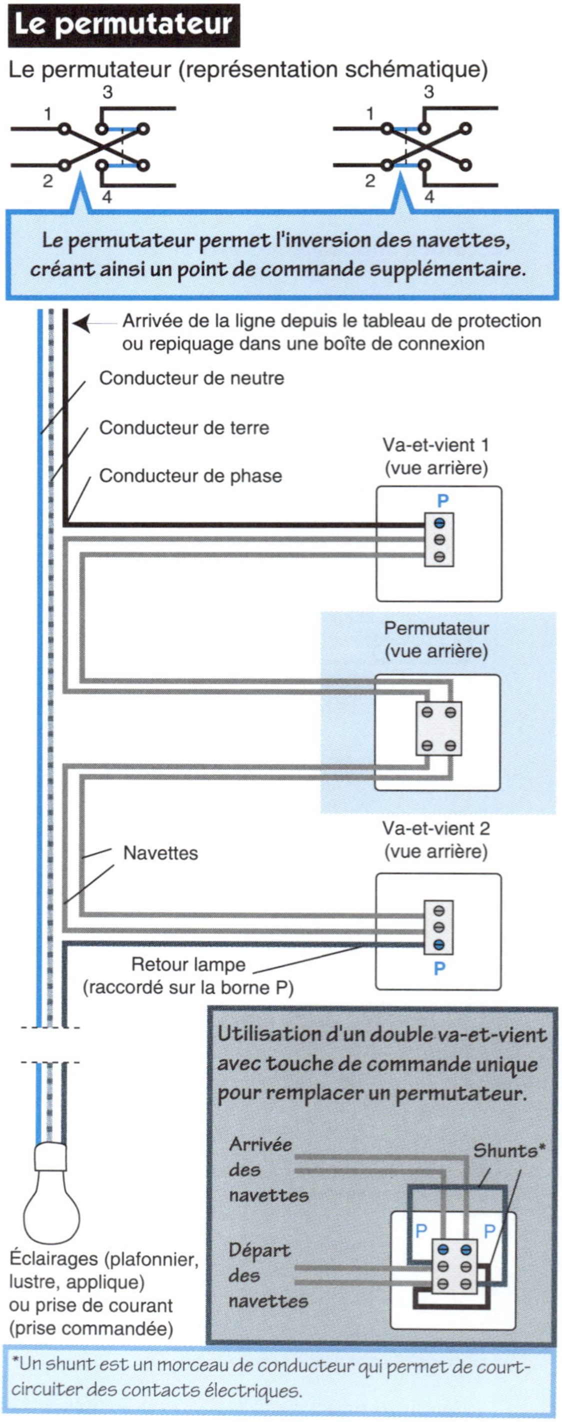

Figure 63 : Le permutateur

dépanner en raccordant chaque navette d'arrivée avec une navette de départ, à l'aide de dominos. Cette solution permet d'utiliser le circuit en simple va-et-vient en attendant d'acheter un nouveau permutateur.

Le double allumage

Le double allumage n'est pas un commutateur spécifique mais c'est un type de raccordement. Il est utilisé pour alimenter des suspensions de grandes tailles dont les ampoules s'allument en deux temps ou pour commander deux points d'éclairage distincts depuis le même commutateur. On peut réaliser ce type de commande avec un double interrupteur ou un double va-et-vient. La figure 64 présente le raccordement du double allumage.

Les pannes des commutateurs et leurs remèdes

Les commutateurs, quel que soit leur type, sont rarement sujets aux pannes. Vérifiez toujours que la panne ne provient ni de l'appareil raccordé ni du dispositif de protection. Pour vérifier si la panne ne provient pas de l'appareil (une suspension, par exemple) il suffit de mesurer la présence de tension en alimentation du luminaire. Si vous obtenez 220 V, le circuit est correct : c'est le luminaire qui est en cause. Vérifiez les ampoules et les connexions (voir page 142). Si vous ne mesurez aucune tension après avoir actionné le commutateur, le luminaire n'est pas en cause. La figure 65 présente

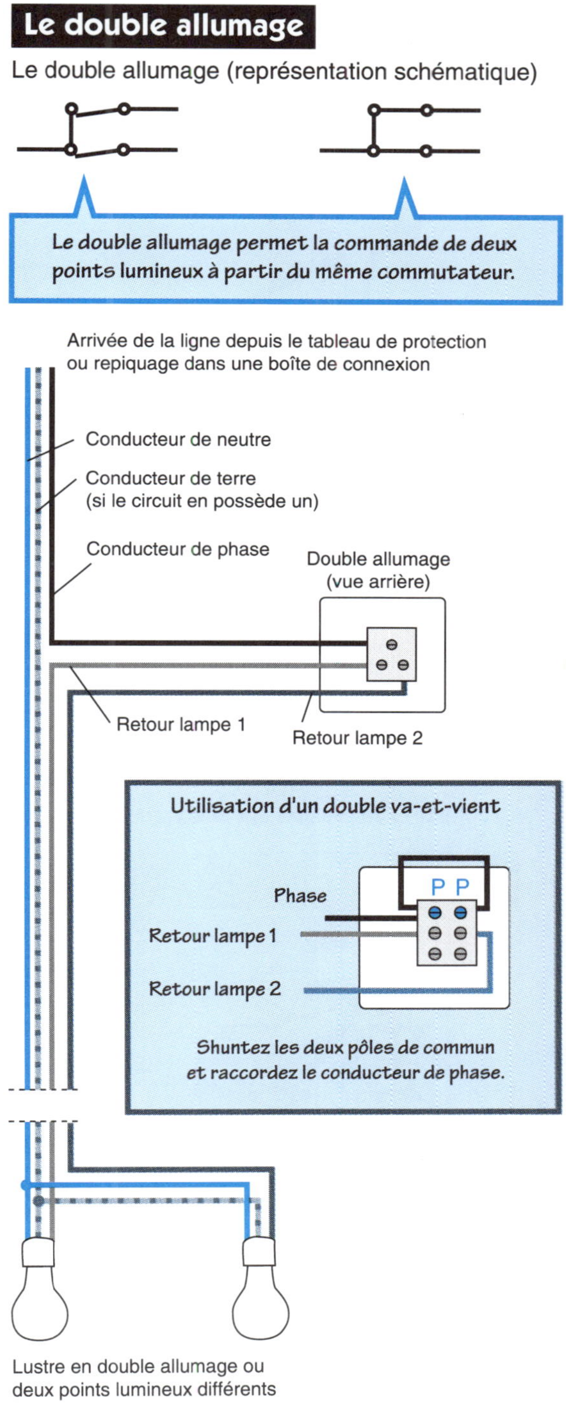

Figure 64 : Le double allumage

Comment mesurer la tension sur un luminaire ?

Exemple d'une suspension

① Démontez le pavillon ou le cache-fil.

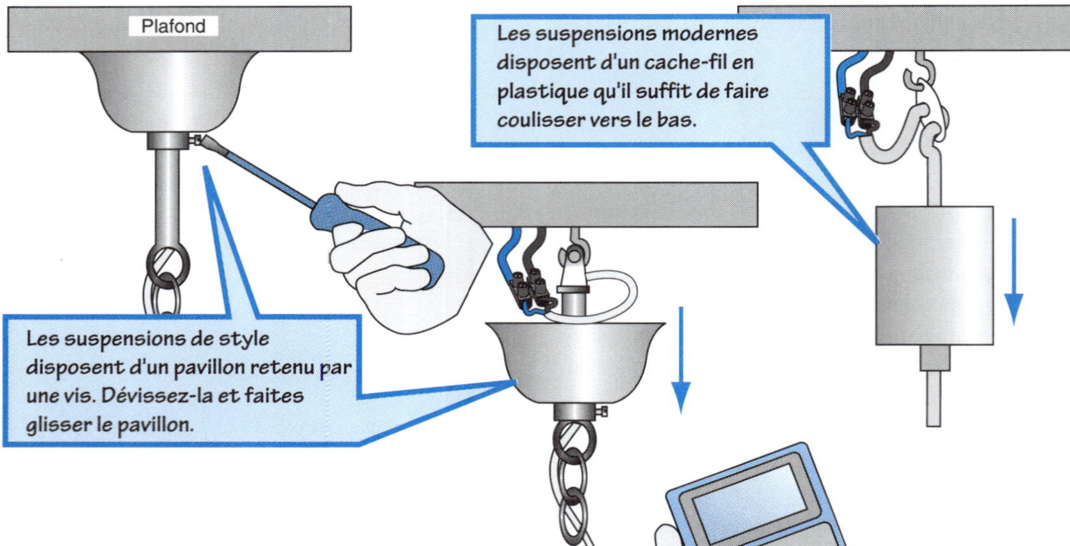

② Munissez-vous d'un appareil de mesure réglé en fonction voltmètre.

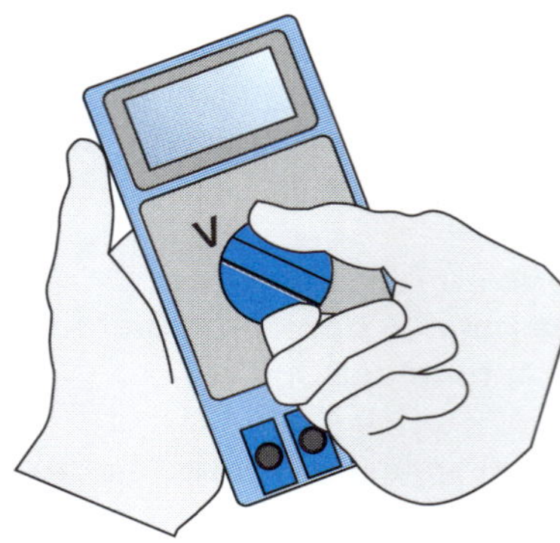

③ Mesurez la tension sur le domino de raccordement.

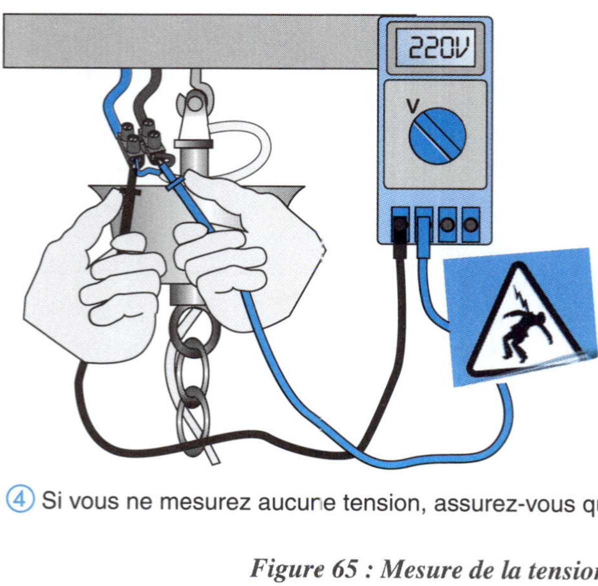

④ Si vous ne mesurez aucune tension, assurez-vous que l'interrupteur est en position marche.

Figure 65 : Mesure de la tension d'un luminaire

la méthode de recherche sur un luminaire. Comme pour les prises de courant, il existe des interrupteurs à fusible intégré. Dans ce cas, la première chose à faire est de vérifier l'état du fusible.

Cas d'un mauvais serrage

Un mauvais serrage dans un commutateur se traduit par un grésillement qui, très souvent, fait vaciller le point lumineux qu'il commande. Dans ce cas, il suffit de déposer le commutateur, de vérifier le serrage des conducteurs.
Dans le cas d'un va-et-vient simple ou avec permutateur, prennez soin de vérifier tous les commutateurs.

Cas d'un appareil détérioré

Un appareil peut être détérioré par l'usure : les actions sur la manette permettent de temps en temps l'allumage et l'extinction. Un mauvais serrage ou un court-circuit peuvent également détruire l'appareil. Pour vous assurer de son état, déposez le commutateur, puis, à l'aide d'un ohmmètre, testez la résistance entre chaque plot, appuyez sur la touche et répétez l'opération.

Pour un interrupteur, la mesure doit indiquer zéro ohm sur une position et résistance infinie sur l'autre position. Pour un va-et-vient, mesurez entre le commun et un autre plot, puis entre le commun et le plot restant. À la première mesure, vous obtenez, par exemple, zéro ohm entre le commun et le plot n°1, résistance infinie entre le commun et le plot n°2. Si vous actionnez la touche, les résultats s'inversent.
Il existe une autre méthode très simple ne nécessitant pas de démontage : munissez-vous d'un morceau de conducteur isolé (environ 10 cm), tenez-le avec une pince isolée, puis, sous tension, shuntez (c'est-à-dire court-circuitez) les deux plots de l'interrupteur. Si la lumière s'allume, le commutateur est en mauvais état ; si elle reste éteinte, le problème a une autre origine (lignes ou boîte de dérivation). Il est tout à fait normal qu'il se produise une étincelle en cas d'allumage de la lampe.

En présence d'un circuit en va-et-vient, la méthode est similaire. Faites le test entre le commun et une navette, puis entre le commun et l'autre navette.
Répétez l'opération sur le deuxième commutateur. Si rien ne se produit, la panne provient d'un autre point de l'installation.

Attention ! N'utilisez cette seconde méthode que si vous êtes absolument certain de ne pas avoir affaire à un court-circuit (fusible fondu ou disjoncteur déclenché). Sinon, vous risquez de provoquer de nouveau un court-circuit avec le shunt, ce qui serait très dangereux (arc électrique, projection de particules de métal en fusion, etc.)

Si vous détectez un va-et-vient en défaut, mais que vous n'en disposez pas de nouveau pour le remplacer, vous pouvez malgré tout adopter une solution provisoire : déposez le commutateur défectueux, raccordez le fil commun avec l'une des deux navettes à l'aide d'un domino. Isolez l'autre navette. Vous pourrez ainsi commander l'appareil avec le commutateur restant, comme un circuit en simple allumage.
La figure 66 présente ces méthodes de dépannage.

Comment tester un interrupteur ?

Par mesure

① Démontez l'interrupteur.

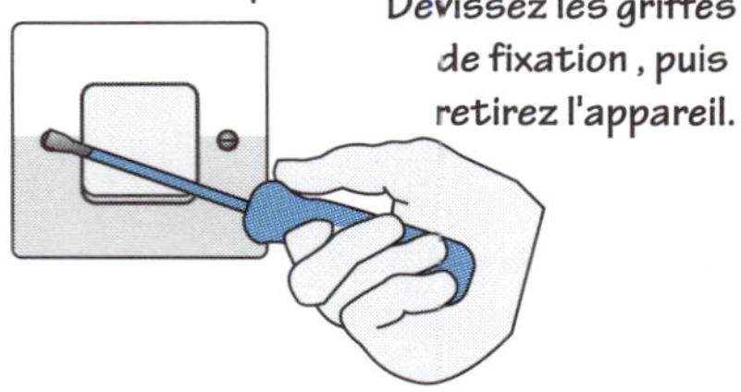

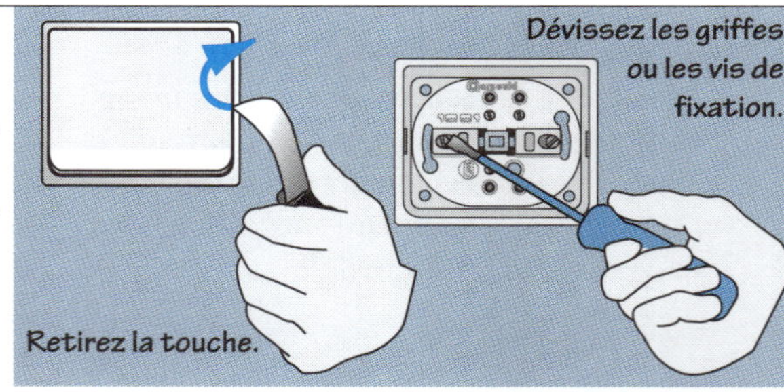

② Munissez-vous d'un appareil de mesure réglé en fonction ohmmètre.

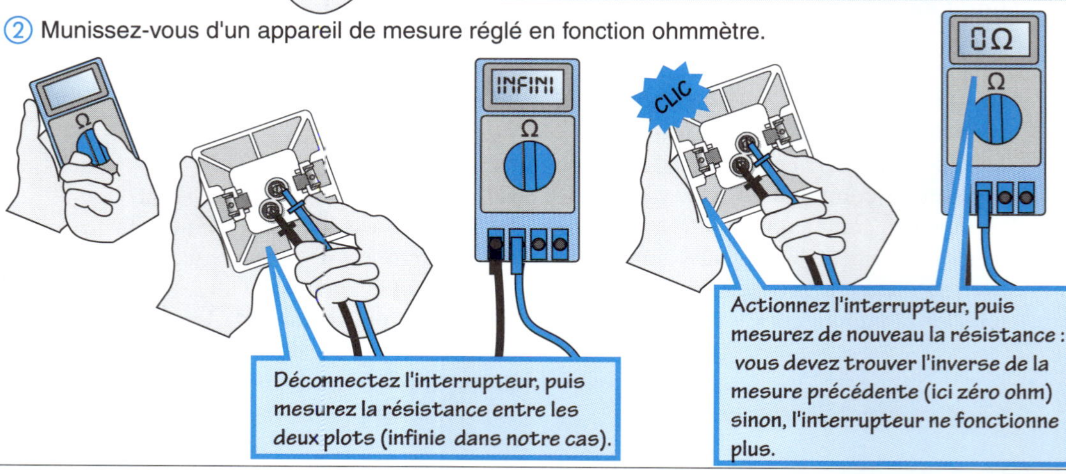

Par shunt

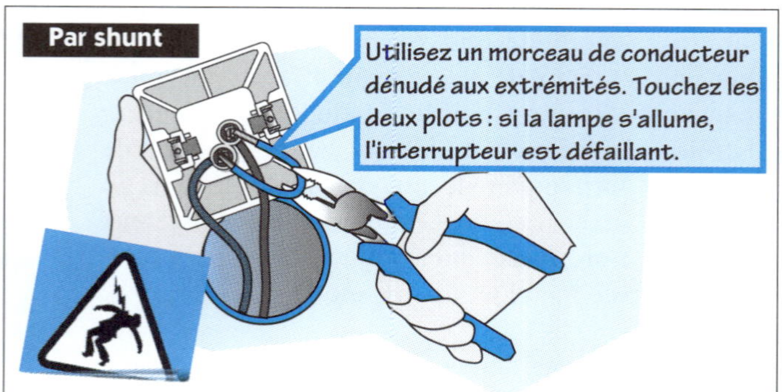

Le dépannage d'un va-et-vient

Suppression de l'un des deux va-et-vient

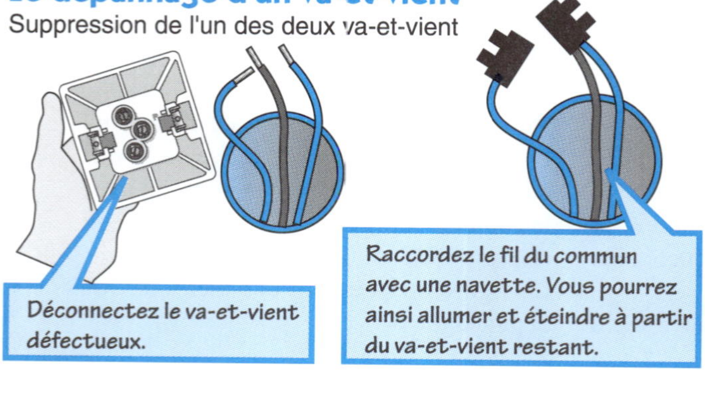

Interrupteur ou va-et-vient ?

Comment être sûr de se trouver en présence d'un simple allumage ou d'un va-et-vient

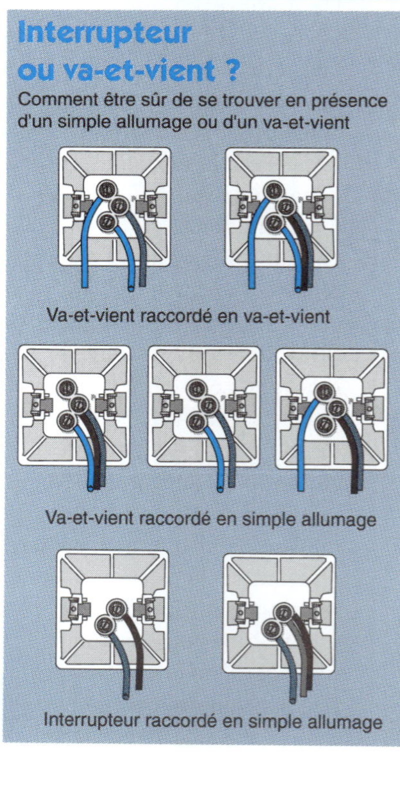

Pour remplacer un commutateur en saillie ou en encastré, le principe est analogue à celui d'une prise de courant. Reportez-vous à la page 93.

Les variateurs

Les variateurs ou gradateurs de lumière sont des appareils utilisés pour faire varier l'intensité lumineuse d'un éclairage à incandescence. Selon les modèles, ils peuvent aussi jouer le rôle d'interrupteur ou de va-et-vient.

Les modèles de variateur

Il existe des variateurs prévus pour les installations électriques en saillie ou encastrées, des variateurs pour les appareils d'éclairage qui s'installent sur le fil d'alimentation du luminaire, par exemple un lampadaire halogène et des variateurs commandés à l'aide de boutons-poussoirs, qui s'installent dans le tableau de protection . Ces derniers s'appellent des télévariateurs.
Les variateurs d'installation disposent d'une commade rotative : on tourne un bouton pour mettre en fonction et faire varier la lumière. Ils peuvent également être munis d'une commande sensitive : il suffit de l'effleurer du doigt pour mettre en route ou arrêter le circuit, ou de faire varier l'intensité lumineuse par un appui prolongé.
Les variateurs destinés aux installations électriques se raccordent comme un interrupteur ou, pour certains modèles, comme un va-et-vient (figure 67). C'est donc toujours le conducteur de phase qui transite par le variateur.
Certains variateurs offrent la possibilité d'installer plusieurs points de commande et de variation supplémentaires, assurés par de simples boutons-poussoirs reliés au variateur principal. Un bouton-poussoir est un appareil qui ferme le circuit lorsqu'on appuie sur sa touche et qui l'ouvre dès qu'on la relâche, contairement à l'interrupteur qui conserve la position qu'on lui a donnée. Il ne donne qu'une impulsion. Son fonctionnement est très compréhensible lorsqu'on l'utilise pour commander une sonnette de porte d'entrée.

Les télévariateurs sont placés généralement dans le tableau électrique. Un circuit de commande spécifique, équipé de boutons-poussoirs permet la commande d'un éclairage à partir de multiples emplacements.

Attention ! Les variateurs n'assurent pas la variation de n'importe qu'elle source lumineuse. Les tubes fluorescents, les lampes économisatrices ne sont pas adaptées. Les lampes à incandescence et halogènes (en 220 V) ne posent pas de problème. Les spots halogènes en basse tension (12 V) ne peuvent être commandés que par un variateur permettant cette utilisation. Il est possible de commander des tubes fluorescents, mais ils doivent être équipés d'un ballast spécial.

Un variateur peut commander une prise de courant. Dans ce cas, vous devez y raccorder uniquement des appareils d'éclairage. Si vous raccordez un aspirateur, par exemple, vous risquez d'endommager le variateur.
Les variateurs ne permettent pas de faire

◄ *Figure 66 : La vérification d'un commutateur*

Les variateurs

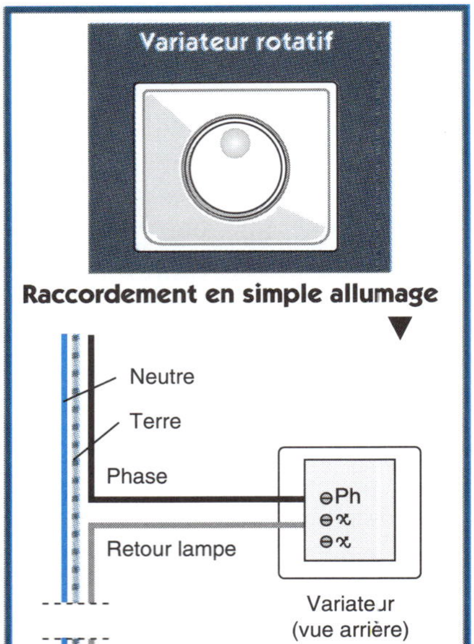

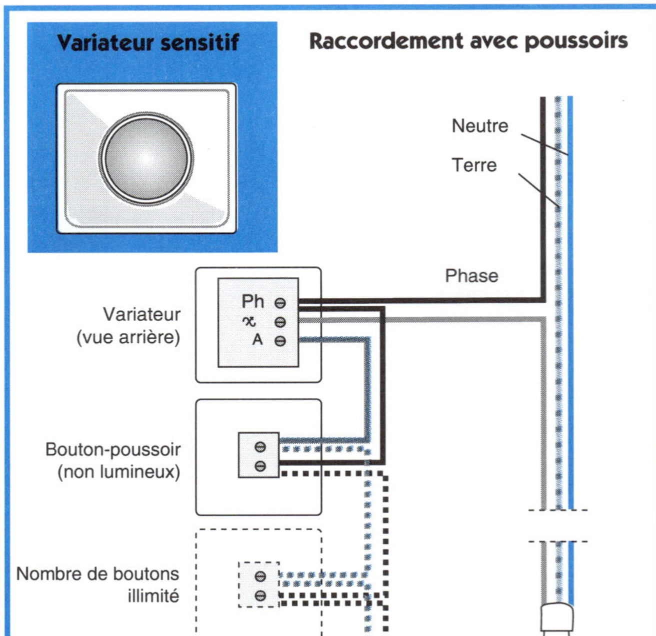

Attention : la plupart des variateurs ne sont pas prévus pour faire varier les tubes fluorescents, les moteurs, les lampes économiques et les spots halogènes 12 V sauf spécification contraire.

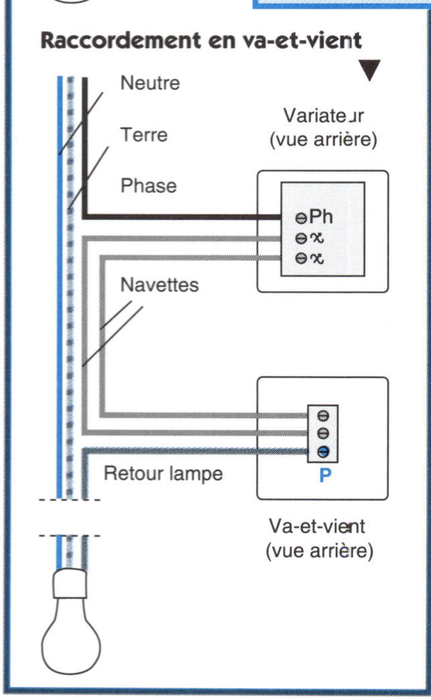

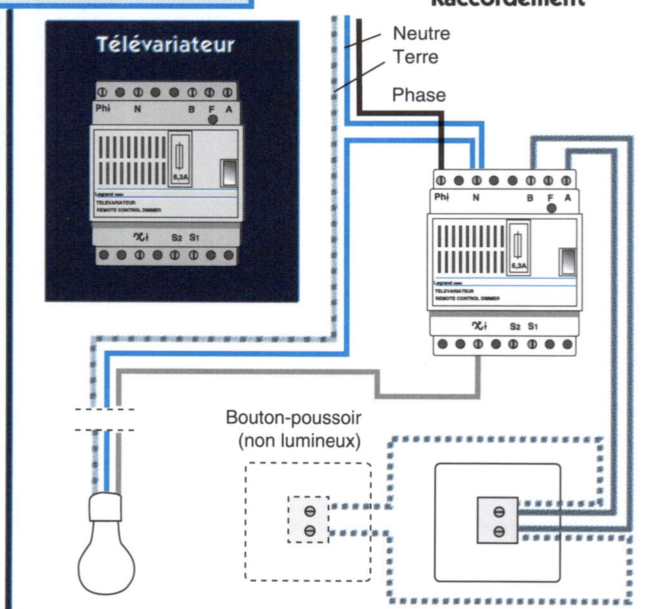

Les schémas de raccordement peuvent être différents selon les marques.

Figure 67 : Les variateurs

varier n'importe quelle puissance. Chaque modèle est prévu pour une puissance maximale d'utilisation (300 W, 500 W, etc.)

Les pannes des variateurs et leurs remèdes

Comme pour toutes les pannes de circuit d'éclairage, assurez-vous en premier lieu que ce n'est pas le luminaire qui est en panne, ni le dispositif de protection.
Les pannes spécifiques des variateurs (figure 68) sont généralement dues à la destruction du fusible de protection de l'appareil ou à la destruction totale de l'appareil si le fusible n'a pas rempli son rôle. Pour remplacer le fusible d'un variateur, il suffit généralement de déposer le plastron ou l'enjoliveur donnant accès à un petit fusible de verre. Éliminez ou résolvez le problème à l'origine de la fusion du fusible : court-circuit ou appareil trop puissant (voir page 65).

Les télévariateurs, placés généralement dans le tableau de protection, sont équipés également d'un fusible intégré. Dans tous les cas, remplacez toujours la cartouche fusible par une autre de même taille et de même calibre.
Les variateurs étant composés d'éléments électroniques, leur réparation est quasiment impossible en cas de destruction totale de l'appareil. Afin de vous assurer que c'est effectivement le variateur qui est détruit, shuntez les deux fils : si l'éclairage s'allume, le variateur est hors-service ; si l'éclairage reste éteint, il s'agit d'un problème d'une autre nature.

Attention ! Si le variateur est raccordé sur un circuit en va-et-vient, pensez également à tester le commutateur de va-et-vient.
Si vous ne possédez pas de variateur de remplacement, une solution provisoire consiste à utiliser un interrupteur, dans le cas d'un simple allumage, ou un va-et-vient, dans le cas d'un commutateur va-et-vient.

Dans le cas d'un télévariateur ou d'un variateur muni de périphériques, vérifiez que les boutons-poussoirs de commande sont en bon état. Si un ou deux boutons ne fonctionnent plus, il s'agit d'une panne au niveau de ces boutons. Si tous les boutons simultanément ne commandent plus la variation, c'est le télévariateur qui est en panne. Il peut s'agir également du déclenchement du dispositif de protection.

Les télérupteurs

Un télérupteur est un dispositif électromécanique qui permet de commander un ou plusieurs points lumineux par le biais d'un nombre illimité de boutons-poussoirs (figure 69). Ce type de circuit est dit asservi, comme nous l'avons vu précédemment.

Les modèles de télérupteur

Dans les installations récentes, les télérupteurs sont généralement modulaires et placés dans le tableau de protection. Dans les installations anciennes, ils sont fixés en saillie sur le tableau de protection ou à n'importe quel endroit de l'installation.

(suite à la page 118)

Le dépannage d'un variateur

① Vérifiez le luminaire et le dispositif de protection. S'ils sont corrects, vérifiez le fusible du variateur.

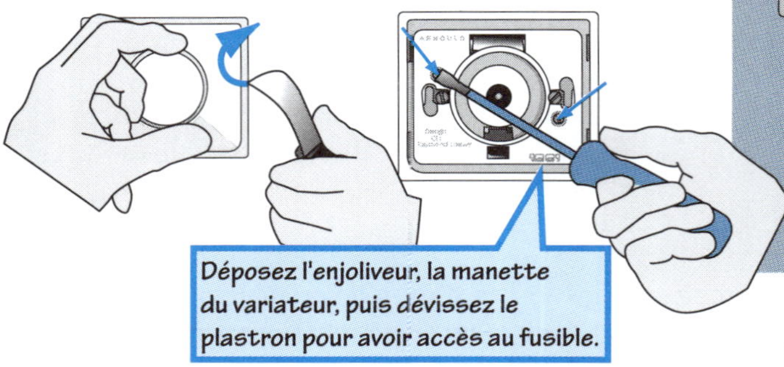

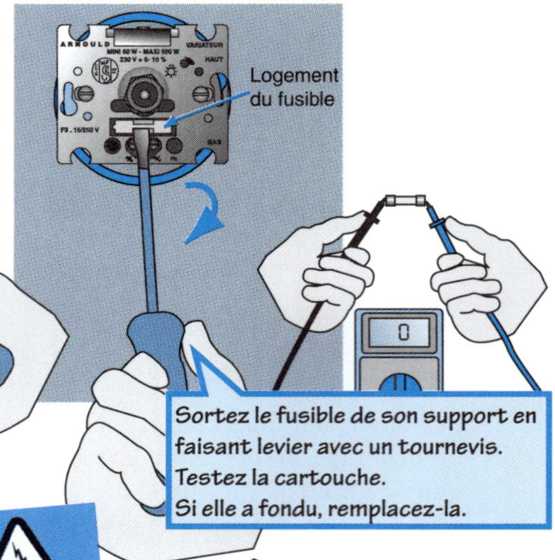

② Si le circuit ne se remet pas en fonction malgré un fusible neuf .

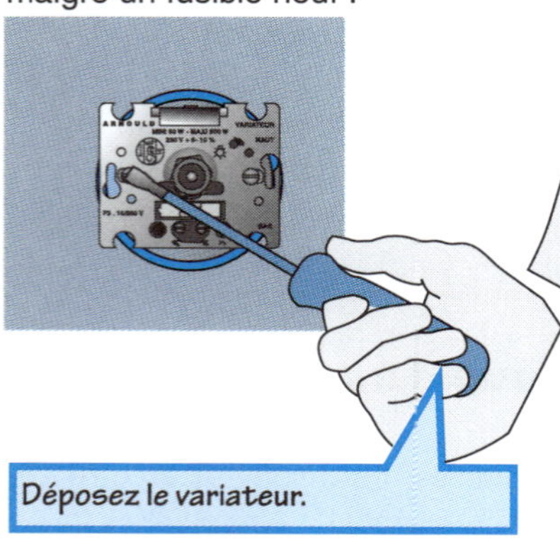

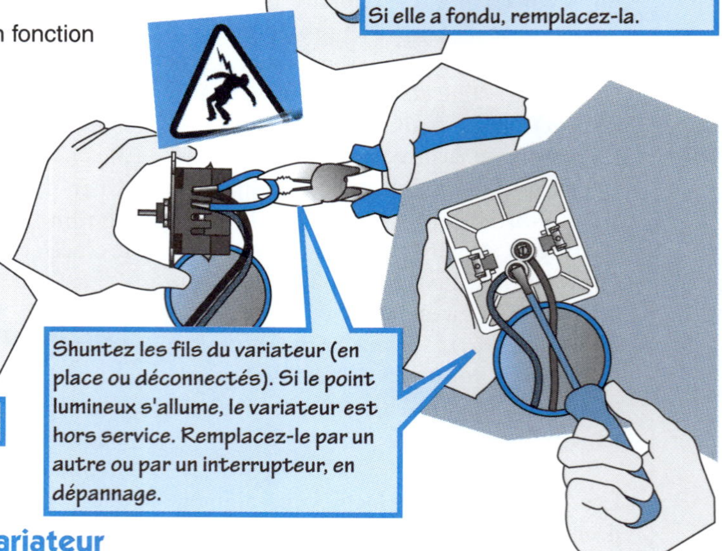

Le dépannage d'un télévariateur

① Si aucun bouton n'actionne le télévariateur, vérifiez le dispositif de protection et le luminaire.

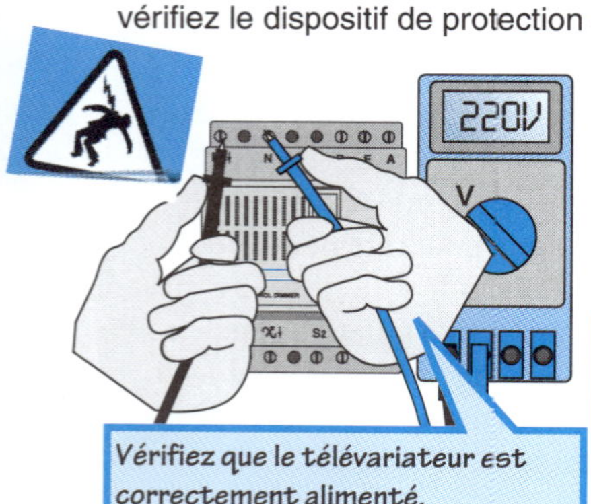

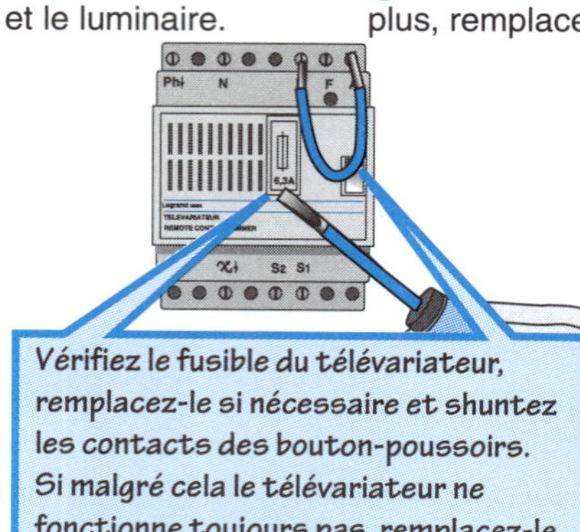

② Si un seul bouton-poussoir ne fonctionne plus, remplacez-le.

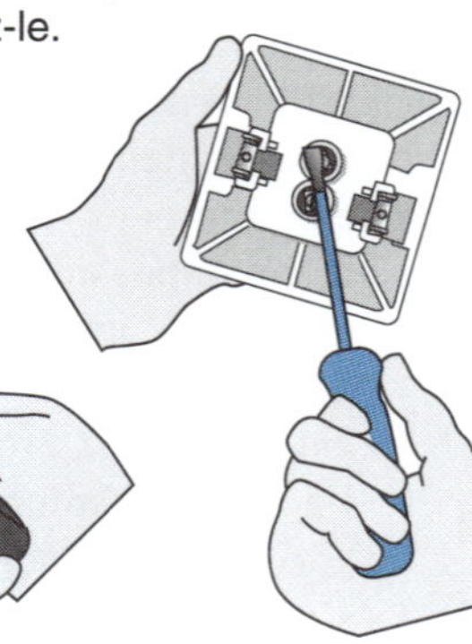

Figure 68 : La recherche d'une panne sur un circuit avec variation

Qu'est-ce qu'un télérupteur ?

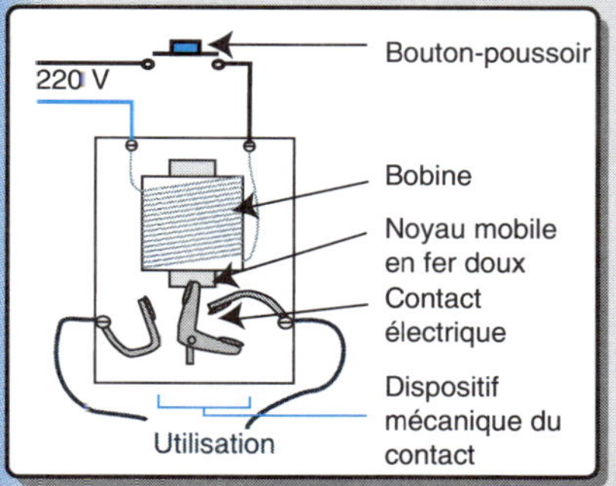

Un télérupteur est un appareil électromécanique. Il dispose d'un circuit de commande et d'un circuit de puissance. En revanche, le circuit de puissance, ne permet pas le passage de fortes intensités (16 A) et l'utilisation du télérupteur est plus spécialement réservée aux circuits d'éclairage. Il est constitué d'un noyau de fer, coulissant dans une bobine, qui actionne un dispositif mécanique qui coupe ou établit un circuit électrique. La commande fonctionne par impulsions et doit toujours être commandée par un bouton-poussoir.

Quand on appuie sur le bouton-poussoir du circuit de commande (1), la bobine est alimentée. Par effet magnétique, elle fait coulisser le cylindre de fer doux (2) qui vient à son tour actionner le dispositif mécanique (3) qui établit le contact électrique.
Le circuit d'utilisation est sous tension.
Remarque : le circuit de commande existe en d'autres tensions que 220 V.

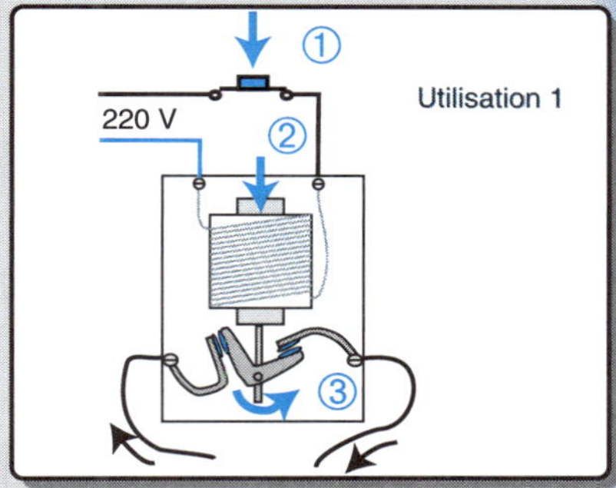

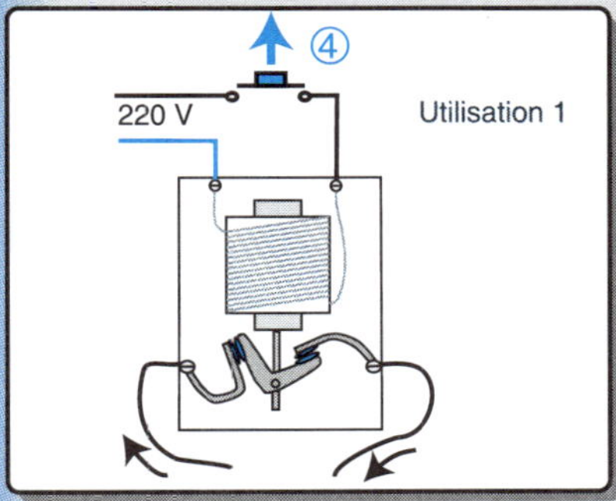

Quand on relâche le bouton-poussoir (4), le dispositif mécanique maintient le contact électrique dans sa position et le circuit est toujours alimenté (contrairement au contacteur).
Le nombre de boutons-poussoir est illimité. Ce système de commande d'éclairage est utilisé quand on a besoin de plus de deux points de commande (couloir d'une habitation, par exemple).
L'utilisation d'un interrupteur à la place du bouton-poussoir provoquerait la destruction du télérupteur.

Lorsque l'on appuie à nouveau sur le bouton-poussoir du circuit de commande (5), le noyau de fer doux est attiré par la bobine (6) et il agit sur le dispositif mécanique qui coupe le circuit d'utilisation (7).
Au relâchement du bouton, le contact électrique reste dans cet état.

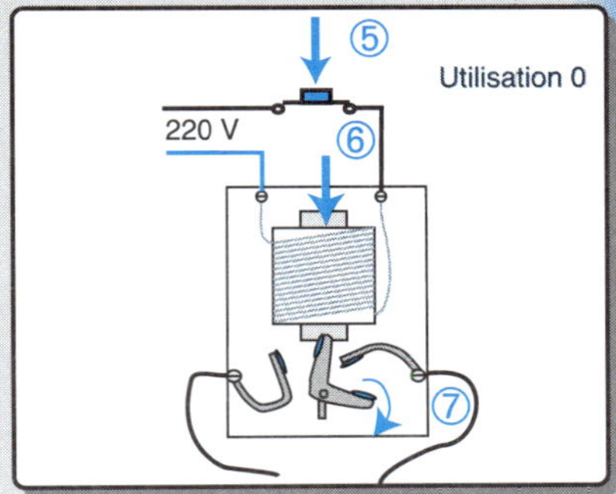

Figure 69 : Le télérupteur

Les télérupteurs

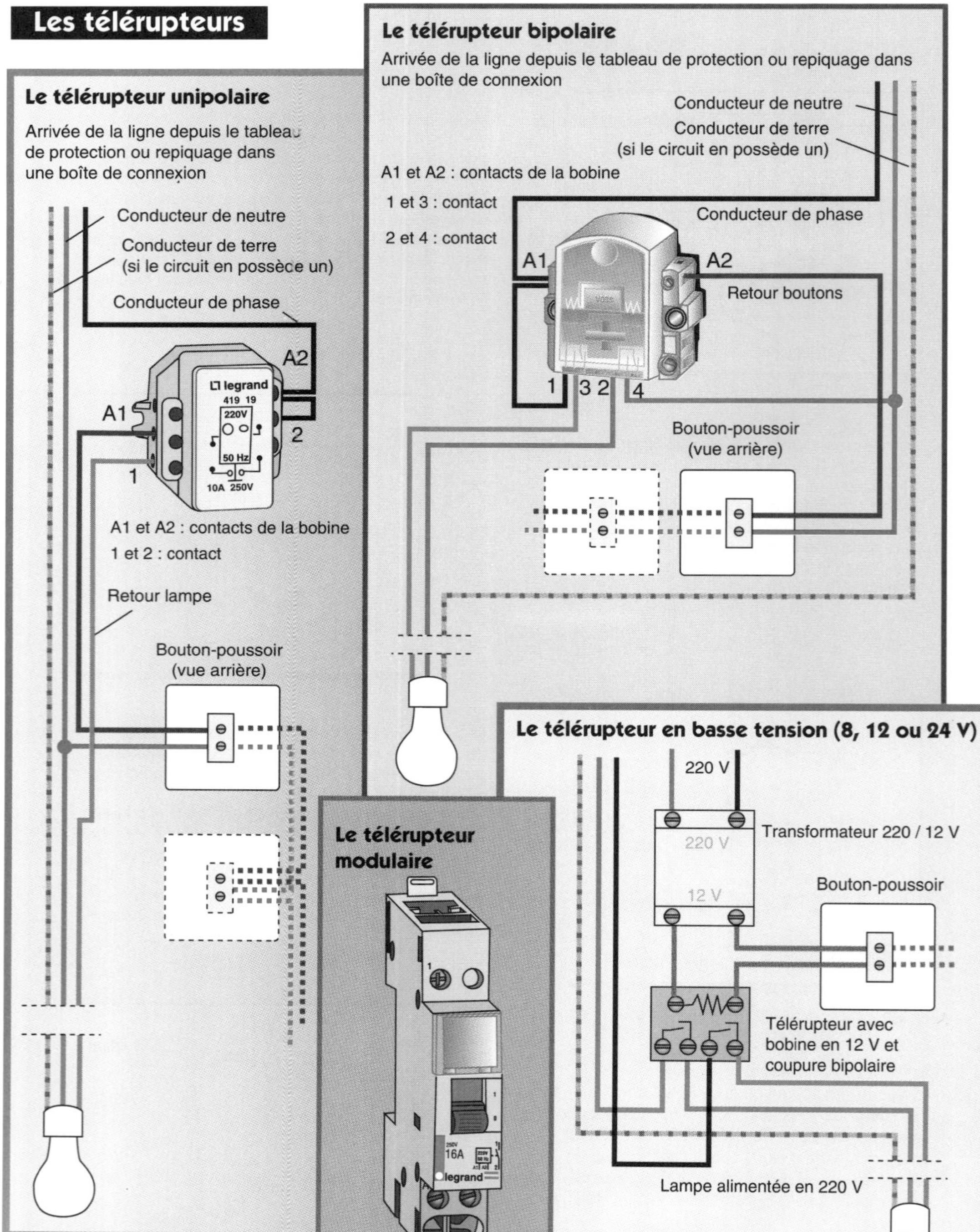

Figure 70 :
Les schémas de raccordement des télérupteurs

Le dépannage d'un télérupteur

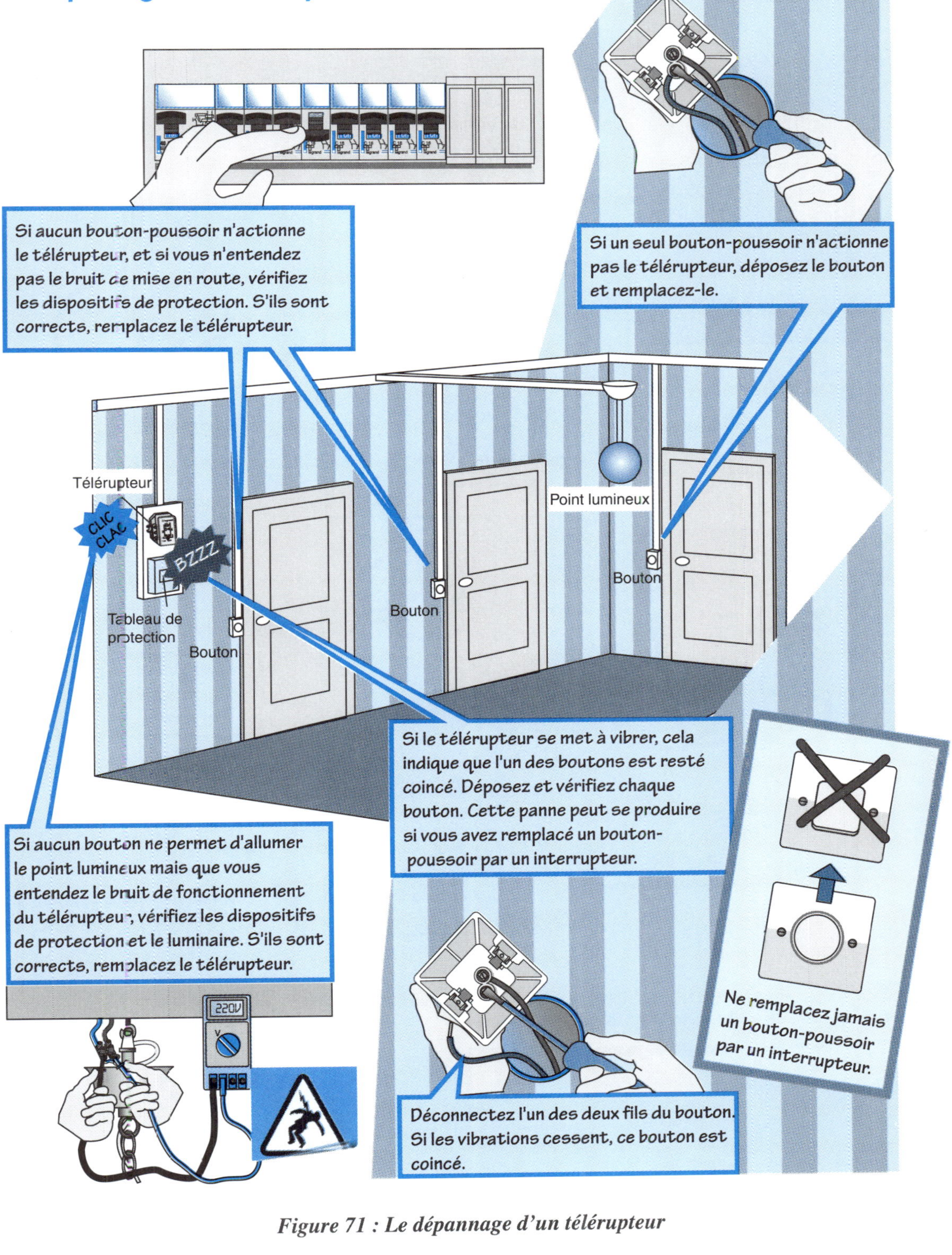

Figure 71 : Le dépannage d'un télérupteur

Un point lumineux ne fonctionne plus : que faire ?

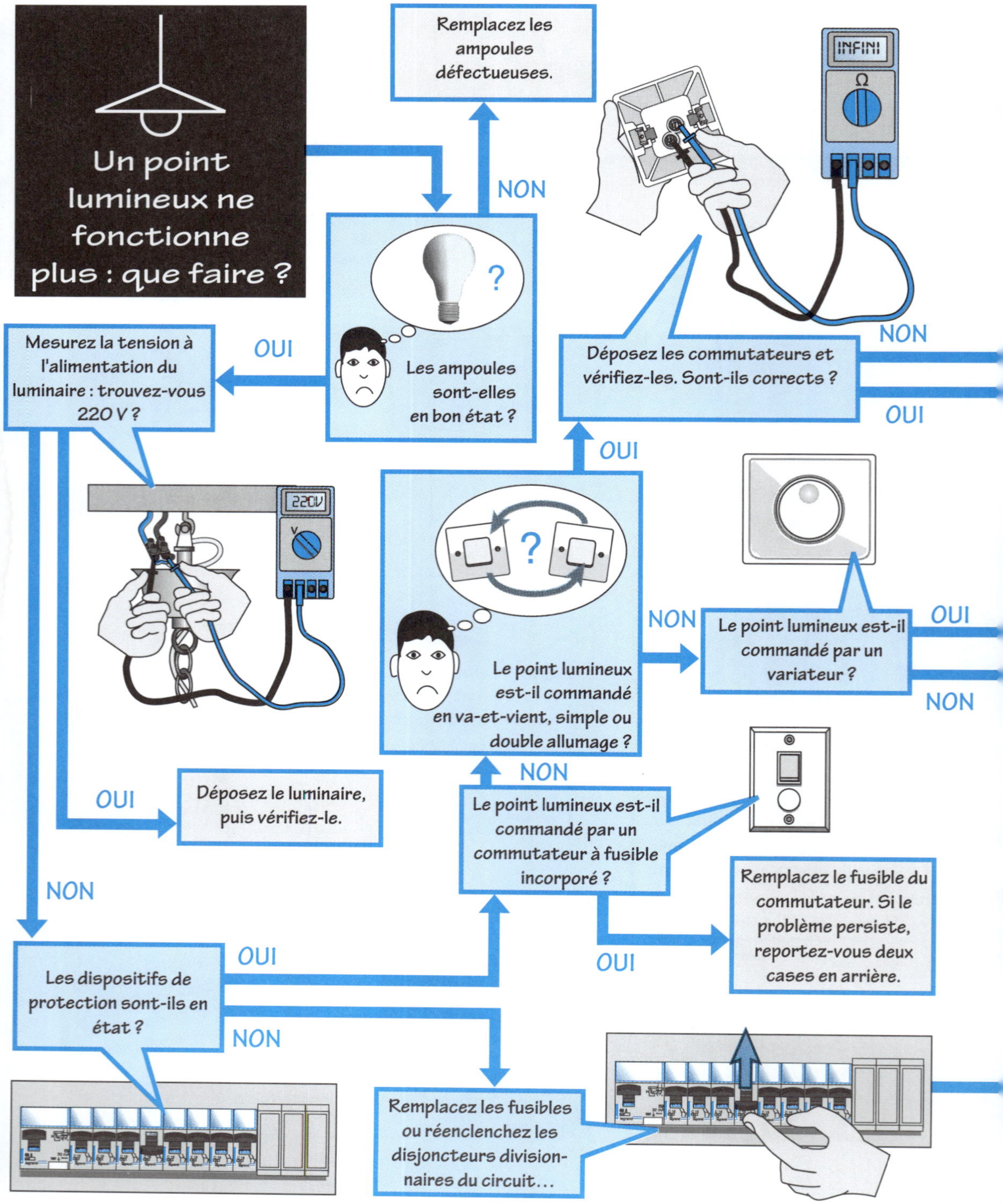

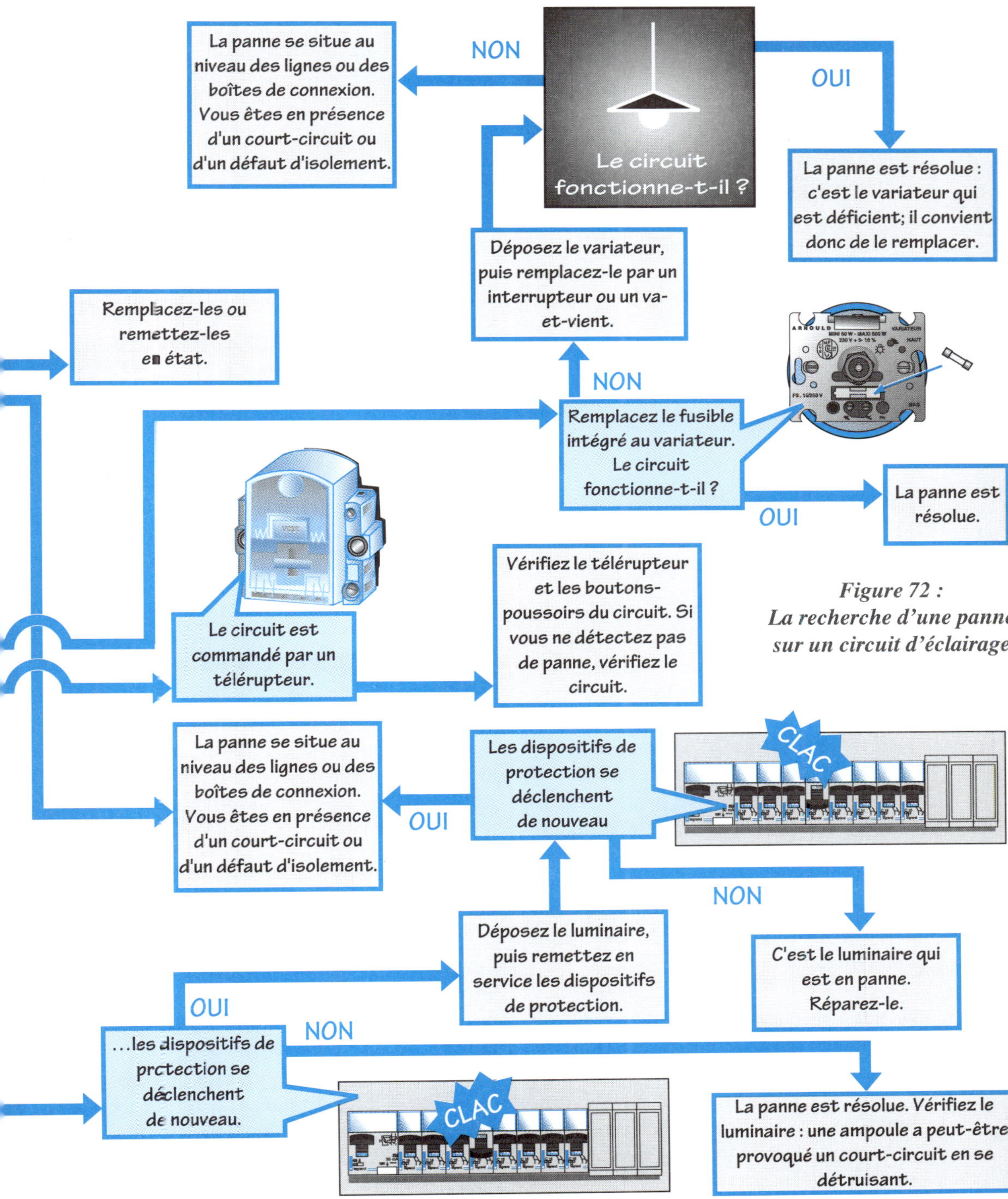

Figure 72 : La recherche d'une panne sur un circuit d'éclairage

Le télérupteur est composé d'un circuit de commande piloté par des boutons-poussoirs. Ce circuit de commande peut être alimenté en 220 V ou en d'autres tensions selon les modèles : on trouve des télérupteurs avec des circuits de commande en 12 V. Le circuit de puissance permet, selon les modèles, de réaliser une coupure unipolaire ou bipolaire. Les schémas de raccordement diffèrent légèrement d'un système à l'autre (figure 70).
Dans les installations domestiques, on utilise généralement des télérupteurs unipolaires avec circuit de commande en 220 V.

Les pannes des télérupteurs et leurs remèdes

Afin de déterminer si un télérupteur fonctionne ou non (figure 71), appuyez sur l'un des boutons de commande. Si rien ne se produit, appuyez sur les autres boutons-poussoirs. Si un seul (voire deux) bouton ne fonctionne pas, il est nécessaire de le(s) changer. Si aucun bouton n'allume le point lumineux et si vous n'entendez pas le bruit caractéristique de déclenchement du télérupteur, vérifiez en premier lieu l'état des dispositifs de protection. Si ces dispositifs sont en bon état, la panne provient certainement du télérupteur, qu'il convient alors de remplacer.

Si vous entendez le déclenchement du télérupteur mais qu'aucun éclairage ne s'allume, vérifiez le point lumineux et les dispositifs de protection. Si le point lumineux et son dispositif de protection sont corrects, la panne est due au télérupteur : il faut le remplacer.
Si le télérupteur entre en vibrations et que vous parvenez difficilement à éteindre le point lumineux, vérifiez chaque bouton-poussoir. Cette panne est due à un bouton-poussoir resté coincé ou au remplacement d'un bouton-poussoir par un interrupteur. Ne laissez pas perdurer une telle situation, car le télérupteur se détériorerait rapidement. Retirez le fusible si le dépannage n'est pas possible dans l'immédiat.

La recherche d'une panne sur un circuit d'éclairage

Vous trouverez la méthode complète de recherche d'une panne sur un circuit commandé grâce à l'organigramme de la figure 72, quel que soit le type de circuit. Ce graphique vous permettra d'analyser rapidement la nature de la panne à laquelle vous êtes confronté.

Les sonnettes et les carillons

Les sonnettes et les carillons se raccordent comme un circuit de simple allumage, à part le fait que l'interrupteur est remplacé par un bouton-poussoir et le point lumineux par la sonnette.

Les modèles de sonnette

Les sonnettes et les carillons peuvent être alimentés directement en 220 V. Cette technique peut s'avérer dangereuse si le bouton-poussoir est en mauvais état, d'autant plus s'il est soumis aux intempéries. C'est pourquoi, dans la plupart des cas, les sonnettes sont alimentées par l'intermédiaire d'un transformateur en 8 ou 12 V (figure 73) ou même par des piles.

Les sonnettes

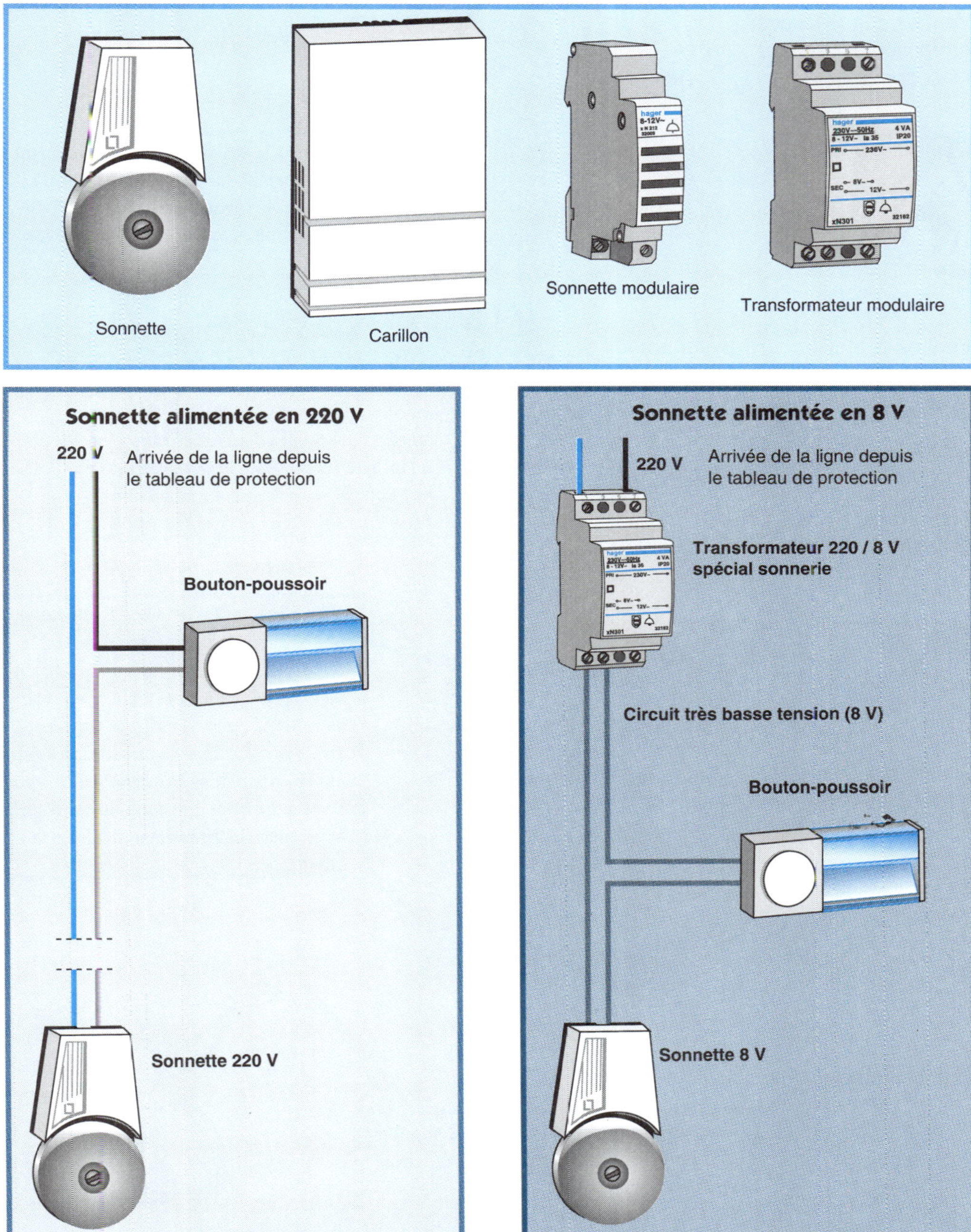

Figure 73 : Les sonnettes

Le dépannage d'une sonnette

① Vérifiez que le dispositif de protection est en état de fonctionnement.

② Vérifiez la tension au transformateur.

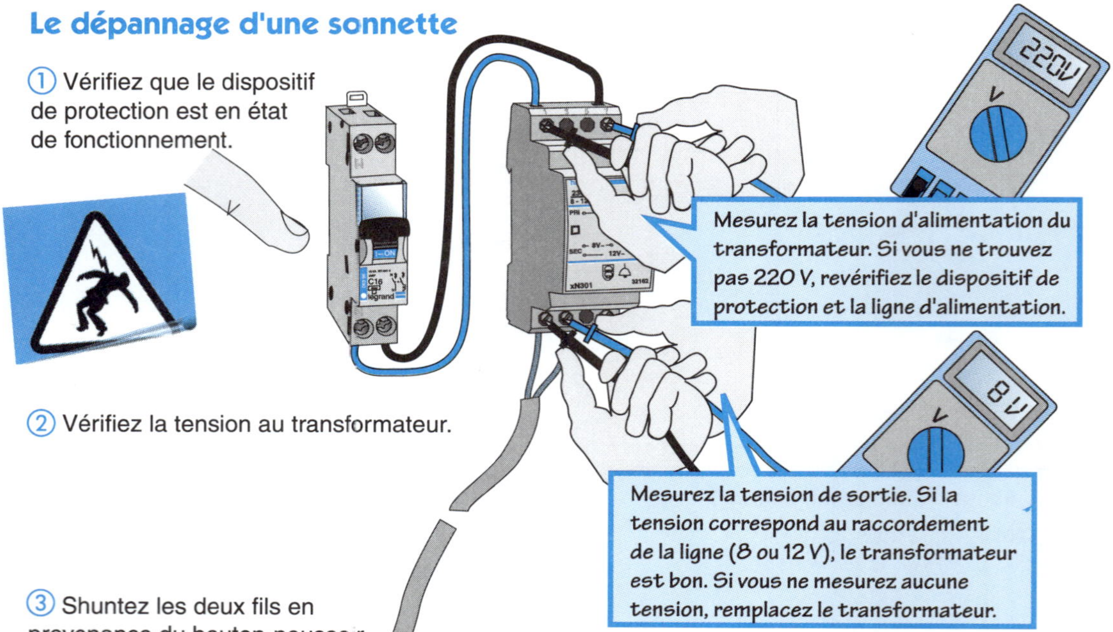

③ Shuntez les deux fils en provenance du bouton-poussoir.

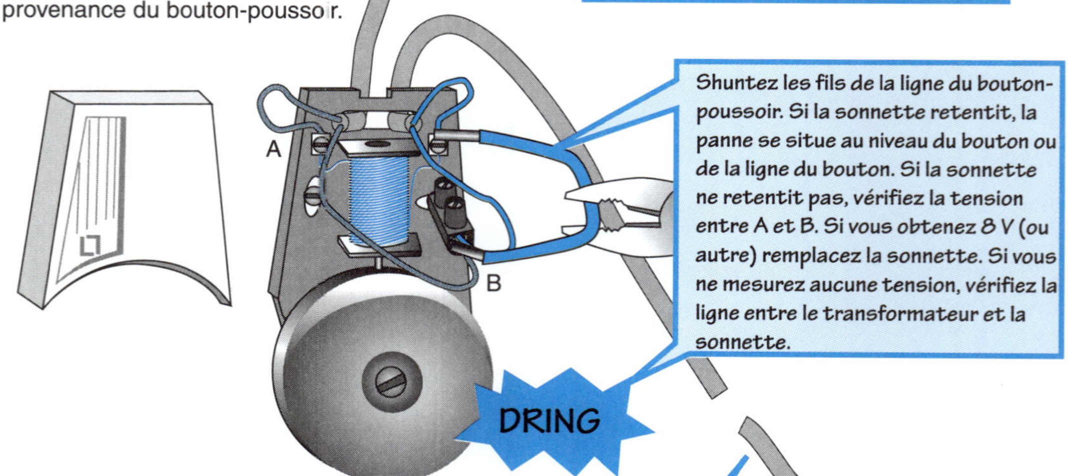

④ Shuntez le bouton-poussoir.

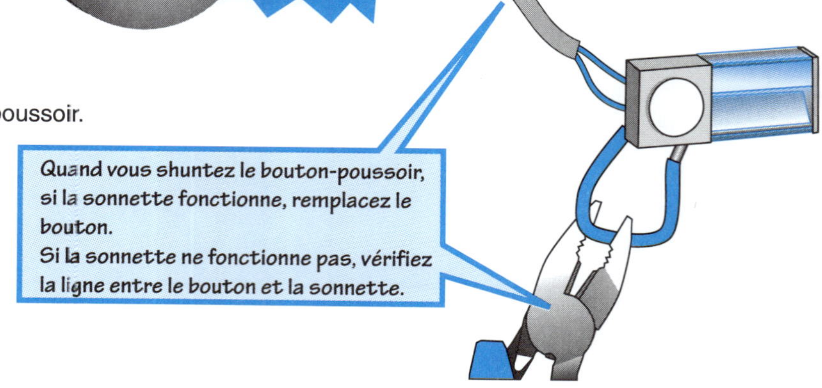

Les pannes des sonnettes et leurs remèdes

Un circuit sonnette étant relativement simple, la panne ne peut avoir que trois origines : l'alimentation, la sonnette ou le bouton-poussoir et sa ligne (figure 74). Si le circuit sonnette ne fonctionne plus, vérifiez son dispositif de protection. Si celui-ci est correct, mesurez l'alimentation et la sortie du transformateur. Si vous n'obtenez pas la bonne valeur de sortie, remplacez le transformateur.
Dans le cas où ces deux points sont corrects, intervenez au niveau de la sonnette. Shuntez les deux fils de départ vers le bouton-poussoir avec un morceau de fil isolé. Si la sonnette fonctionne, la panne provient du bouton-poussoir ou de sa ligne. Démontez le bouton-poussoir, puis shuntez ses deux fils :
— la sonnette fonctionne : le bouton-poussoir est défectueux, remplacez-le ;
— la sonnette ne fonctionne pas : la ligne entre le bouton-poussoir et la sonnette est défectueuse, vérifiez-la.

Si la sonnette reste bloquée, il peut s'agir d'un dysfonctionnement du bouton-poussoir ou d'un court-circuit au niveau de sa ligne. Ne laissez pas la sonnette fonctionner sans discontinuer, car elle risque de se détruire. Vérifiez le bouton-poussoir et la ligne.

◄ *Figure 74 : La recherche d'une panne sur un circuit sonnette*

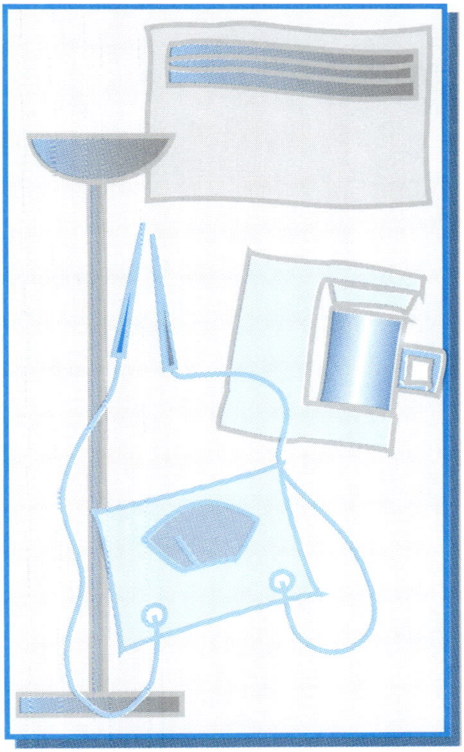

Dépannez vos appareils

Grâce aux conseils de la seconde partie, vous avez dépanné votre installation électrique, mais de nombreuses pannes proviennent également des appareils reliés à l'installation. Comment diagnostiquer rapidement une panne et résoudre les problèmes les plus courants pouvant survenir sur les appareils électriques ? C'est ce que nous allons découvrir dans cette troisième partie.

Les pannes provoquées par les appareils

Les appareils électriques sont sujets au même type de panne que celles de l'installation. Ces dysfonctionnements sont les courts-circuits et les défauts d'isolement. D'autres causes sont possibles, mais elles n'affectent pas le fonctionnement de l'installation électrique.

Le chauffe-eau électrique

Le chauffe-eau électrique n'est qu'une cuve isolée munie d'une résistance électrique destinées à chauffer et stocker l'eau chaude sanitaire (figure 75). Le mécanisme est donc relativement simple. Cependant, la présence d'eau et d'électricité rend cet appareil sensible aux pannes. La partie électrique du chauffe-

L'équipement électrique d'un chauffe-eau

Figure 75 : Les résistances d
chauffe-eau

1. Enveloppe extérieure
2. Isolant thermique
3. Cuve anti-corrosion
4. Arrivée d'eau froide
5. Départ eau chaude
6. Résistance
7. Thermostat

Avec une résistance blindée

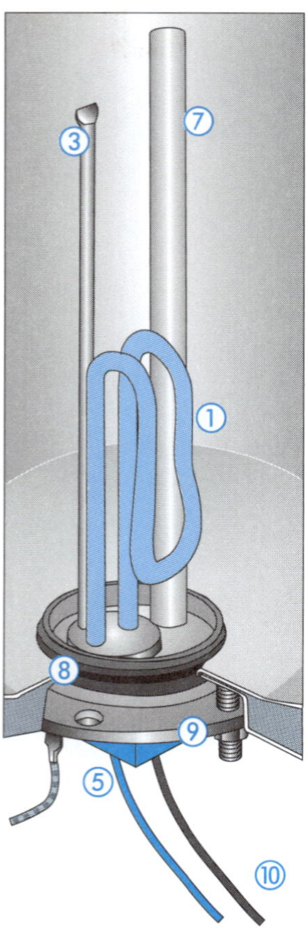

Avec une résistance en stéatite

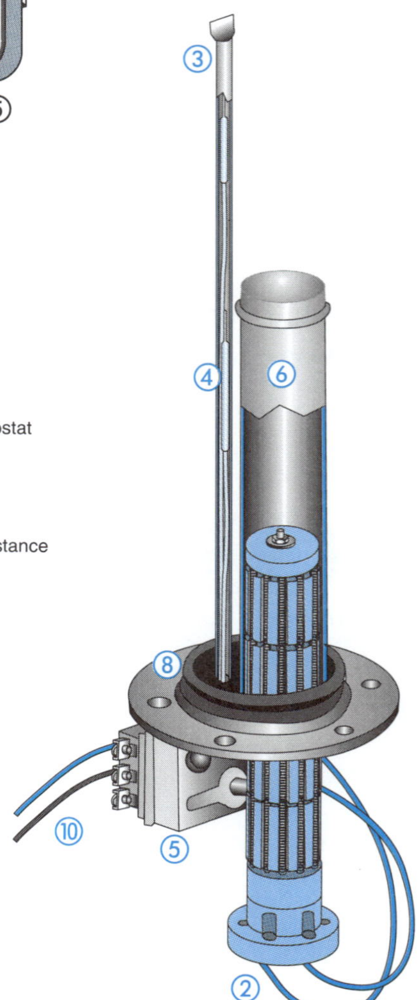

1. Résistance blindée
2. Résistance stéatite
3. Doigt de gant du thermostat
4. Sonde du thermostat
5. Thermostat
6. Doigt de gant de la résistance
7. Anode anti-corrosion
8. Joint
9. Platine avec fixations
10. Ligne d'alimentation

eau est composée d'un thermostat et d'une résistance. Le thermostat régule la résistance en fonction de la température programmée.
Il existe deux types de résistance :
— les résistances blindées, qui sont directement plongées dans la cuve du chauffe-eau ;
— les résistances en stéatite, qui comprennent un fil résistant monté sur des éléments isolants en stéatite, l'ensemble étant protégé de l'eau dans un « doigt de gant ».

La résistance en stéatite facilite les interventions, car elle est démontable sans vidange du chauffe-eau, contrairement à la résistance blindée.

Généralement, les chauffe-eau sont alimentés en 220 V, mais il existe aussi des modèles de grande capacité en triphasé (380 V).

Les pannes et leurs remèdes

Pannes hydrauliques ou électriques ?

Dans le cas d'un chauffe-eau, il est nécessaire de déterminer précisément la nature de la panne : hydraulique ou électrique. La panne est hydraulique et, par conséquent, concerne le plombier, lorsqu'il y a un problème de débit : le robinet d'eau chaude ne coule plus, ou bien le chauffe-eau fuit. En revanche, si l'eau du robinet d'eau chaude arrive froide, la panne est de nature électrique.

L'eau est froide

Démontez le capot de protection en plastique situé sous le chauffe-eau (figure 76). Mesurez la tension sur les fils d'arrivée. S'il n'y a aucune tension, vérifiez :
— les dispositifs de protection (fusible ou disjoncteur) ;
— le combiné interrupteur (ou PAC) s'il en existe un ; vérifiez que ses fusibles sont en bon état et que son interrupteur est en position marche ;
— le contacteur jour / nuit si vous disposez du double tarif ; dans ce cas, positionnez la manette sur 1 ou marche forcée.

À ce stade, le chauffe-eau doit de nouveau être alimenté en 220 V. Si les fusibles se détruisent, poursuivez au paragraphe suivant.
Vérifiez le contact de sécurité de surchauffe au niveau du thermostat. Au moyen d'un petit tournevis, appuyez sur le contact : si vous entendez un déclic, cela signifie qu'il s'est réenclenché. Le chauffe-eau doit se remettre en chauffe. Le déclenchement de la sécurité est anormal : si cela se reproduit, il convient de changer le thermostat. Vous pouvez également essayer de baisser le réglage de la température d'une graduation.

Si le contact de sécurité ne s'est pas déclenché, coupez l'alimentation du chauffe-eau, déconnectez le thermostat, démontez-le, puis testez-le. Réglez-le sur le minimum. À l'aide d'un ohmmètre, mesurez la résistance entre l'entrée et la sortie de chaque contact. Si l'un des contacts est coupé, remplacez le thermostat.
Dans le cas où le thermostat est en état de fonctionnement, mesurez la résistance du chauffe-eau.
Pour une résistance en stéatite, effectuez la mesure au niveau des fils d'arrivée du thermostat. Pour une résistance blindée,

L'eau est froide

① Vérifiez l'alimentation.

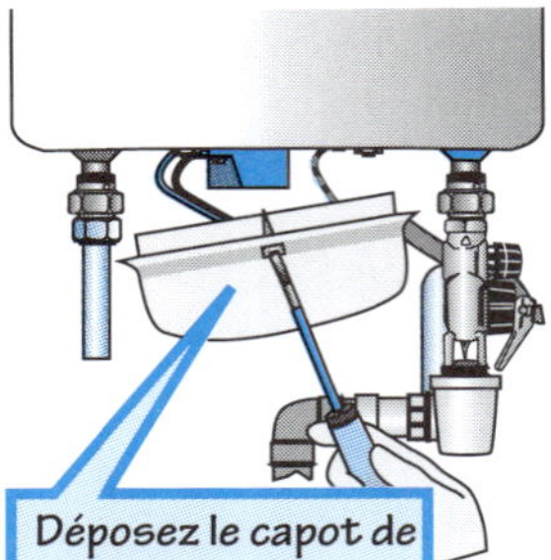

Déposez le capot de protection du chauffe-eau.

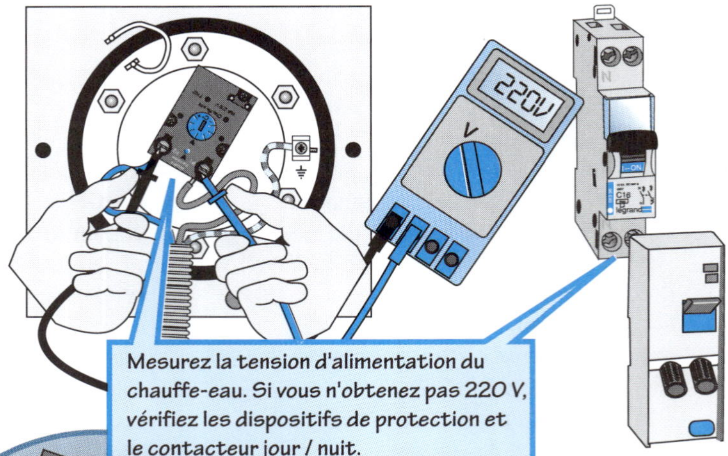

Mesurez la tension d'alimentation du chauffe-eau. Si vous n'obtenez pas 220 V, vérifiez les dispositifs de protection et le contacteur jour / nuit.

② Vérifiez la sécurité thermique.

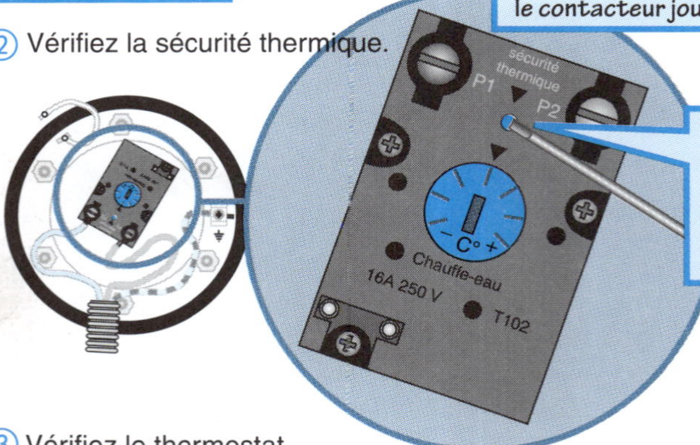

Appuyez avec un petit tournevis dans l'orifice de la sécurité thermique. Si vous entendez un déclic, cela indique que la sécurité s'est déclenchée. Si ce phénomène se reproduit, remplacez le thermostat.

③ Vérifiez le thermostat.

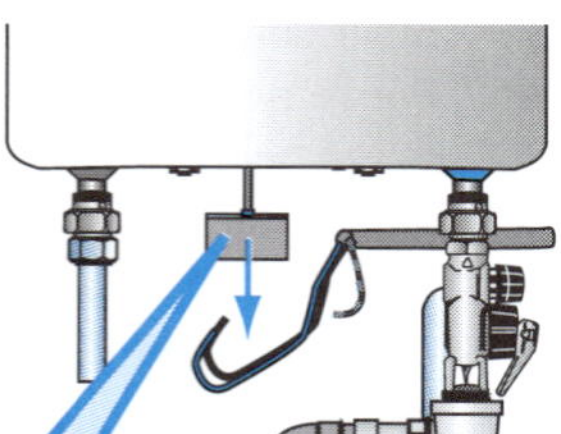

Coupez le courant et déconnectez le thermostat. Sortez-le du chauffe-eau.

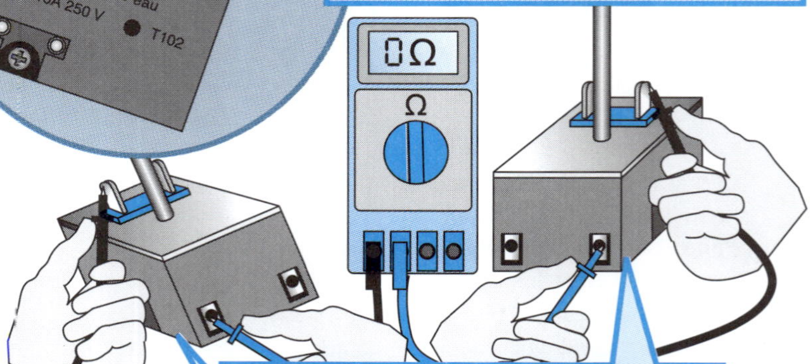

Réglez le thermostat sur la position minimale (il ne doit pas être chaud). Vérifiez la continuité entre chaque plot d'alimentation et de départ du thermostat. Si vous ne mesurez aucune continuité, remplacez le thermostat.

④ Vérifiez la résistance.

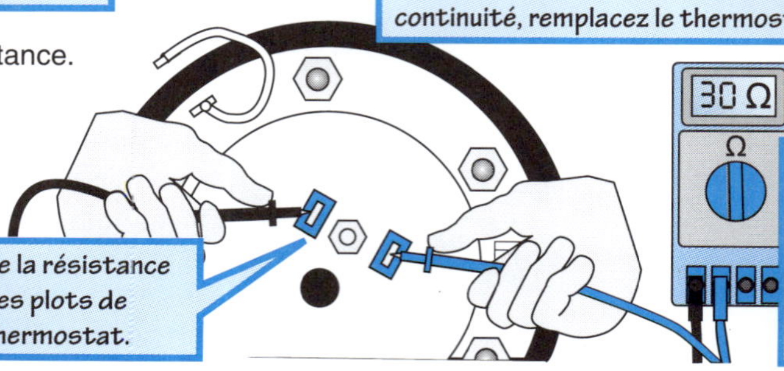

Mesurez la valeur de la résistance directement dans les plots de raccordement du thermostat.

Si vous mesurez :
- 0 ohm la résistance est en court-circuit ;
- infini (∞), la résistance est coupée. Remplacez-la.

vous trouverez ses deux cosses d'alimentation sous le thermostat. Une valeur ohmique infinie signifie que la résistance est hors service : remplacez-la.

Le remplacement d'une résistance en stéatite ne pose pas de problème : il suffit de dévisser l'écrou qui la maintient. Le remplacement d'une résistance blindée est plus délicat. Pour remplacer une résistance blindée (figure 77) :

- coupez le courant et déconnectez le thermostat ;
- coupez l'eau, puis vidangez le chauffe-eau ;
- dévissez les six écrous qui maintiennent la platine de la résistance ;
- retirez la platine ; faites attention à l'eau qui pourrait rester dans la cuve et au tartre accumulé ;
- approvisionnez une nouvelle platine correspondant à votre modèle de chauffe-eau ainsi qu'un nouveau joint de cuve ;
- nettoyez les parties qui seront en contact avec le joint ;
- placez le joint, la platine et les écrous ;
- veillez à serrer les écrous en croix afin d'éviter de voiler la platine ;
- mettez en eau, vérifiez qu'il n'y a pas de fuites, puis rebranchez le circuit électrique.

L'eau est trop chaude

Dans l'hypothèse où l'eau est trop chaude, voire se transforme en vapeur à l'ouverture du robinet et provoque un écoulement au niveau du groupe de sécurité, le dysfonctionnement est certainement dû au thermostat (figure 78). Démontez le capot du chauffe-eau comme expliqué dans le paragraphe précédent, coupez l'alimentation électrique, puis déposez le thermostat. Pour vérifier son fonctionnement, utilisez un ohmmètre. Entre chaque contact d'entrée et de sortie, mesurez la continuité, puis chauffez la tige du thermostat avec un briquet pour vérifier son déclenchement. Répétez l'opération sur les deux contacts. Si le thermostat ne coupe pas le circuit, remplacez-le.

Le chauffe-eau déclenche le disjoncteur

Ce type de dysfonctionnement peut être dû soit à un court-circuit, soit à un défaut d'isolement au niveau de la résistance. Démontez le capot du chauffe-eau. Si vous trouvez des traces de rouille ou d'humidité importantes, il faudra certainement remplacer le chauffe-eau. Sinon, vérifiez l'isolement entre la résistance et la carcasse du chauffe-eau, à l'aide d'un ohmmètre. Si la résistance est inférieure à 250 000 Ω, vous êtes effectivement en présence d'un défaut d'isolement : il est nécessaire de changer la résistance. Si la mesure indique une valeur proche de zéro, la résistance est en court-circuit : il convient également dans ce cas de la changer. Outre le déclenchement du disjoncteur, le court-circuit peut également être la cause de la destruction du fusible.

La recherche d'une panne sur l'alimentation d'un chauffe-eau

Le fait de ne plus avoir d'eau chaude peut aussi être dû au circuit d'alimentation du chauffe-eau. Deux cas de figure sont

◄ *Figure 76 : Si l'eau est froide…*

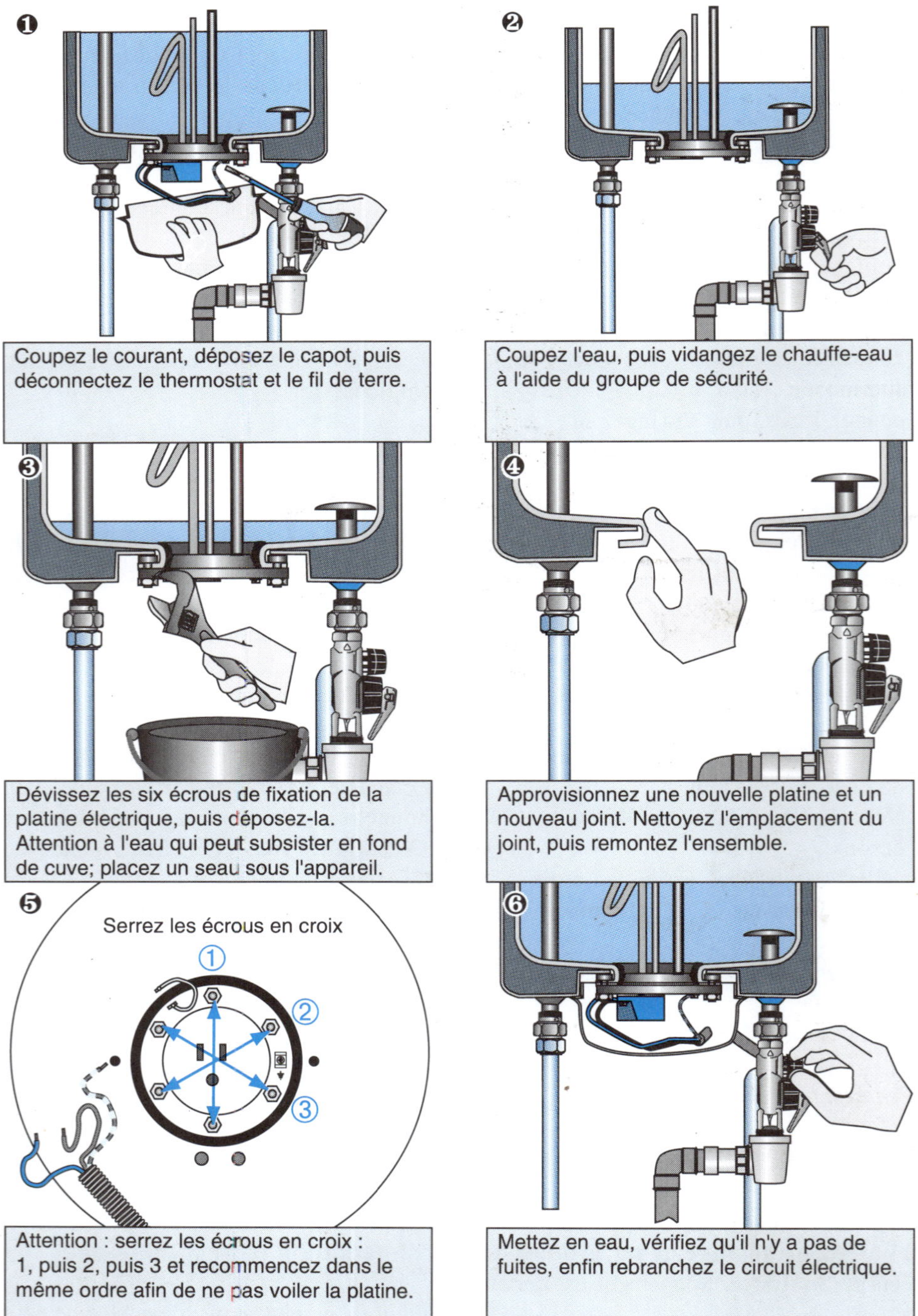

Figure 77 : Le remplacement d'une résistance blindée

L'eau est trop chaude

① Réglez le thermostat.

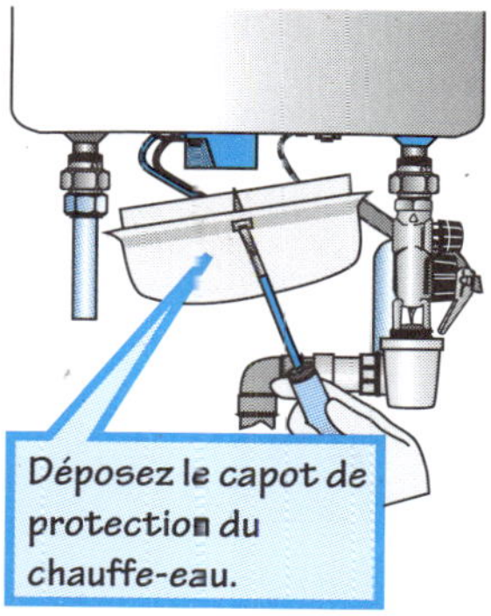

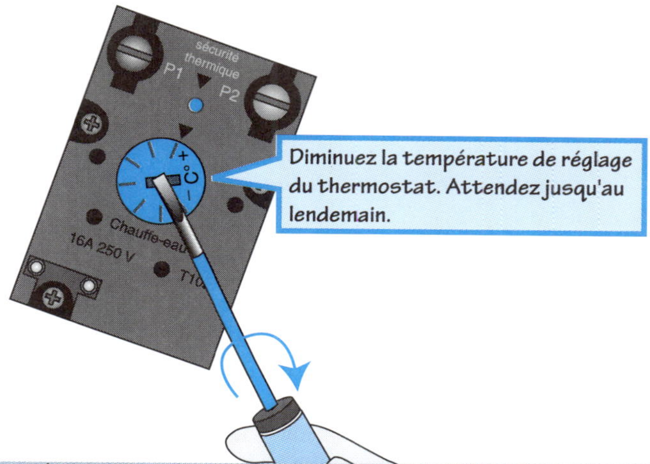

② Vérifiez le thermostat.

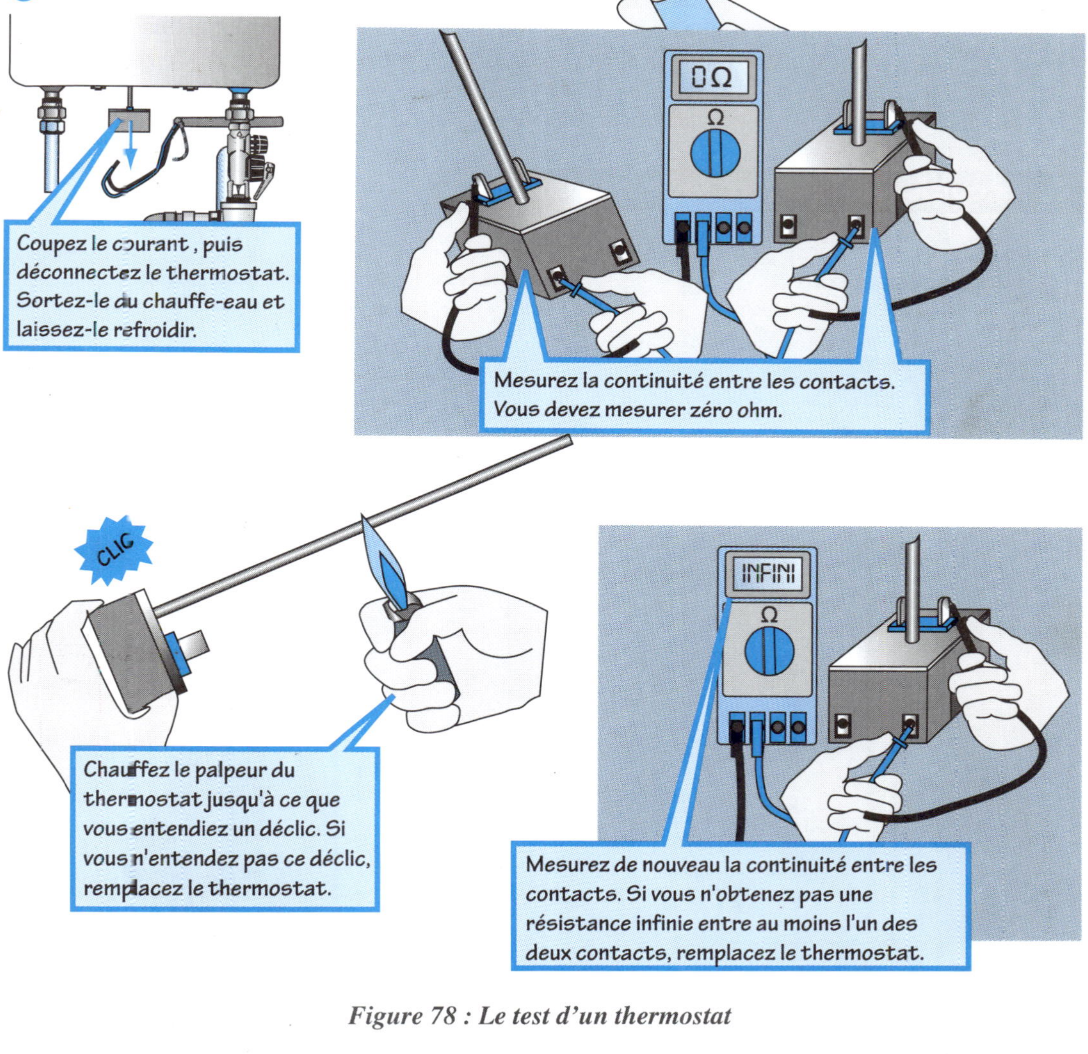

Figure 78 : Le test d'un thermostat

possibles selon que le chauffe-eau est alimenté en continu ou en heures creuses.

Les chauffe-eau alimentés en continu

L'alimentation en continu est la plus simple. Le chauffe eau est alimenté par une ligne directe, protégée par un coupe-circuit ou un disjoncteur divisionnaire (figure 79). Dans les installations anciennes, ce n'est pas toujours le cas : il est probable que l'alimentation du chauffe-eau soit reprise sur une ligne existante. Le chauffe-eau est alors protégé par un PAC. Si le chauffe-eau n'est plus alimenté, vérifiez les dispositifs de protection ou la ligne si ces derniers sont corrects. Dans le cas d'un PAC, vérifiez les deux cartouches fusibles, puis l'alimentation et la sortie du PAC. S'il s'avère que la touche de commande ne permet plus ni l'ouverture ni la fermeture du circuit, remplacez le PAC.

Les chauffe-eau en heures creuses

Le raccordement en heures creuses n'est valable que dans le cas d'un abonnement heures creuses. Il permet de mettre automatiquement en fonction le chauffe-

Le raccordement d'un chauffe-eau en direct

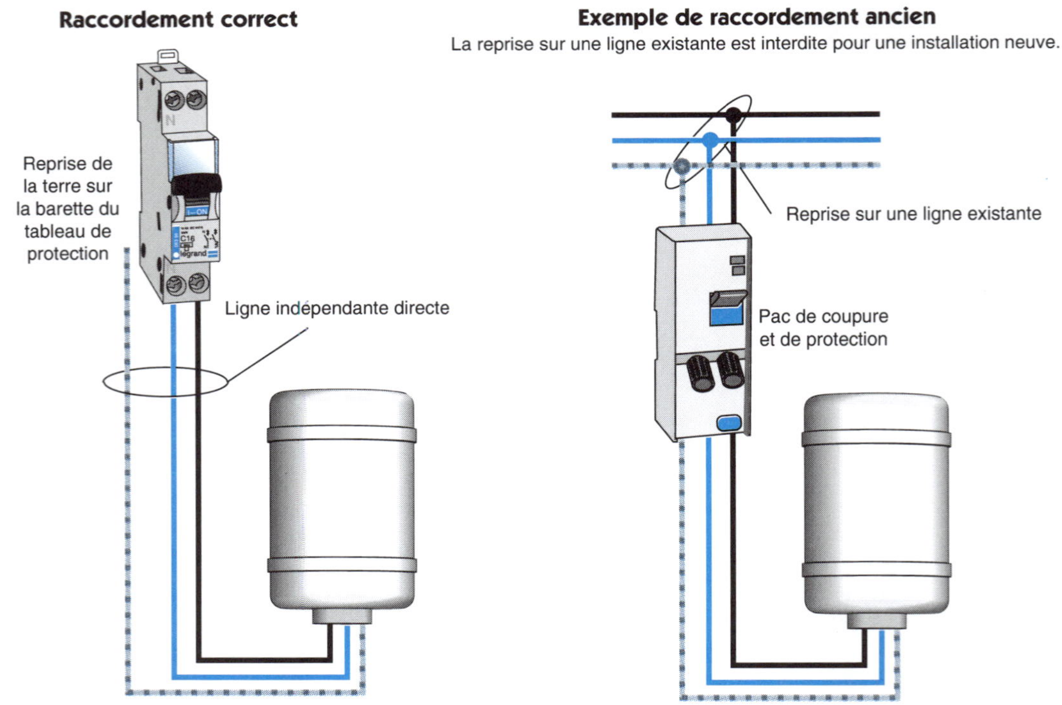

Figure 79 : Les chauffe-eau raccordés en direct

Qu'est-ce qu'un contacteur ?

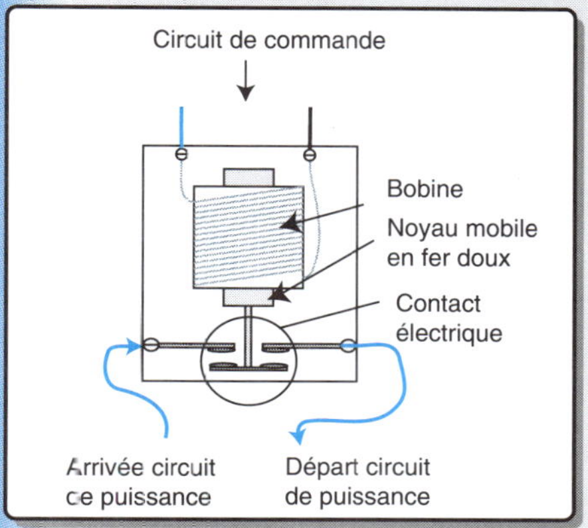

Un contacteur est une sorte d'interrupteur commandé électriquement. Il se compose d'une bobine en fil de cuivre isolé à l'intérieur de laquelle coulisse un cylindre (noyau) en fer doux.

Ce cylindre est relié mécaniquement à un ou plusieurs contacts électriques.

Ces contacts peuvent être à fermeture (ils ferment le circuit et le courant passe) ou à ouverture (ils ouvrent le circuit et le courant ne passe plus).

Un même contacteur peut posséder plusieurs contacts à ouverture et à fermeture.

Lorsqu'on alimente la bobine (en 220 V, dans notre exemple), par effet magnétique le noyau est attiré vers le haut et le contact s'établit (le circuit est fermé).

Le circuit permettant d'alimenter la bobine est appelé circuit de commande. La tension de ce circuit n'est pas forcément de 220 V : il est possible de trouver des bobines en 12 V et 24 V.

Le circuit où s'établit le contact est appelé circuit de puissance car il permet de faire passer des intensités plus grandes que dans le circuit de commande dont il est électriquement indépendant.

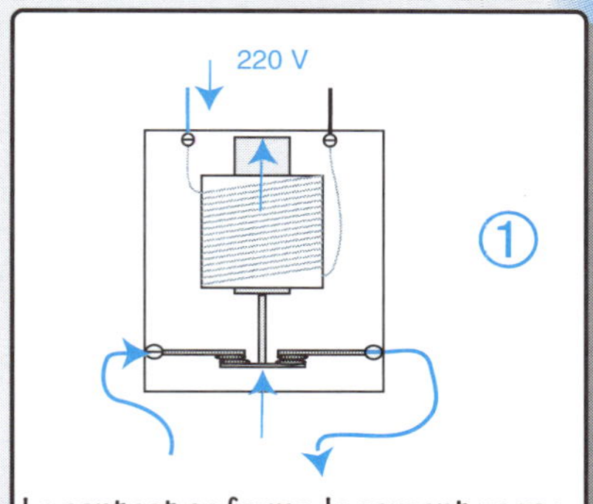

Le contact se ferme, le courant passe.

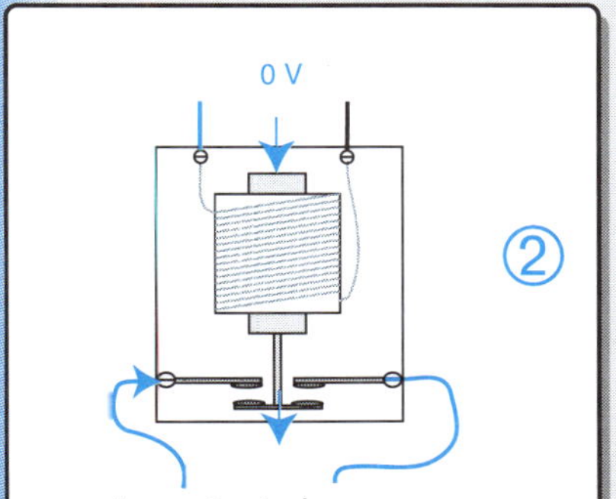

Le contact s'ouvre,
le courant ne passe plus.

Lorsque l'alimentation est coupée, le noyau reprend sa place (par un système de ressort) et le circuit est coupé.

Le contacteur, appelé aussi relais quand il gère de faibles intensités, trouve de nombreuses applications dans tous les automatismes (portes de garages automatiques, ascenceurs, etc.).

Il permet la commande à distance d'appareils.

Dans le cas du double tarif, le contact mis à disposition par EDF serait trop faible pour supporter le chauffe-eau ; il faut donc passer par l'intermédiaire d'un contacteur.

Figure 80 : Le contacteur

Le raccordement d'un chauffe-eau en heures creuses

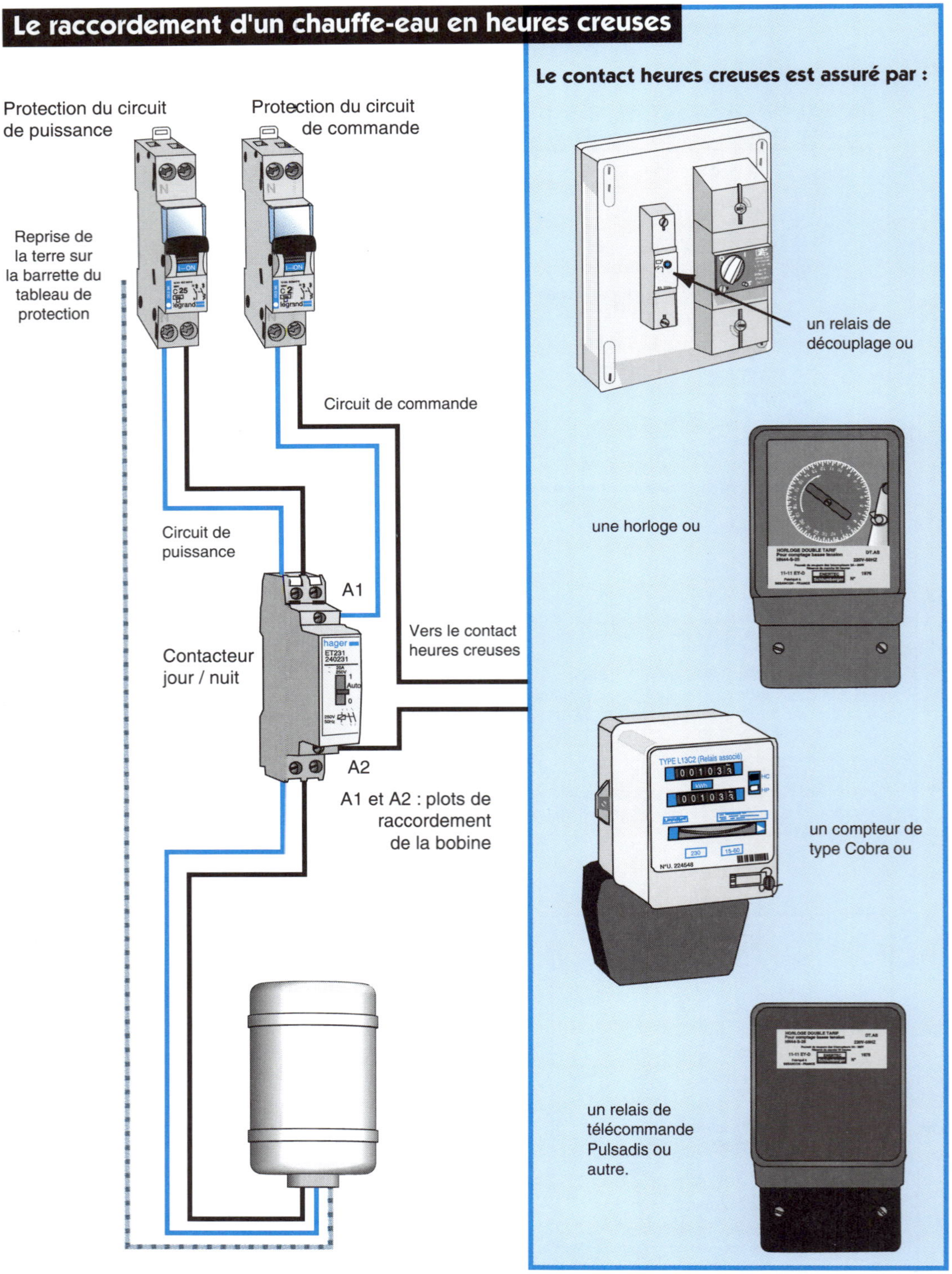

Figure 81 : Les chauffe-eau raccordés en heures creuses

Comment tester un contacteur jour / nuit ?

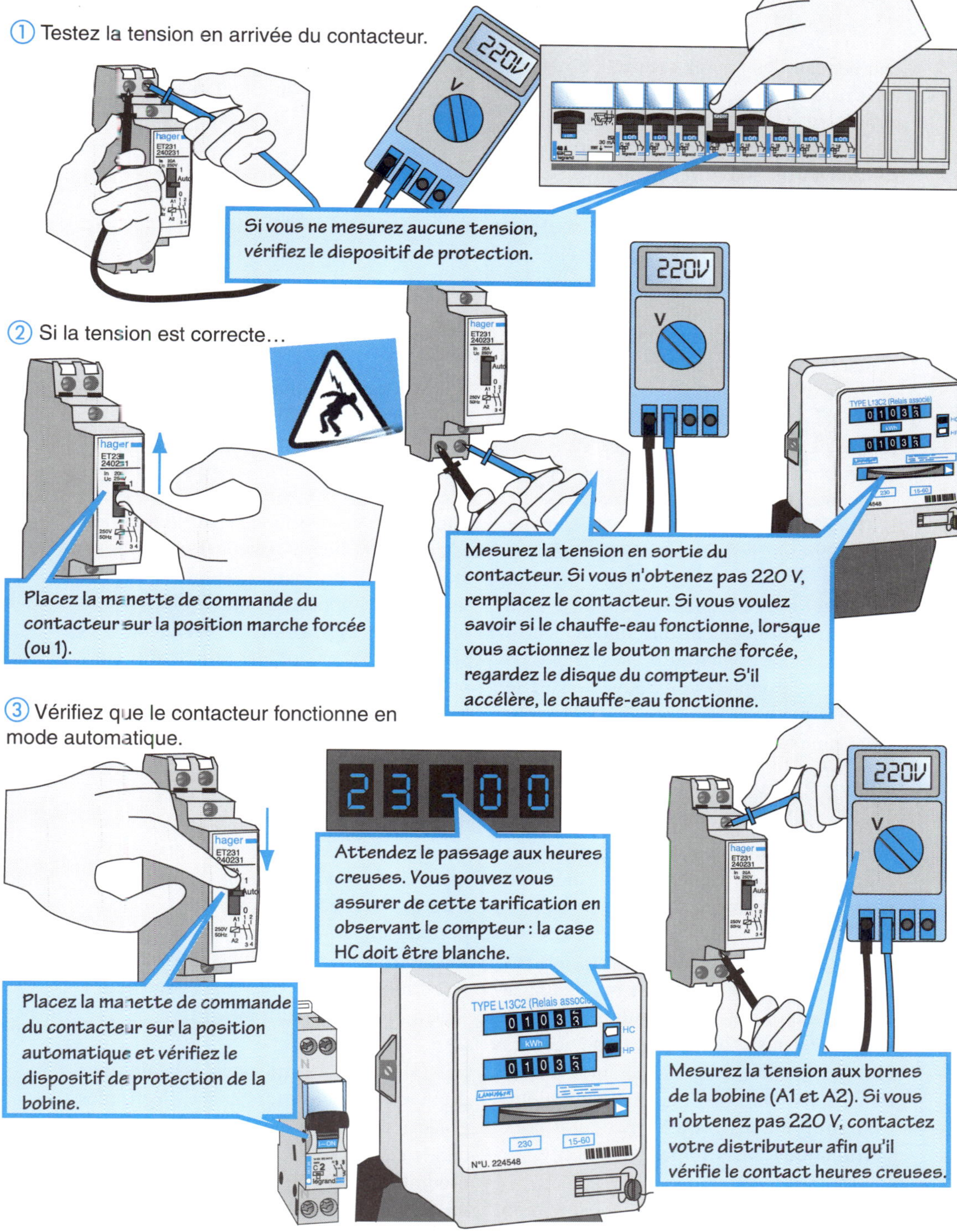

Figure 82 : Le test d'un contacteur en heures creuses

eau pendant les heures creuses où le prix du kilowattheure est moins élevé. Le circuit est de type asservi : on utilise un appareillage appelé contacteur (voir figure 80) ou plus précisément un contacteur jour / nuit équipé d'une petite manette de commande qui permet de mettre en fonction le chauffe-eau en direct en dehors des heures creuses. Le circuit de commande du contacteur ressemble à un simple allumage. C'est un contact asservi au signal d'heures creuses qui fait office d'interrupteur. Ce contact peut se situer au niveau du Pulsadis (appareil récepteur des heures creuses), d'une horloge, d'un relais de découplage ou même au niveau du compteur.
L'alimentation du chauffe-eau transite par le circuit de puissance (figure 81).

Le manque d'eau chaude peut être dû à un dysfonctionnement du contact heures creuses. Étant donné qu'il est difficile de shunter ce contact, vous devez, pour le vérifier, placer la manette du contacteur jour / nuit sur 1 ou marche. Si cette action accélère le disque du compteur, cela indique que le chauffe-eau fonctionne parfaitement (figure 82).
Vérifiez néanmoins que le contacteur jour / nuit fonctionne correctement en position automatique.

Attendez la permutation en heures creuses (vers 23 heures), puis testez la tension aux bornes de la bobine. Si vous n'obtenez pas 220 V, le contact heures creuses est défaillant et ne met pas le relais sous tension. Contactez alors votre distributeur afin qu'il procède aux vérifications qui s'imposent.

Attention ! Si la bobine dispose d'une protection spécifique (fusible de 2 A), vérifiez que le fusible est en état.

Si la bobine est correctement alimentée, mesurez la tension du circuit de puissance du contacteur. Si vous mesurez 220 volts à l'entrée du contacteur et zéro volt en sortie, remplacez le contacteur.
Si vous ne mesurez pas de tension en alimentation du contacteur, vérifiez le dispositif de protection du chauffe-eau.

Les appareils de chauffage

Les appareils de chauffage électrique se composent d'une résistance, d'un thermostat de régulation et d'un interrupteur marche / arrêt (figure 83). Les appareils les plus récents disposent également d'une sécurité thermique dont la fonction est de remédier à une éventuelle déficience du thermostat. De plus en plus souvent, les appareils sont équipés d'une régulation électronique. Dans de tels appareils, thermostat, sonde de température, sécurité thermique et éventuellement interrupteur sont intégrés dans un boîtier unique.

Les appareils à bain d'huile intègrent les mêmes éléments que les convecteurs, excepté la résistance qui est de type blindé (comme un chauffe-eau électrique), plongée dans un liquide caloporteur, c'est-à-dire de l'huile.
Les appareils rayonnants sont conçus sur le même principe que les convecteurs. Seul l'élément chauffant diffère.

Les appareils à infrarouge sont équipés d'une ou de deux résistances électriques placées dans un tube à quartz qui émet des rayons infrarouges. La chaleur produite par la résistance est dirigée par un réflecteur métallique. Ces appareils sont équipés seulement d'un interrupteur simple ou à plusieurs positions.

L'équipement électrique d'un convecteur

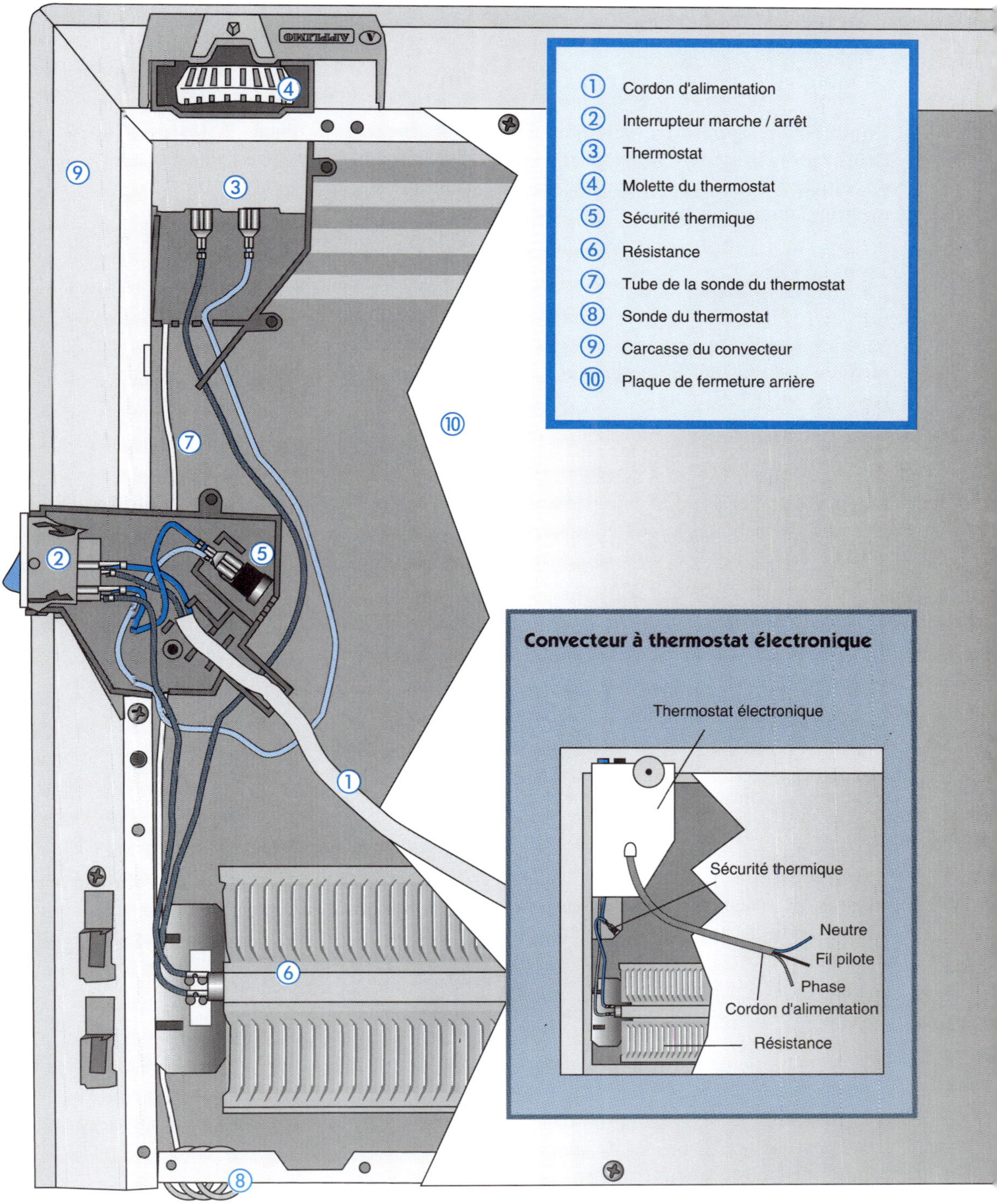

Figure 83 : La constitution d'un convecteur

Les pannes des appareils de chauffage et leurs remèdes

Comme tout appareil électrique, les chauffages peuvent provoquer des courts-circuits, présenter des défauts d'isolement ou simplement ne plus fonctionner.

Un appareil ne chauffe plus

Vérifiez que l'interrupteur n'est pas en position arrêt et que le thermostat n'est pas réglé sur le minimum. Afin de vérifier que la panne provient de l'appareil, assurez-vous que l'alimentation électrique est correcte. Déposez éventuellement l'appareil de son support mural. Retirez le capot de la boîte de connexion, puis vérifiez la tension d'arrivée au convecteur. S'il n'y a aucune tension, reportez-vous au paragraphe « Recherche d'une panne sur un circuit », ci-après.

Si la tension est correcte, déconnectez l'appareil, puis démontez la carcasse (figure 84). Le démontage s'effectue en face avant ou en face arrière.
Vérifiez la continuité du cordon d'alimentation et le fonctionnement de l'interrupteur de commande au moyen d'un ohmmètre : déconnectez l'interrupteur, puis testez les connecteurs par paire. Certains appareils sont équipés d'un interrupteur lumineux. Dans ce cas, le nombre de connecteurs est de trois au lieu de deux. Les deux premiers font office d'interrupteurs, le troisième sert à raccorder le neutre afin d'alimenter le voyant.

Les appareils qui disposent de plusieurs allures de marche peuvent être munis également d'interrupteurs à trois connecteurs. Le troisième connecteur ne sert pas pour un voyant mais comme va-et-vient.
Si l'interrupteur fonctionne correctement, vérifiez la résistance. À l'aide d'un ohmmètre, mesurez la résistance entre les connecteurs. Une valeur infinie indique que la résistance est coupée : il convient de la remplacer. Une valeur nulle signifie que la résistance est en court-circuit : elle doit être remplacée.

Dans le cas où tous ces éléments sont corrects, la panne peut provenir du thermostat. Placez le thermostat sur la position minimale, puis testez la continuité entre les connecteurs. La valeur indiquée doit être infinie. Tournez la molette vers le maximum : un léger déclic doit retentir et la valeur indiquée par l'ohmmètre se rapprocher de zéro. Cette mesure permet de vérifier que le thermostat fonctionne manuellement.

Vérifiez ensuite qu'il fonctionne avec sa sonde de température : laissez les pointes de test sur les connecteurs, positionnez le thermostat sur zéro, puis tournez-le doucement jusqu'à ce que le déclic retentisse. À l'aide d'un briquet, chauffez la sonde du thermostat pendant quelques secondes : le thermostat se coupe, donc il fonctionne. Dans le cas contraire, remplacez-le.

Pour un appareil disposant d'une sécurité thermique, cet élément peut aussi provoquer la panne de l'appareil. Testez la continuité entre les deux connecteurs : la valeur doit être proche de zéro. Sinon, remplacez la sécurité ainsi que le thermostat.

Figure 84 : Un convecteur ne chauffe plus ▶

Un convecteur ne chauffe plus

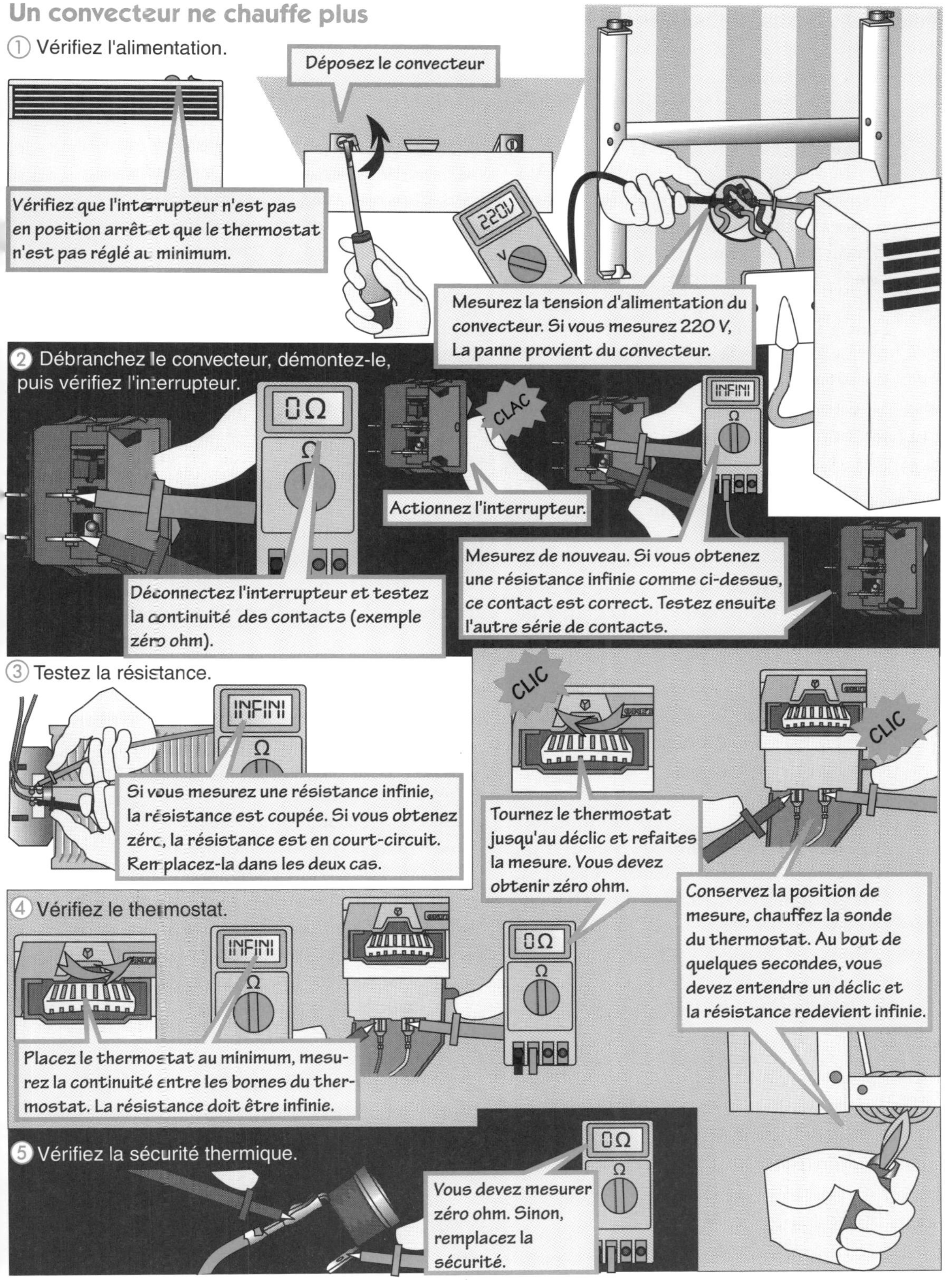

Dans le cas d'un convecteur à thermostat électronique, on notera la présence d'un troisième fil, noir, dans le cordon d'alimentation. Ce fil dit pilote sert à transmettre des informations. Commencez par le déconnecter : le convecteur chauffe de nouveau, cela indique que le convecteur était programmé en mode réduit ou hors gel par le fil pilote ; le convecteur ne chauffe pas, déconnectez-le, puis vérifiez-le.

Les tests valables dans le cas d'un convecteur classique ne sont pas possibles avec les convecteurs à régulation électronique, car tous les éléments sont intégrés dans un boîtier unique. Vous ne pouvez tester que le bon fonctionnement de la résistance et de la sécurité thermique. Si ces deux éléments sont corrects, il faut changer l'intégralité du boîtier électronique.

En ce qui concerne les appareils de chauffage à bain d'huile, plusieurs interrupteurs à voyant permettent généralement de sélectionner la puissance de chauffe. Il est donc nécessaire de tester chaque bouton. La résistance est légèrement différente de celle d'un convecteur, en effet l'élément chauffant intègre généralement deux résistances (figure 85).

Un appareil chauffe trop

Ce dysfonctionnement est dû au thermostat. Il convient de le remplacer, ainsi que la sécurité thermique si l'appareil en est équipé. Dans le cas d'un convecteur ou d'un panneau rayonnant à régulation électronique, il faut changer l'intégralité du boîtier de régulation.

Un appareil est en défaut d'isolement

Vous pouvez constater ce défaut en mesurant la résistance entre les conducteurs d'alimentation et le conducteur de terre. Dans le cas d'un appareil de classe II non équipé de fil de terre, mesurez la résistance entre les conducteurs d'alimentation et la carcasse métallique de l'appareil, par exemple sur une vis de fixation.
Si le défaut est confirmé, démontez l'appareil, vérifiez qu'aucun conducteur n'est en mauvais état ou n'entre en contact avec la carcasse de l'appareil. Sinon, vérifiez la résistance.
En cas de court-circuit, procédez aux mêmes vérifications que précédemment.

L'entretien des appareils de chauffage

Afin d'éviter les pannes de vos appareils de chauffage et les accidents, quelques règles s'imposent :
— ne couvrez jamais la grille d'un convecteur, même pour faire sécher un linge humide ;
— lors de l'installation de rideaux ou de voilages, prévoyez un espace minimal de 10 cm au-dessus de la grille du convecteur ;
— dépoussiérez régulièrement les grilles haute et basse des convecteurs au moyen d'un aspirateur afin de faciliter la circulation de l'air.

La recherche d'une panne sur un circuit de chauffage

Une recherche s'impose en cas d'absence d'alimentation dans la boîte de connexion. Cette absence peut être due aux

Le radiateur à bain d'huile

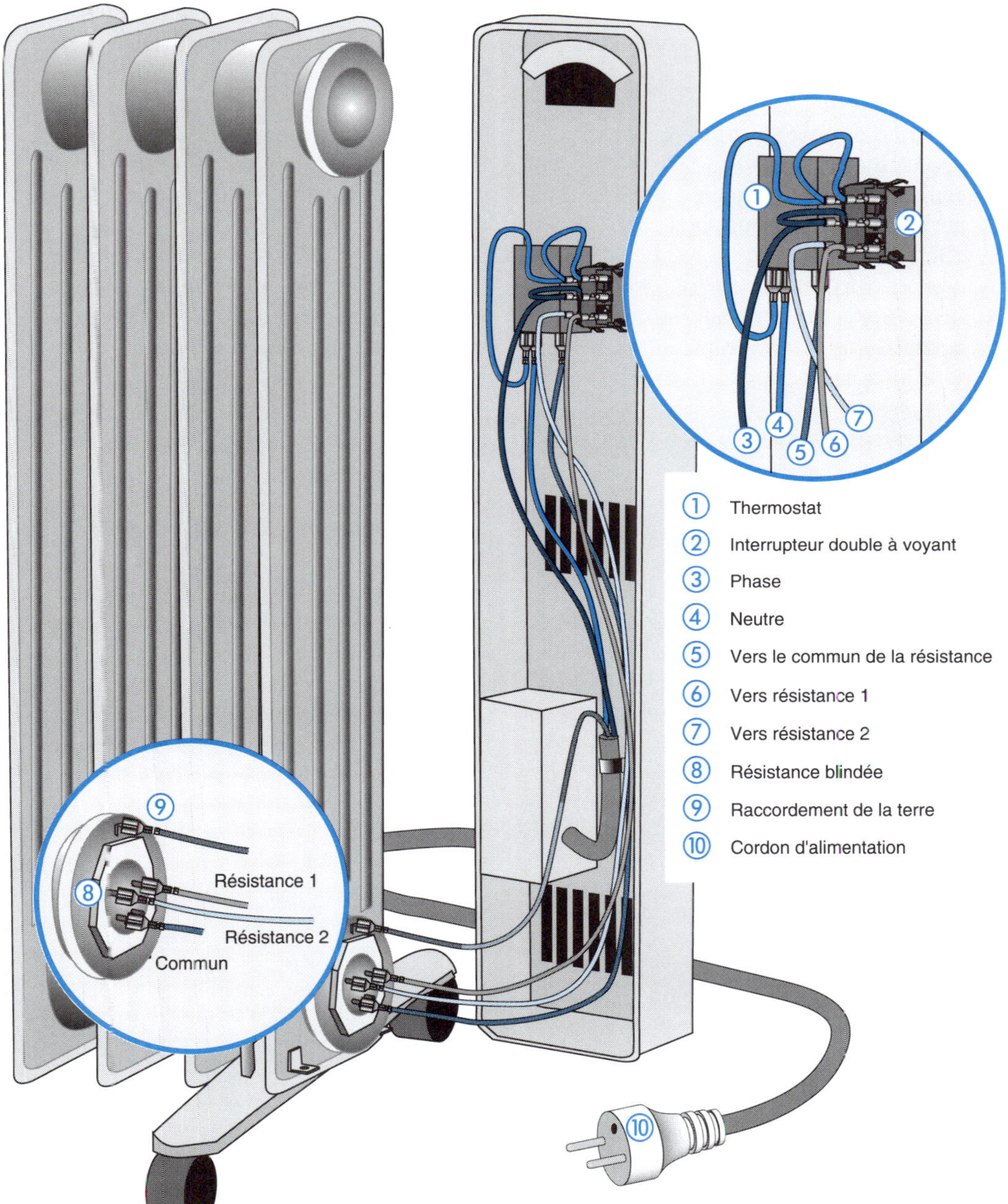

Figure 85 : Les radiateurs à bain d'huile

dispositifs de protection, à une mauvaise connexion ou à la régulation.

Les appareils de chauffage alimentés en direct

Le raccordement électrique en direct d'un appareil de chauffage (figure 86) est équivalent à celui d'un chauffe-eau (voir page 130). Le premier point à vérifier est l'état du dispositif de protection. S'il est correct, vérifiez les raccordements dans les boîtes de connexion des autres appareils de la même pièce : il se peut qu'une seule ligne ait été tirée pour alimenter plusieurs appareils. Assurez-vous également que l'installation électrique ne comporte pas de délesteur. Un délesteur est un appareil qui permet de souscrire un contrat EDF moins important que celui correspondant à la somme des puissances des appareils de l'installation. Il évite de dépasser la puissance souscrite et donc le déclenchement du disjoncteur.
Le délesteur répartit les circuits de l'installation en circuits prioritaires (éclairage, prises de courant, appareils de cuisson et gros électroménager) et en

Le raccordement d'un convecteur en direct

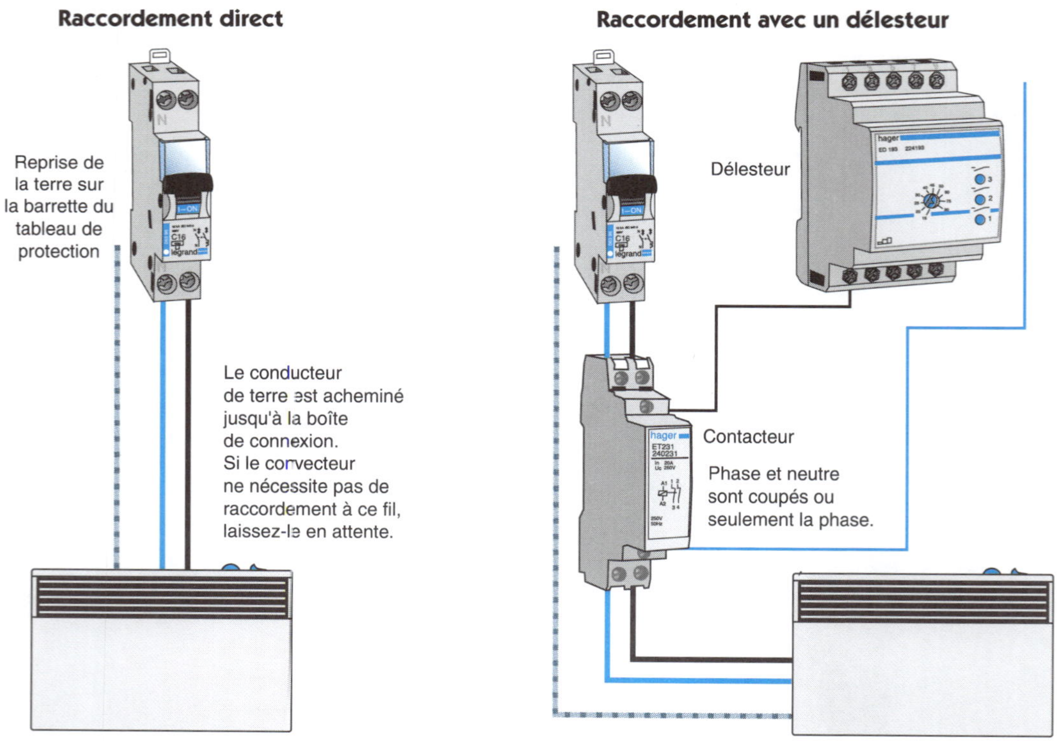

Figure 86 : Divers types de raccordement direct de convecteurs

circuits non prioritaires, c'est-à-dire les appareils de chauffage et chauffe-eau électriques.
Si tous les appareils de chauffage fonctionnent et que vous mettez en service les plaques de cuisson, par exemple, le délesteur coupe l'alimentation d'un ou de plusieurs circuits de chauffage afin de ne pas dépasser la puissance souscrite. Il les remettra en service à l'arrêt des plaques de cuisson.

Si vous êtes équipé d'un délesteur, il est normal que, parfois, les appareils de chauffage ne fonctionnent pas, même si la température ambiante l'exige.
Généralement, le délesteur transmet les ordres de coupure à la bobine d'un contacteur. Vérifiez éventuellement le bon fonctionnement de ce contacteur.

Pour les appareils à thermostat électronique et à fil pilote, le délesteur transmet ses ordres directement par le fil pilote. C'est pourquoi il est utile de débrancher en premier lieu ce fil pour vérifier le fonctionnement d'un convecteur de ce type (voir les paragraphes précédents). Attention ! Ce fil peut être sous tension (220 V).

Le raccordement d'un convecteur avec une régulation

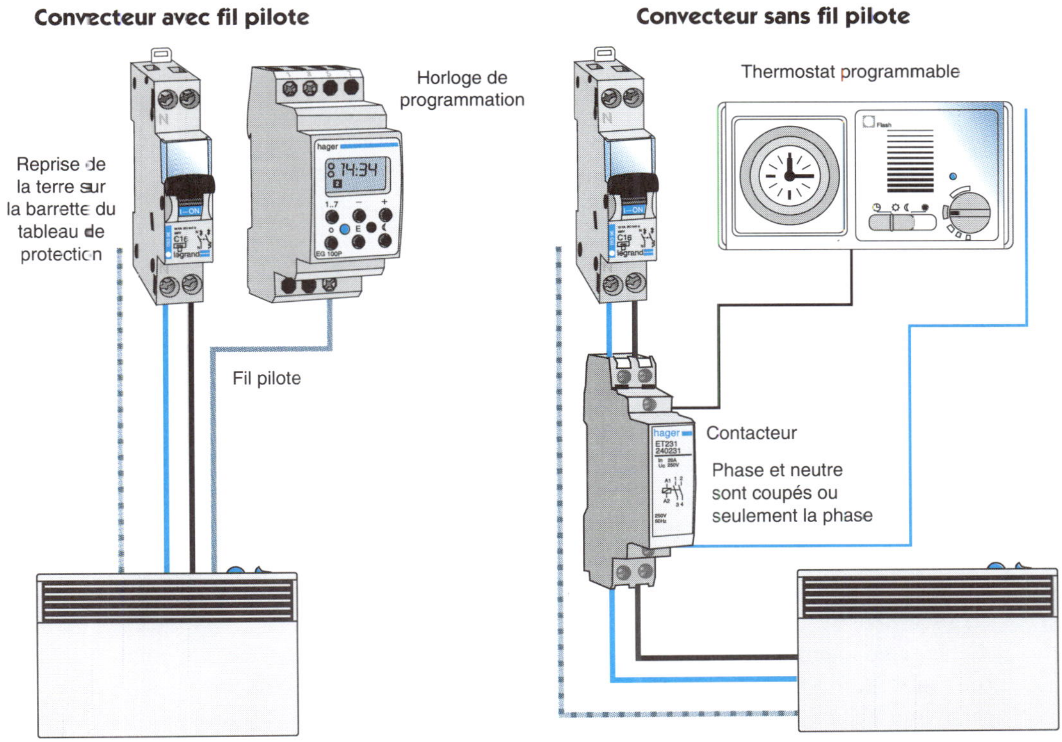

Figure 87 : Le raccordement d'un chauffage avec régulation

Les appareils de chauffage régulés

Les appareils de chauffage peuvent être asservis à un programmateur ou à une régulation centralisée (figure 87). La programmation contrôle les convecteurs ou autres appareils par l'intermédiaire de contacteurs ou d'un fil pilote. Certaines régulations permettent de piloter distinctement plusieurs zones de l'habitation.
Dans le cas d'un chauffage régulé, la recherche de la panne est plus délicate, car il faut s'assurer du bon fonctionnement du programmateur et des contacteurs de commande.

Les luminaires

Les luminaires sont tous les dispositifs qui permettent de raccorder les ampoules à l'installation électrique. Au premier abord, ce sont des appareils rudimentaires. Cependant, par leur constitution même, ils multiplient les raccords et donc les risques de pannes. Chaque type de luminaire présente ses spécificités que nous allons présenter dans les paragraphes qui suivent.
Un luminaire se compose d'une structure, de conducteurs et d'un système de douille pour l'adaptation d'une ampoule. L'ampoule de certains luminaires n'est pas alimentée en 220 V ; d'autres dispositifs sont alors nécessaires.
Dorénavant, la norme exige que tous les luminaires fixes soient raccordés par l'intermédiaire d'une boîte de connexion (figure 88) et que toutes les lignes d'éclairage soient équipées d'un conducteur de terre. Si vous restaurez un luminaire ancien, profitez-en pour rajouter un conducteur de terre connecté sur les parties métalliques.
Par conséquent, soyez très prudent si vous

Le raccordement d'un luminaire

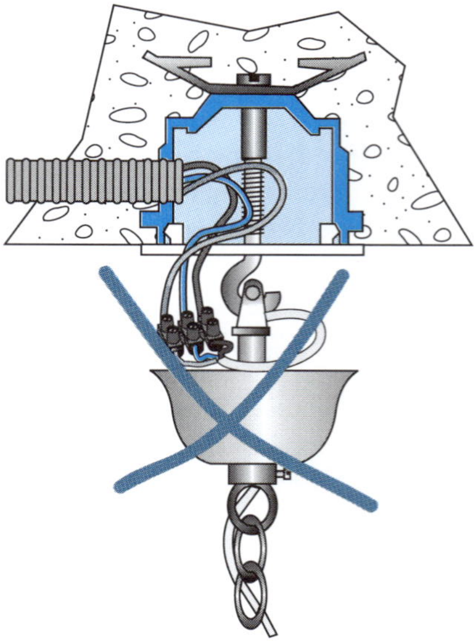

Raccordement dans le pavillon (incorrect)

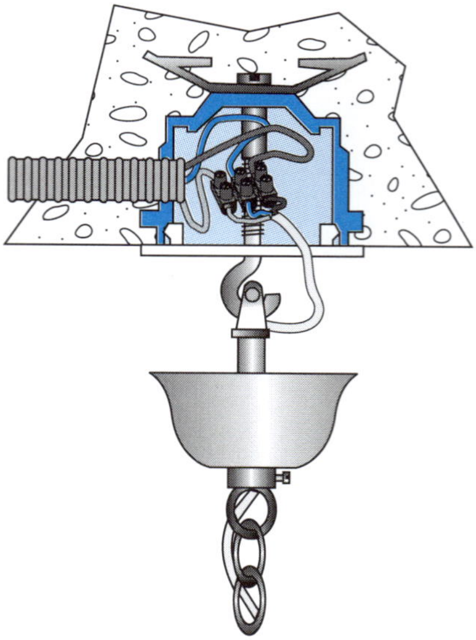

Raccordement dans la boîte de plafond

Figure 88 : Le raccordement des luminaires

intervenez sur un luminaire ancien comportant des parties métalliques, car le défaut d'isolement est fort probable.

Les suspensions

Les suspensions à une lampe

La constitution de ces suspensions

On distingue deux types de suspension moderne, en fonction du poids de la verrerie (figure 89). Les plus simples, pour des verreries légères, comprennent une douille et un câble. Celui-ci est relié au crochet du plafond par le biais d'une chape de suspension. Le raccordement est masqué par un pavillon en plastique. La douille est équipée d'un serre-câble dont la fonction est d'empêcher le coulissement et l'arrachement du câble. La verrerie est fixée sur la douille au moyen d'une bague ou d'une griffe munie d'une vis de serrage. La douille peut être en plastique ou en laiton.

Les suspensions à une lampe

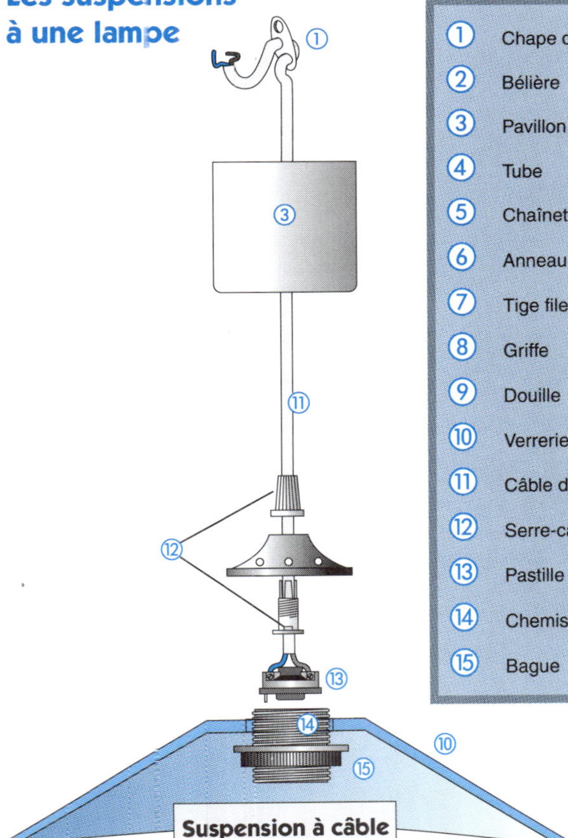

1. Chape de suspension
2. Bélière
3. Pavillon avec vis d'arrêt
4. Tube
5. Chaînette
6. Anneau
7. Tige filetée
8. Griffe
9. Douille
10. Verrerie
11. Câble d'alimentation
12. Serre-câble
13. Pastille
14. Chemise filetée
15. Bague

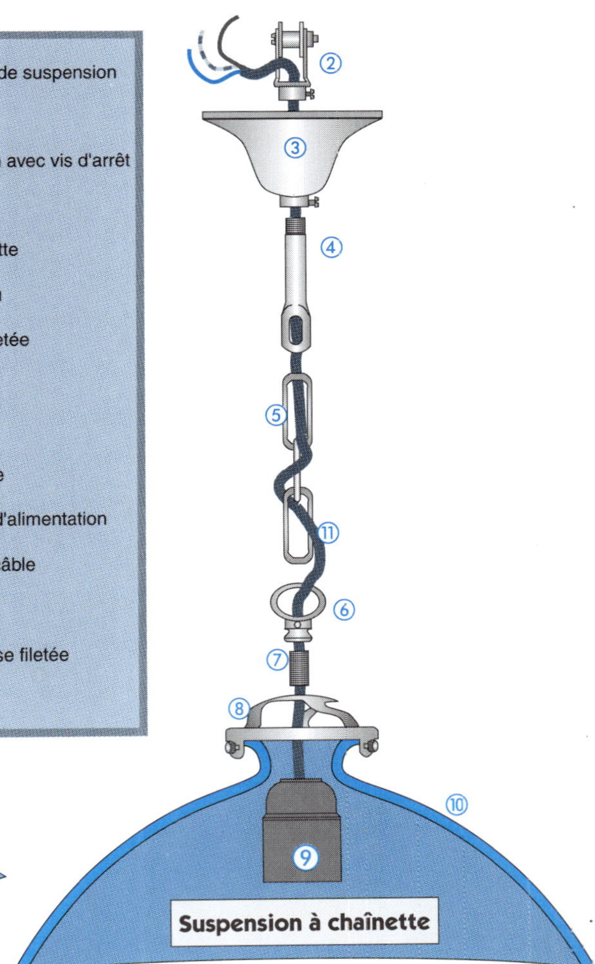

Figure 89 : Les suspensions à une lampe

Pour des verreries plus importantes, le câble ne peut soutenir l'ensemble : le recours à une chaînette est alors indispensable. Ce type de suspension se compose d'une bélière avec tube et pavillon, une chaînette et un anneau cranté. La fixation de la verrerie est assurée par la bague de la douille ou par une griffe.

Les pannes des suspensions à une lampe

Lorsqu'un luminaire ne fonctionne plus, la première vérification à effectuer concerne l'ampoule : si elle est grillée, remplacez-la (figure 90). Pour certaines ampoules opaques, il est difficile de juger de l'état de leur filament à l'œil nu. Dans ce cas, testez l'ampoule au moyen d'un ohmmètre : la valeur zéro indique que l'ampoule est en court-circuit ; une valeur infinie indique que le filament est détruit. Si l'ampoule est hors de cause, passez à la vérification de l'alimentation du luminaire (voir figure 65, page 106).

La panne la plus fréquente sur ces appareils provient du raccordement au niveau de la douille (figure 91). En effet,

Figure 91 : La réparation d'u[...] suspension à une lam[...]

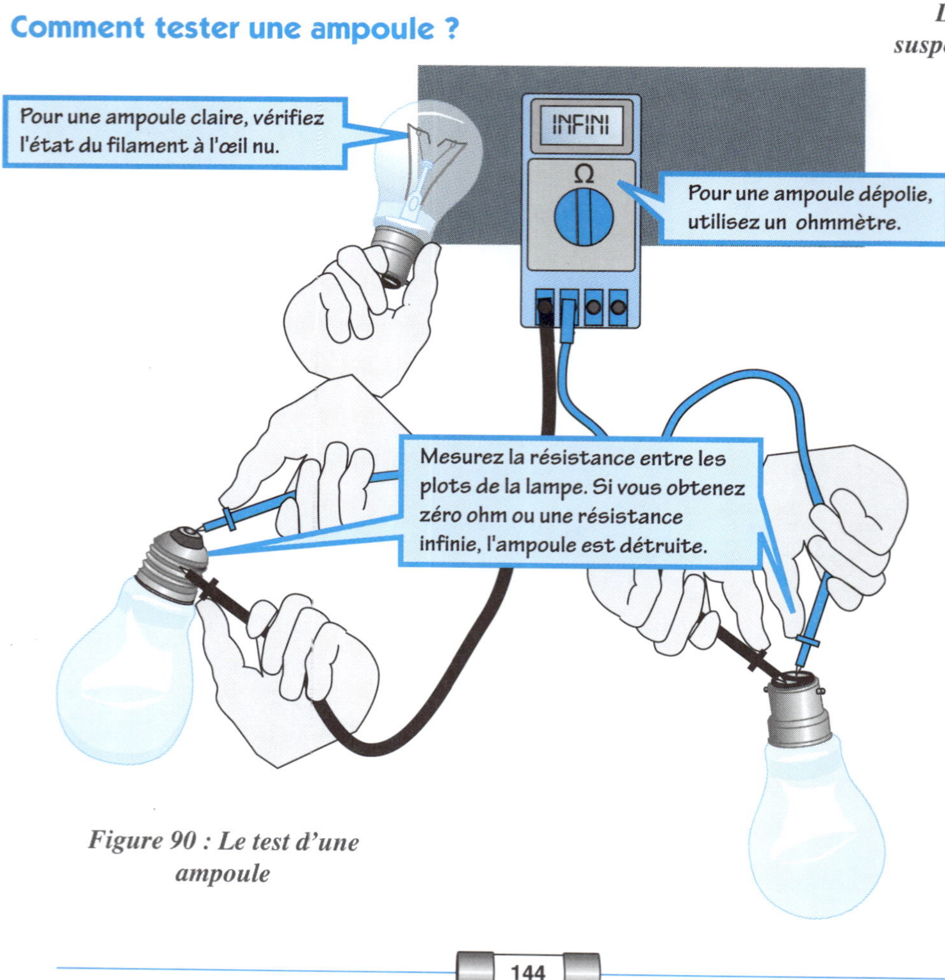

Figure 90 : Le test d'une ampoule

Les douilles

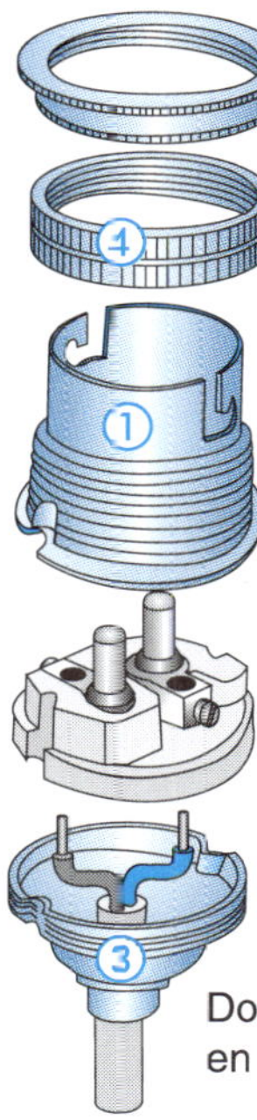

Douille B22
en laiton

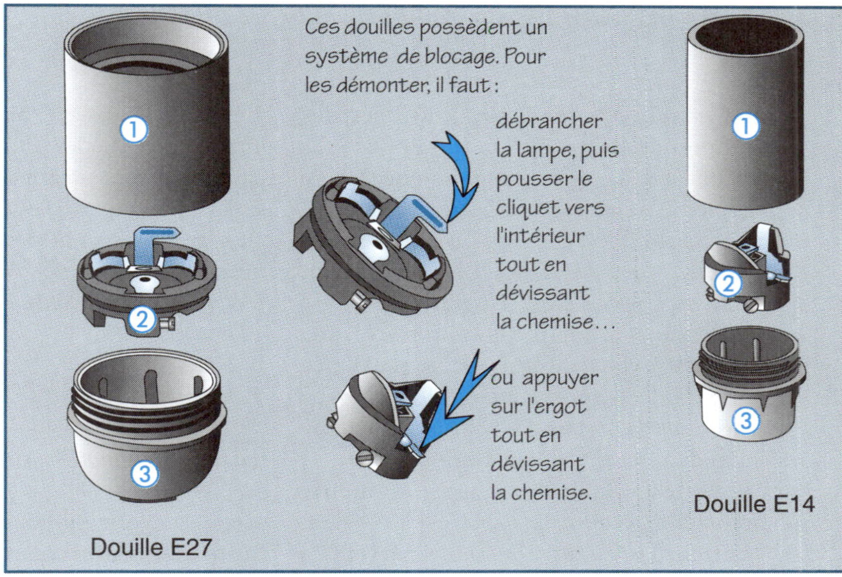

① Chemise ② Pastille ③ Culot ④ Bague

Comment remplacer une douille ?

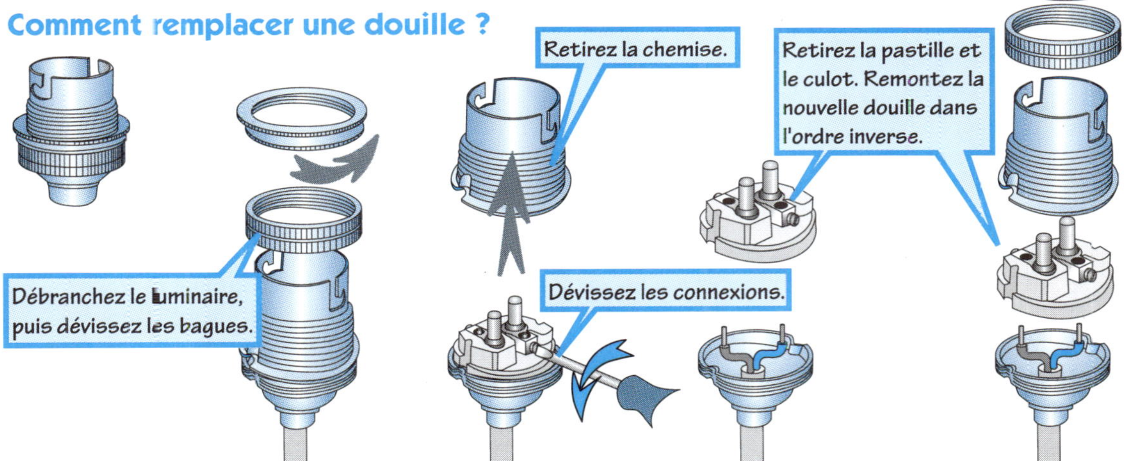

Si le câble est calciné

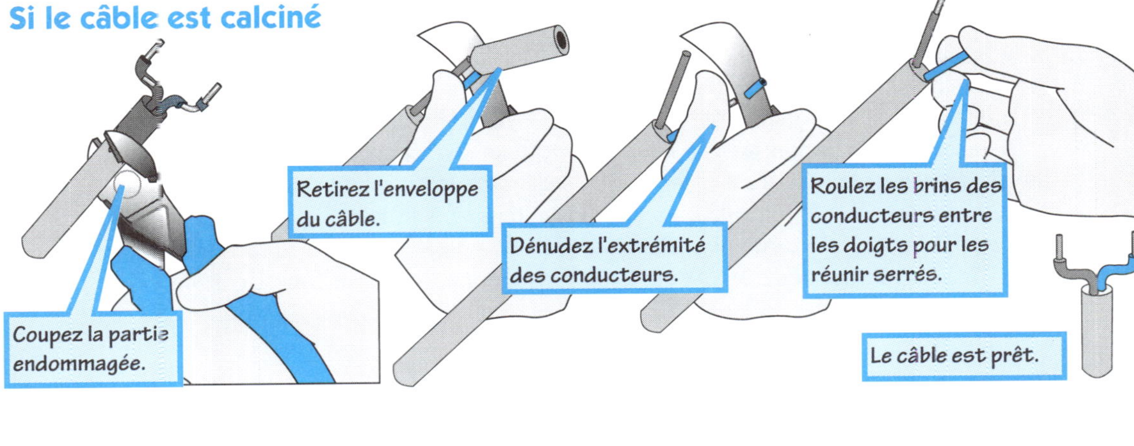

on a toujours tendance à utiliser des ampoules trop puissantes pour ces luminaires, ce qui a pour conséquence de brûler l'isolant des fils dans la douille. Le court-circuit n'est pas à exclure dans ce cas, voire un défaut d'isolement pour les suspensions avec chaînette.
Lors de l'achat d'un luminaire, une étiquette vous informe de la puissance maximale recommandée. Ne dépassez pas cette puissance, car vous risqueriez d'endommager le luminaire.
Pour les suspensions sans chaînette, c'est-à-dire dont le câble est l'élément porteur, on peut constater parfois la coupure du conducteur due à l'étirement engendré par le poids de la verrerie.
Le démontage d'une douille en laiton ne présente pas de difficulté particulière : il suffit de dévisser les bagues.

Pour les douilles en plastique, de plus en plus répandues, il existe une astuce. En effet, ces douilles, généralement destinées aux ampoules à vis, sont munies d'un cliquet qui empêche la douille d'être entraînée lorsque l'on dévisse l'ampoule. Il faut donc tordre ou enfoncer le cliquet avant de dévisser la chemise de la douille. Ces douilles existent aussi pour des ampoules à baïonnette. Dans ce cas, elles ne comportent pas de cliquet.

Après le démontage de la douille, si les fils apparaissent calcinés, remplacez la douille, coupez le câble au niveau de la partie saine, puis montez la nouvelle douille sur le câble. Attention ! N'oubliez pas le serre-câble, sinon les fils risquent de s'arracher et de faire tomber la douille et la verrerie.
Si les fils paraissent corrects dans la douille, la panne peut être due à la dilatation des contacts de la douille sous l'effet de la chaleur (ampoule trop forte). Il suffit alors de les tordre légèrement afin qu'ils assurent un contact correct avec le culot de l'ampoule. Si cela ne fonctionne pas, remplacez la douille. Ce type de panne peut survenir dans une douille à vis ou à baïonnette.

Les lustres

La constitution des lustres

Cette catégorie de luminaire regroupe les suspensions à plusieurs lampes de tous styles (figure 92). La partie supérieure du luminaire est identique à une suspension à chaînette. La structure inférieure comporte plusieurs lampes réparties en fonction du style du luminaire.
Le câble d'alimentation est relié à un point de raccordement situé dans le corps du lustre, la boîte de lustre, où se reprennent les alimentations des divers bras du luminaire. Généralement, les fils d'alimentation passent à l'intérieur des bras.
Les fils d'alimentation de certains lustres à cristaux d'époque sont fixés sur les bras à l'aide de fils en laiton.
Les supports des lampes peuvent adopter tous les styles et formes imaginables : fausses bougies, verreries, etc.

Les pannes des lustres et leurs remèdes

Si plus aucune ampoule ne fonctionne, vérifiez en premier lieu que l'alimentation est correcte. Si tel est le cas, déposez le lustre, puis vérifiez les fileries, notamment le câble d'alimentation.
Dans le cas où seule une ampoule ne fonctionne plus, vérifiez l'état de celle-ci ainsi que l'état de la douille. Si ces

Les lustres

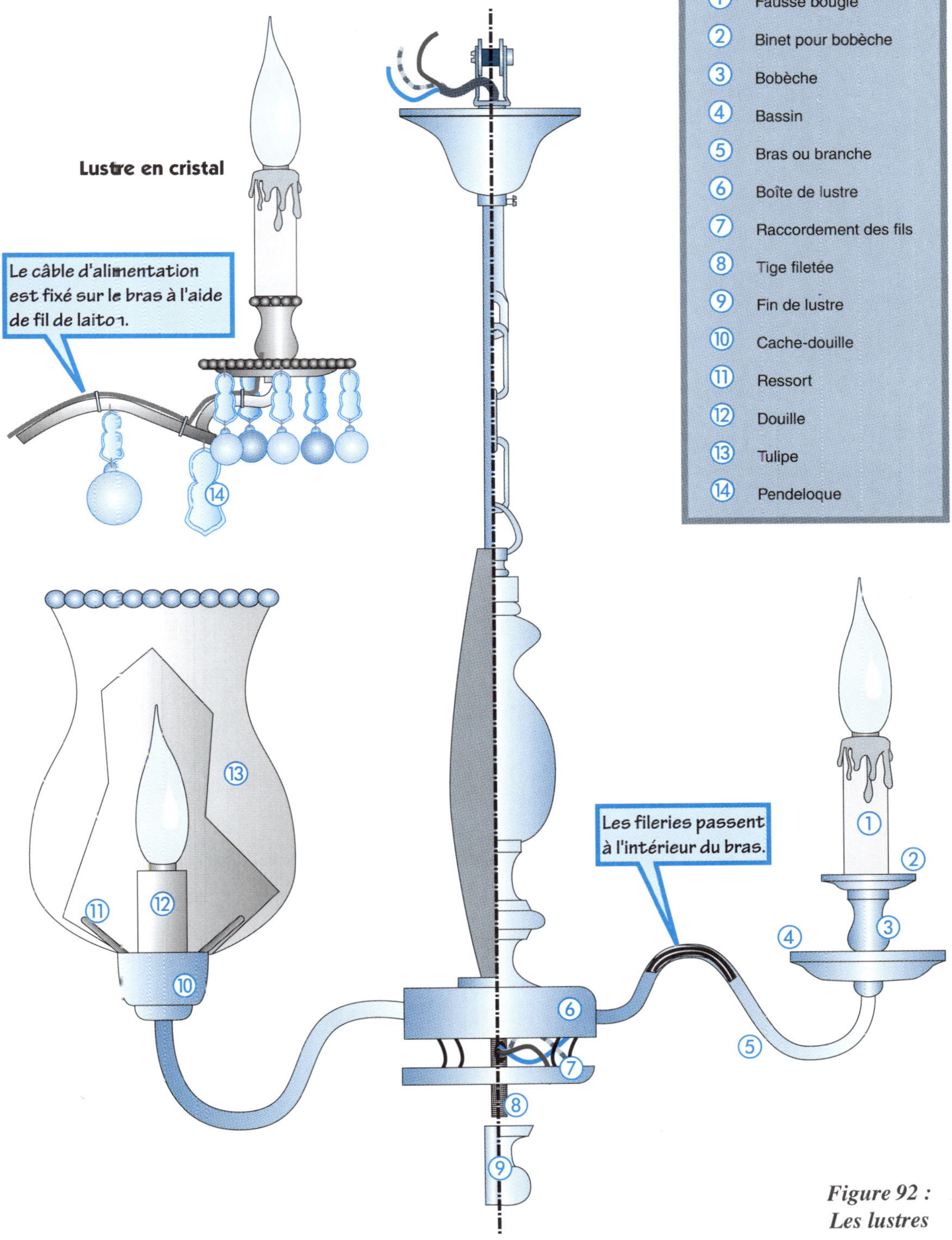

Figure 92 : Les lustres

Le remplacement d'une fausse bougie

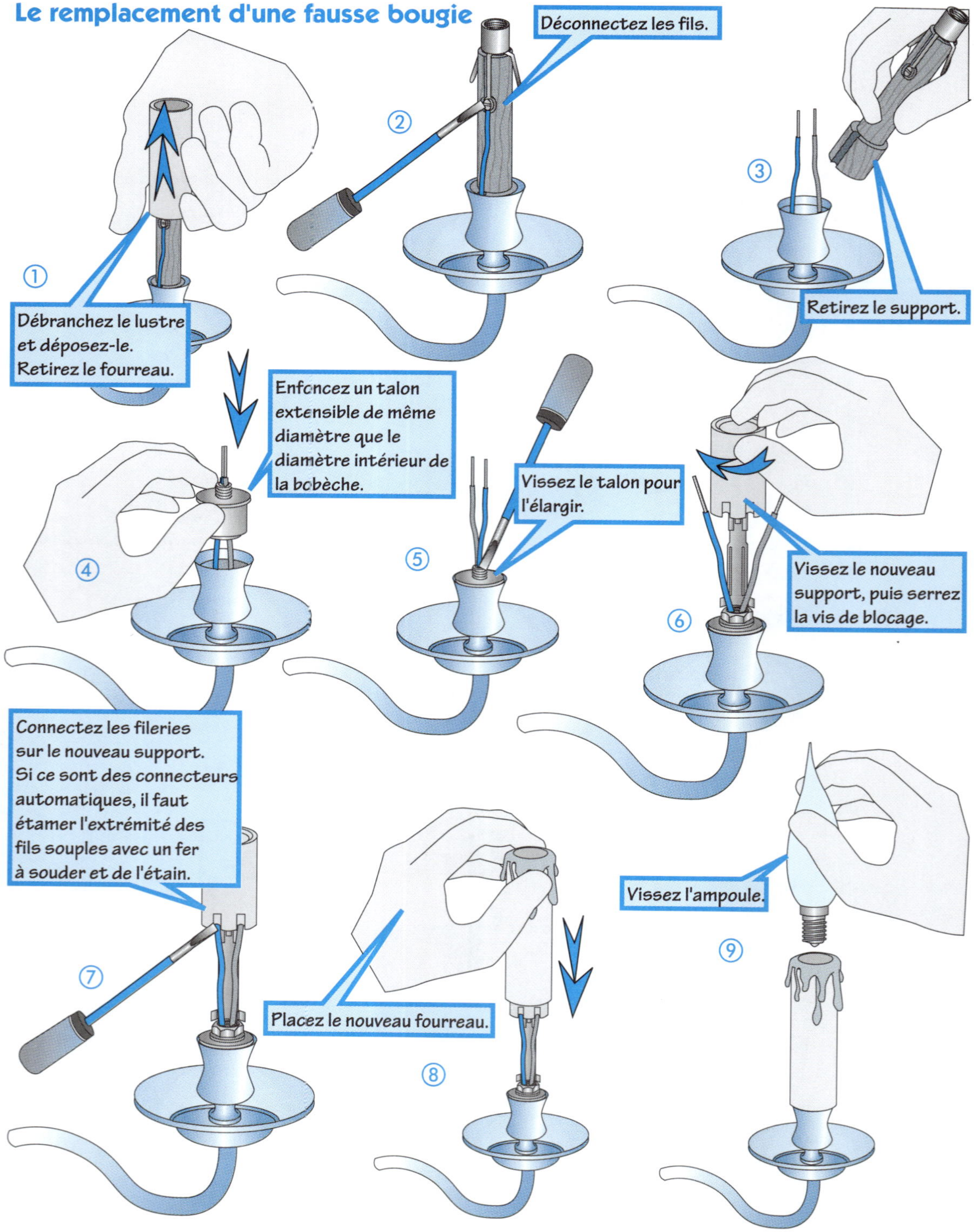

Figure 93 : Le remplacement d'une fausse bougie

vérifications sont infructueuses, vérifiez que le câble reliant la douille au câble d'alimentation général n'est pas coupé. Pour les luminaires anciens dont les lampes sont montées sur de fausses bougies, il est souvent nécessaire de remplacer le support avec douille ainsi que le fourreau de la bougie (figure 93).

Les différents pas de vis existants pour les luminaires risquent d'être une source de difficultés. En effet, les douilles des luminaires anciens étaient montées sur des filetages appelés « pas des becs », voire sur des modèles encore plus anciens connus sous le nom de « pas de Paris ». Désormais, les douilles sont taraudées au pas de vis international 10 x 1. Dans les magasins spécialisés, vous trouverez des adaptateurs permettant de passer d'un pas à un autre (figure 94).

En cas de court-circuit ou de défaut d'isolement sur un lustre, outre les douilles, il est nécessaire de vérifier toute la filerie du luminaire. Une filerie ancienne dont l'isolant est endommagé et cassant devra être intégralement remplacée. Cette opération s'avère délicate lorsque les conducteurs électriques passent dans la structure du lustre. Deux méthodes sont possibles (figure 95) :

— la première méthode consiste à souder un nouveau câble au câble existant et à s'en servir comme aiguille pour passer le câble de remplacement ;
— la seconde, si le câble est cassé ou trop court, consiste à retirer le câble, talquer le conduit du lustre, puis passer une aiguille constituée d'un fil de laiton ou d'un fil d'acier identique à celui que l'on trouve dans les gaines électriques.

Accrochez fermement le nouveau câble à l'aiguille, puis tirez pour le faire passer dans le conduit.

Une fois le câble passé, réalisez les connexions. Pour l'équipement interne, on utilise généralement des câbles de type méplat de faible section (2 x 0,40 mm^2 à 2 x 0,75 mm^2). Le câble d'alimentation général doit être à double isolation, de type H03 VV-F, H05 VV-F. Pour des luminaires de style, vous pouvez choisir des câbles recouverts d'une tresse en

Exemples de raccords de réduction en lustrerie

Raccord de réduction, pas de Paris, pas des becs

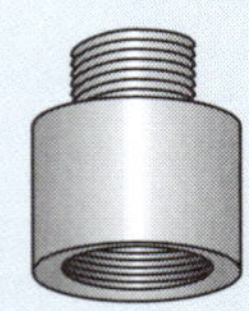

Raccord femelle pas de Paris, mâle pas des becs

Raccord femelle pas des becs, mâle 10 x 1

Figure 94 :
Les adaptateurs pour pas de vis

Le remplacement des fileries dans un lustre

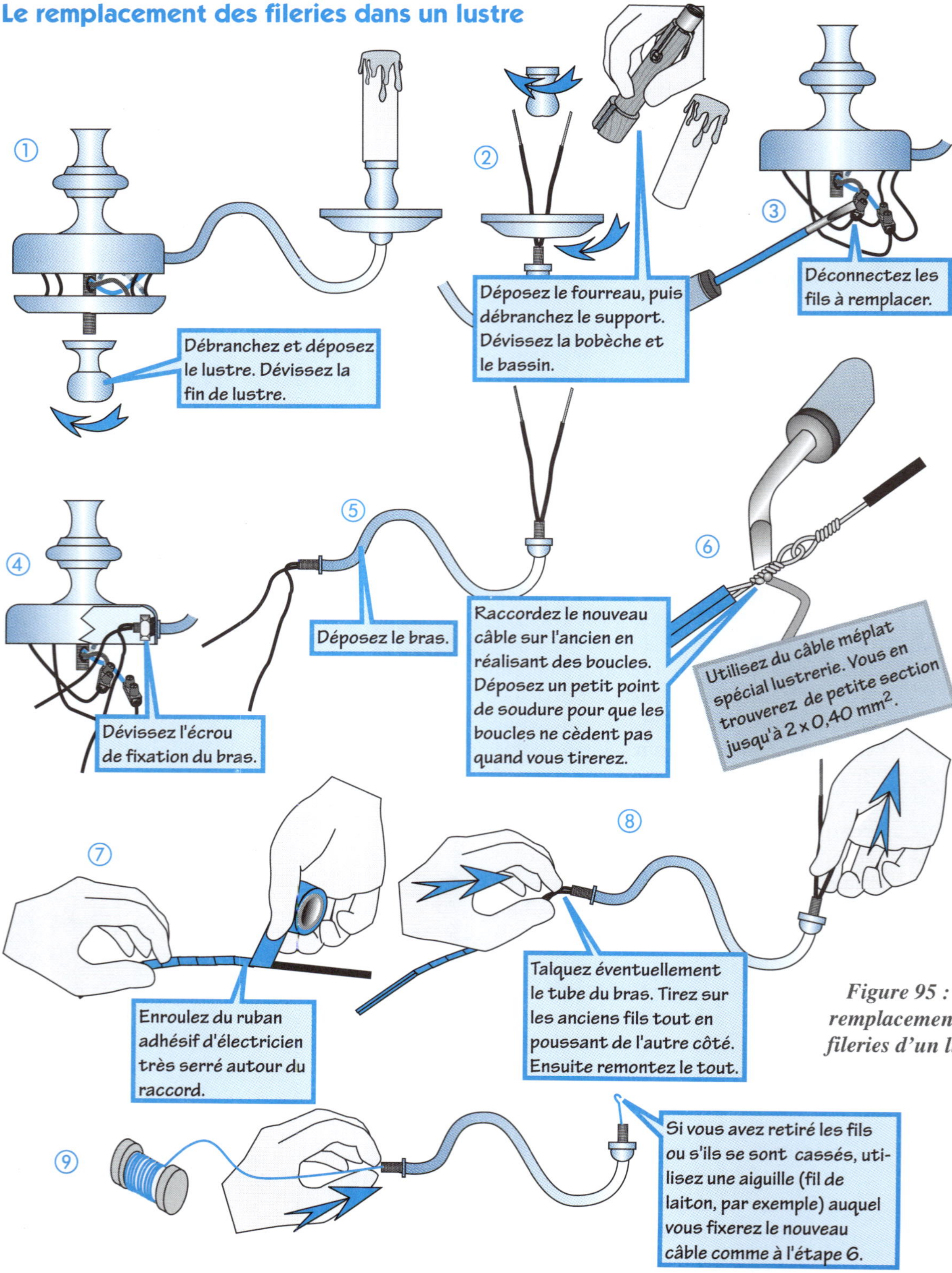

Figure 95 : Le remplacement d fileries d'un lus

rayonne de type SVT ou SVOTM.
Si le lustre que vous rénovez n'est pas équipé de la terre, profitez-en pour incorporer un fil de terre au câble d'alimentation général. Connectez-le sur une partie métallique du luminaire par l'intermédiaire d'une vis ou d'une cosse à sertir.

Les lampes à poser

La constitution des lampes à poser

L'équipement électrique d'une lampe à poser (figure 96) est rudimentaire : il consiste en une douille avec un fil de raccordement muni d'une fiche à son extrémité et d'un interrupteur de fil souple. Différents systèmes sont utilisés pour fixer la douille sur le pied de lampe (voir le paragraphe « Le montage d'une lampe », ci-après). Le type de la douille peut être à grosse vis (E27), à petite vis (E14) ou à baïonnette (B22).
Le câble d'alimentation peut pénétrer dans la douille par-dessous, en passant par le pied de la lampe, sur le côté, par un percement prévu à cet effet dans le culot de la douille, ou par un passe-fil.

Les pannes des lampes à poser et leur remède

La panne ne peut provenir que des trois éléments principaux, à savoir, la douille, l'interrupteur ou la fiche.
Lorsqu'une lampe ne fonctionne plus, vérifiez tout d'abord la prise de courant, puis l'ampoule. Ensuite, démontez la douille et contrôlez son raccordement. Si l'ensemble s'avère correct, la panne provient de la fiche ou de l'interrupteur. Démontez ces deux éléments, puis vérifiez leurs raccordements.
Les lampes modernes sont souvent équipées de cordons prémontés dont il est impossible d'ouvrir la fiche et l'interrupteur moulés. Auquel cas remplacez l'ensemble du cordon avec sa fiche et son interrupteur.
Pour remplacer uniquement l'interrupteur, coupez le cordon, dénudez les extrémités du câble, puis raccordez le nouvel interrupteur. Pour une prise de courant, la méthode est identique (figure 97).

Le montage d'une lampe

Il est possible de monter soi-même une lampe grâce à plusieurs systèmes présentés ci-après (figure 98).
Pour équiper une bouteille ou un vase à collet étroit, utilisez un talon extensible ou pneu. Ce dispositif est pourvu d'une vis et d'une rondelle en caoutchouc. Le serrage de la vis provoque l'écrasement de la rondelle qui adhère au goulot de la bouteille.
Pour équiper un vase, utilisez un bilame, qui s'écarte dans la partie évasée du récipient et sur lequel se fixent le dessus du vase et la douille.
Pour un vase percé, utilisez la même technique que celle présentée à la figure 96. La tige filetée peut éventuellement traverser tout le récipient.
Il faut ensuite équiper le pied de lampe d'une douille à baïonnette ou à vis à sortie latérale. Vous pouvez également employer un passe-fil. La douille doit être équipée d'un système d'arrêt de traction.
Les lampes à pétrole anciennes peuvent également être rééquipées. Il existe des transformateurs pétrole / électricité tout équipés qui se posent en remplacement du bec de lampe.

L'équipement d'une lampe à poser

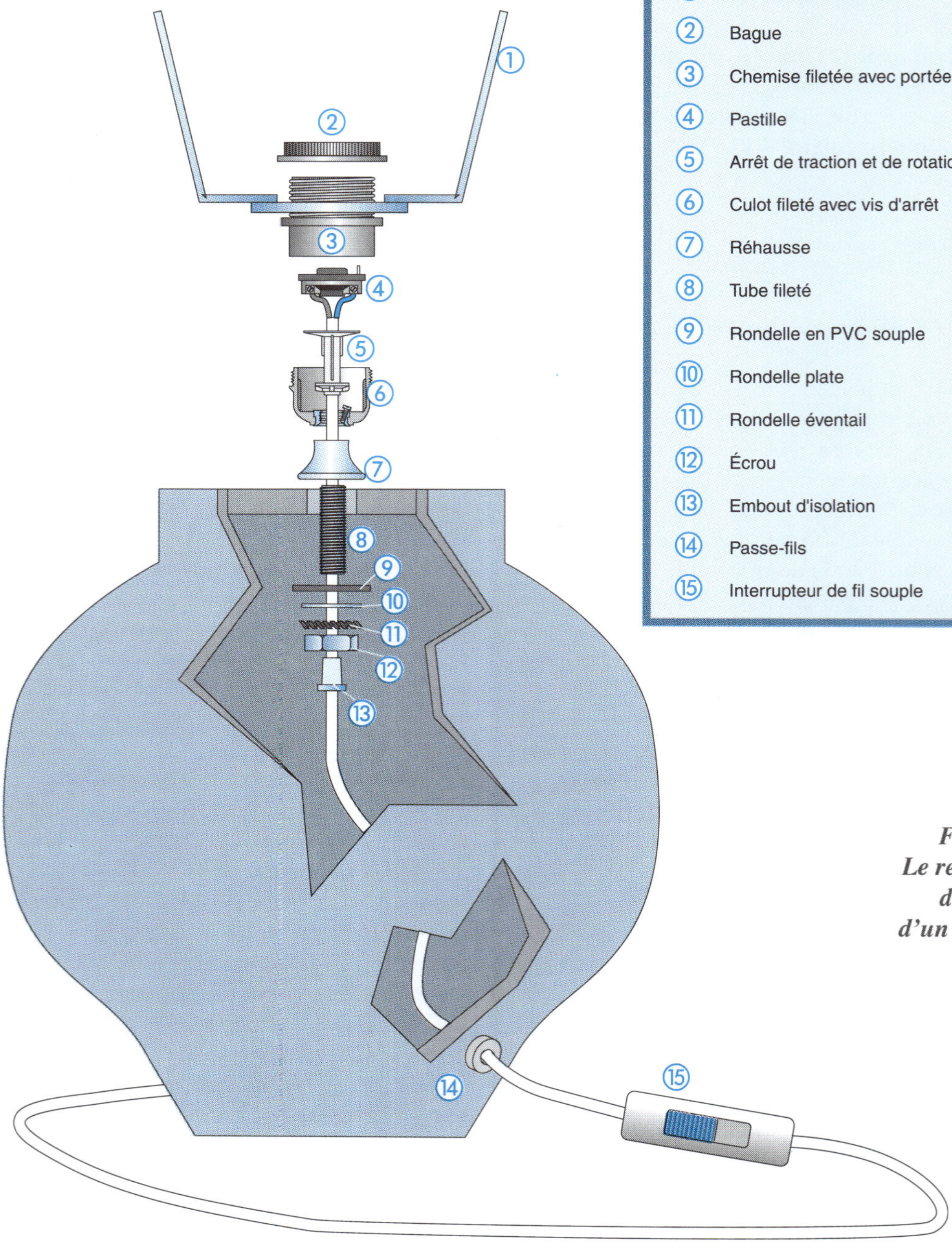

1. Structure de l'abat-jour
2. Bague
3. Chemise filetée avec portée
4. Pastille
5. Arrêt de traction et de rotation
6. Culot fileté avec vis d'arrêt
7. Réhausse
8. Tube fileté
9. Rondelle en PVC souple
10. Rondelle plate
11. Rondelle éventail
12. Écrou
13. Embout d'isolation
14. Passe-fils
15. Interrupteur de fil souple

Figure 97 :
Le remplaceme
d'une fiche
d'un interrupte

Figure 96 : Les lampes à poser

Comment remplacer une fiche mâle 6 A ?

① Supprimez l'ancienne fiche, puis dénudez le câble.

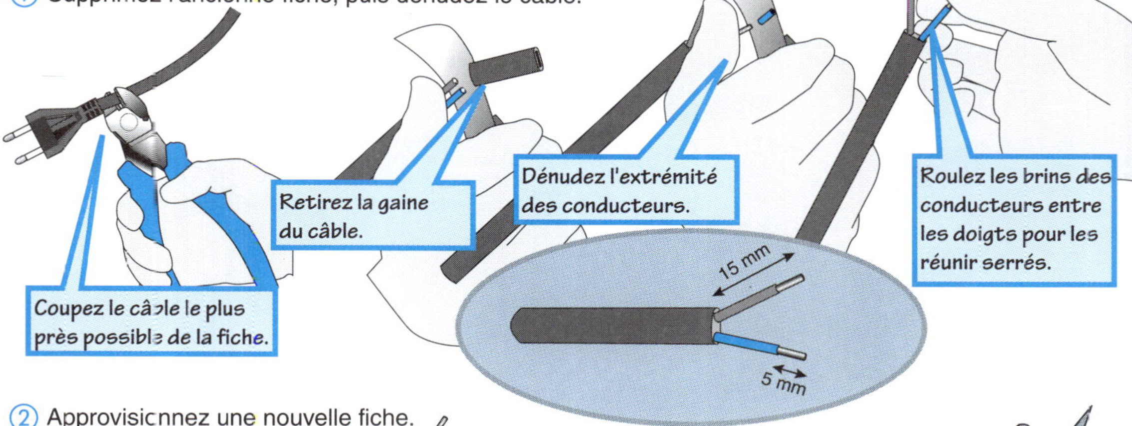

② Approvisionnez une nouvelle fiche.

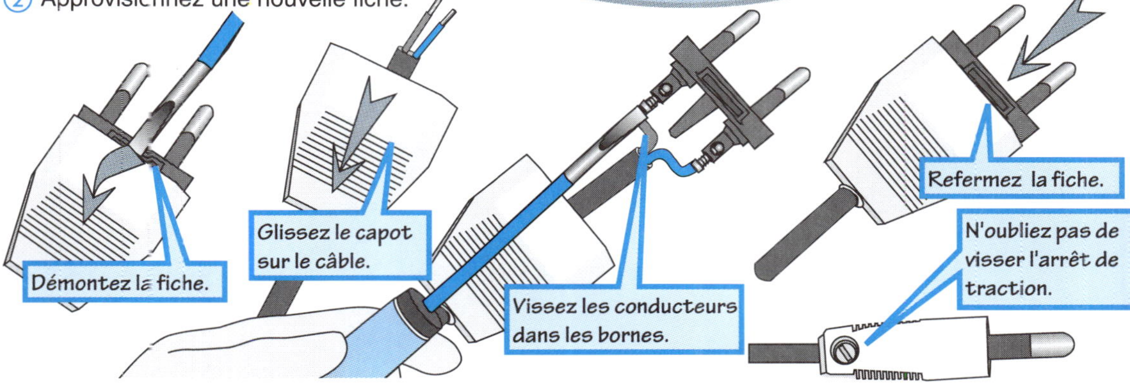

Comment remplacer un interrupteur de fil souple ?

① Débranchez l'appareil, supprimez l'ancien interrupteur, puis dénudez les deux extrémités du câble.

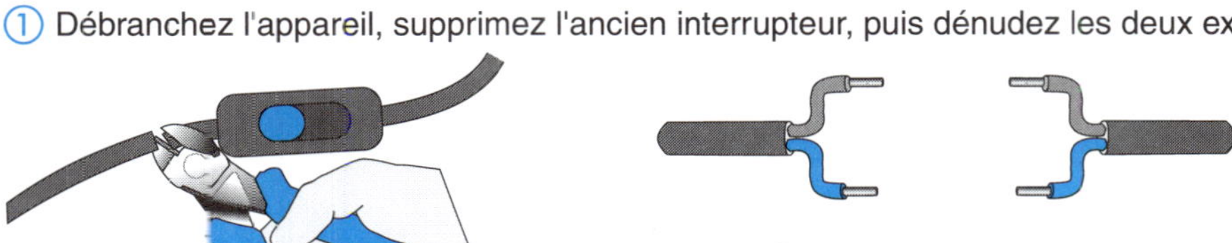

② Approvisionnez un nouvel interrupteur.

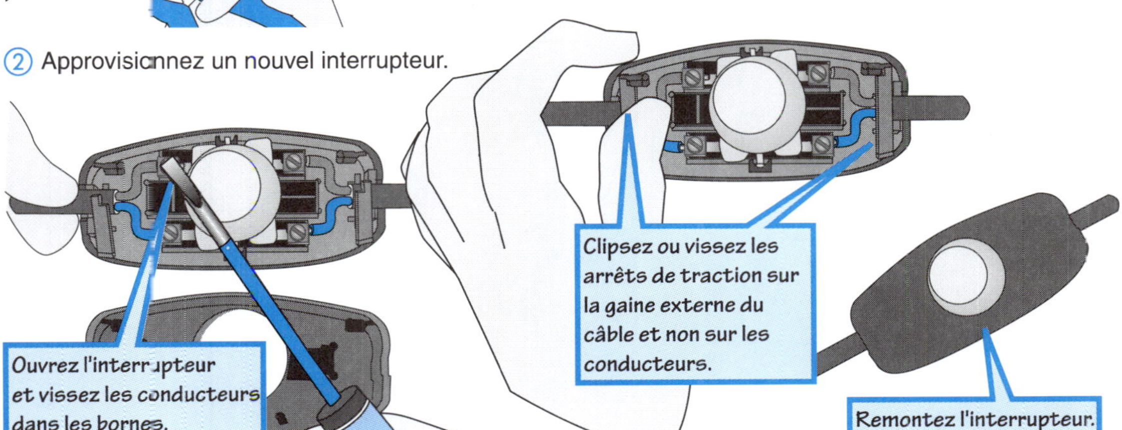

Quelques exemples de montage de lampes

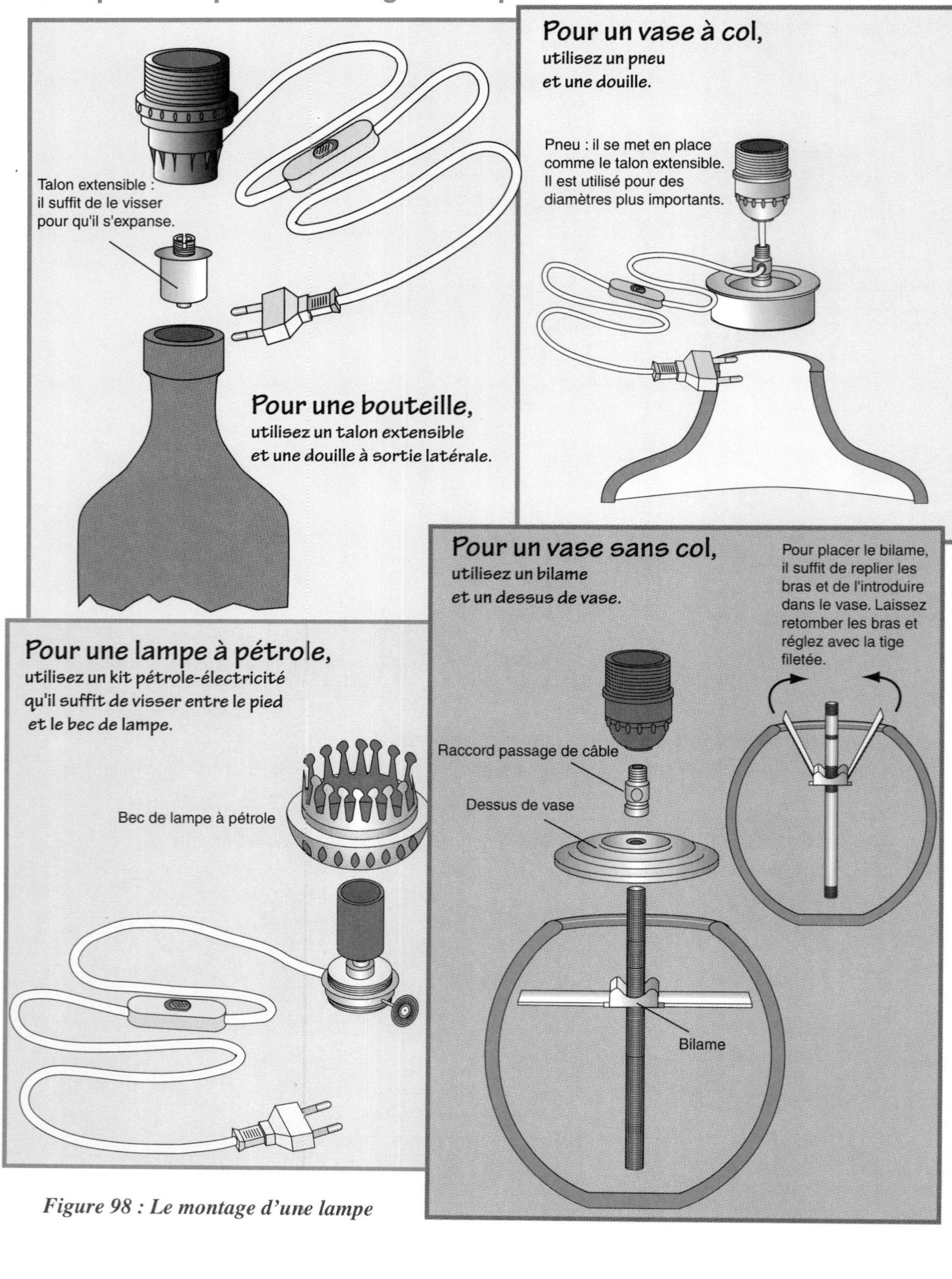

Figure 98 : Le montage d'une lampe

Les lampadaires halogènes en 220 V

La constitution des lampadaires halogènes

L'équipement électrique d'un lampadaire halogène comprend un cordon d'alimentation sur lequel sont placés un variateur de lumière et une douille spéciale en céramique (figure 99). La lampe est protégée par un écran de sécurité composé d'une grille ou d'une plaque en verre borro-silicate pour parer à toute explosion éventuelle de la lampe. Sous la lampe est placé un réflecteur en aluminium destiné à diriger le flux lumineux. Les ampoules halogènes dégagent énormément de chaleur, c'est pourquoi les fils issus du câble d'alimentation sont surgaînés avec des manchons isolants haute température en fibre de verre siliconé. Les lampadaires halogènes doivent obligatoirement posséder une prise de terre.

Les pannes des lampadaires halogènes et leurs remèdes

Le lampadaire ne fonctionne plus

Vérifiez en premier lieu que la prise à laquelle le lampadaire est raccordé est en état de fonctionnement. Débranchez le lampadaire et vérifiez la lampe. Déposez l'écran de sécurité, puis retirez la lampe.

Attention ! Il ne faut pas toucher avec les doigts les tubes halogènes. En effet, une fine pellicule de graisse déposée à sa surface pourrait nuire à l'ampoule. Utilisez par exemple un morceau de papier de soie pour l'extraire de son logement. Pour ce faire (figure 100), poussez l'ampoule d'un côté et relevez l'extrémité ainsi dégagée. Vérifiez à l'œil nu l'état du filament. En cas de doute, confirmez le diagnostic à l'aide d'un ohmmètre. Vérifiez les contacts situés aux extrémités de l'ampoule : ils doivent être propres et brillants. Dans le cas contraire, vérifiez les contacts de la douille. S'ils sont oxydés ou calcinés, il est nécessaire de remplacer la douille et l'ampoule, comme indiqué dans le paragraphe suivant.

Si l'ampoule est grillée, remplacez-la par une ampoule de même puissance ou de puissance inférieure, mais jamais supérieure. La puissance est indiquée sur les embouts en céramique.

Dans l'hypothèse où l'ampoule est correcte, remettez-la en place. Pour ce faire, procédez dans l'ordre inverse de la dépose. La petite bulle de verre située sur le tube, appelée queusot, doit toujours être située vers le haut. Pour vérifier que l'ampoule est bien enclenchée, essayez de la faire tourner légèrement entre les doigts : elle doit osciller sans résistance.

Le lampadaire étant débranché, poursuivez vos recherches au niveau du variateur. Déposez le capot de protection et examinez le fusible. En cas de destruction, remplacez-le. Le fusible a pu se détruire parce que la lampe a grillé ou à cause d'un court-circuit. Si la lampe est grillée, remontez le variateur, puis essayez le lampadaire. S'il ne s'allume toujours pas, continuez la recherche, comme pour une lampe correcte.

Dans le cas où la lampe est correcte, déconnectez le câble de départ du variateur, puis, à l'aide d'un ohmmètre, vérifiez qu'il n'y a pas de résistance entre la terre et la phase, ainsi qu'entre le neutre et la phase.

Testez également la résistance entre la

L'équipement d'un lampadaire halogène

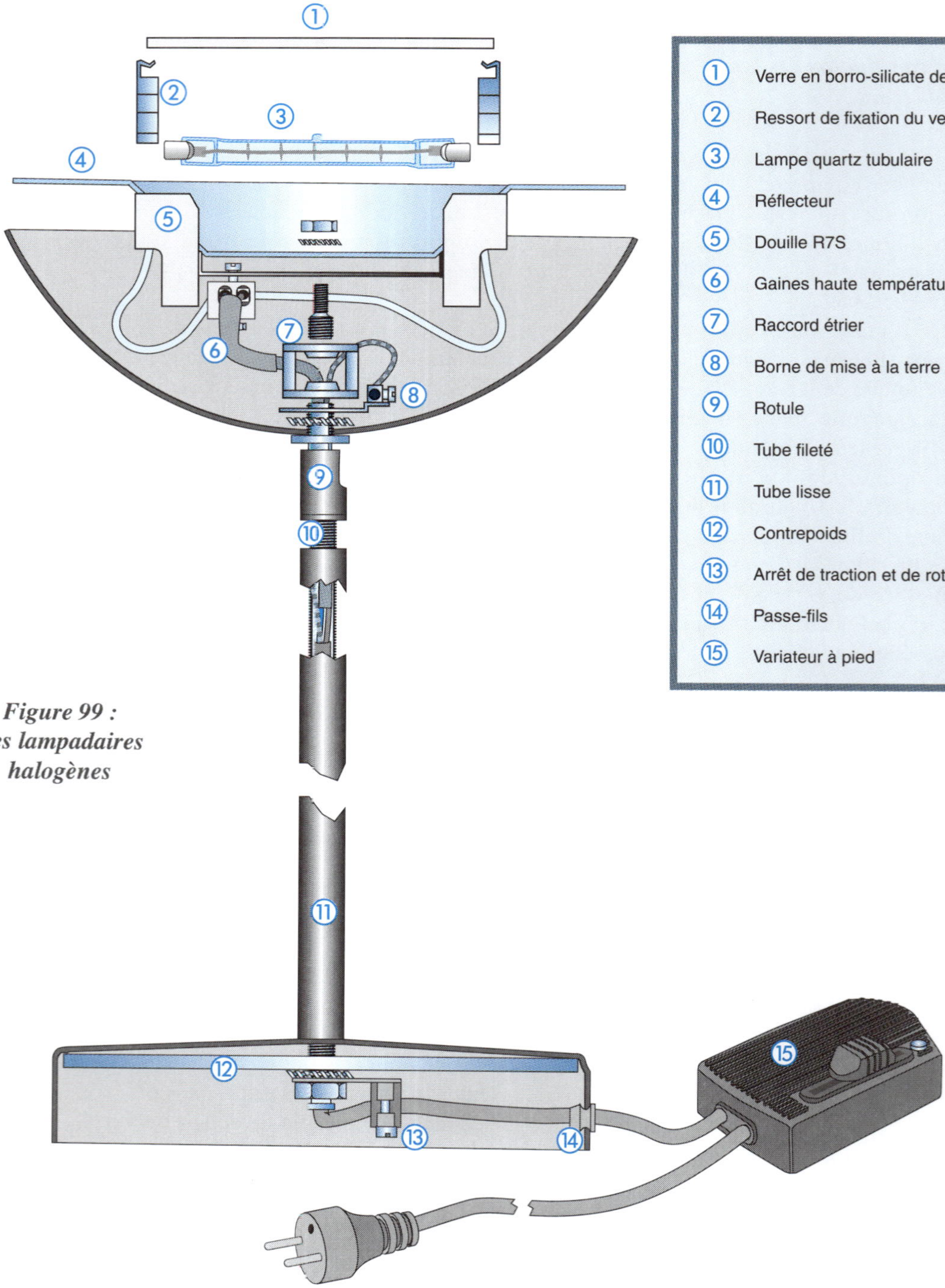

1. Verre en borro-silicate de protection
2. Ressort de fixation du verre
3. Lampe quartz tubulaire
4. Réflecteur
5. Douille R7S
6. Gaines haute température
7. Raccord étrier
8. Borne de mise à la terre
9. Rotule
10. Tube fileté
11. Tube lisse
12. Contrepoids
13. Arrêt de traction et de rotation
14. Passe-fils
15. Variateur à pied

Figure 99 : Les lampadaires halogènes

Comment remplacer une ampoule halogène ?

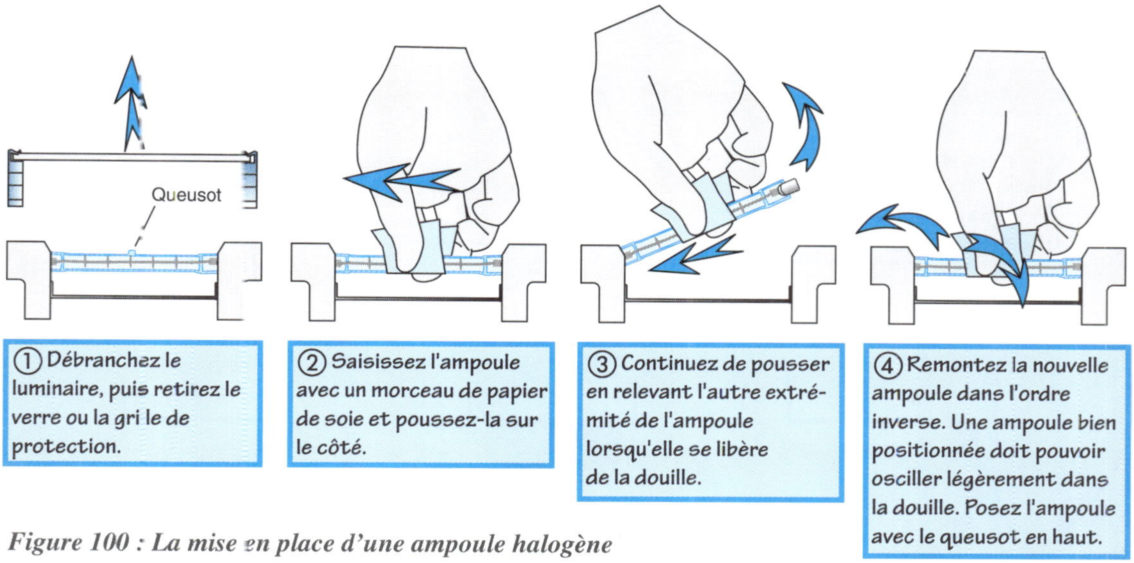

Figure 100 : La mise en place d'une ampoule halogène

phase et le neutre. En cas de résistance entre la phase et la terre, entre le neutre et la terre ou en cas d'absence de résistance entre la phase et le neutre, portez vos recherches au niveau du raccordement de la douille. Démontez la douille et le réflecteur, puis contrôlez les raccordements. Si les fils du câble d'alimentation sont brûlés, restaurez-les. Pour ce faire (figure 101), tirez sur le câble pour gagner de la longueur, puis coupez la partie endommagée. Dénudez une longueur équivalente à celle coupée, puis rétablissez les raccordements de la douille. N'omettez pas de replacer les manchons d'isolation thermique.

Si le fil de la douille et le fil d'alimentation sont connectés au moyen d'une cosse à sertir, vous pouvez réaliser le même type de connexion ou utiliser des dominos, mais uniquement en porcelaine. En supposant que la douille soit en mauvais état, c'est-à-dire dont les contacts sont oxydés ou brûlés, profitez-en pour la remplacer. Attention ! Il existe plusieurs modèles de douilles (figure 102) qui ne se distinguent pas par leur écartement normalisé, mais par leur patte de fixation différente d'un modèle à l'autre. Veillez à choisir un modèle identique à celui que vous remplacez.

Dans l'hypothèse où toutes les vérifications ci-dessus n'ont révélé aucune panne, le cordon d'alimentation ou le variateur sont en cause. Testez la continuité du cordon d'alimentation, entre les fils d'arrivée dans le variateur et les broches de la fiche.

Si la continuité est satisfaisante, remplacez le variateur ; dans le cas contraire, remplacez le cordon ou la fiche. Pour remplacer une fiche avec terre (figure 103), branchez la phase et le neutre sur les deux broches de la fiche. Le fil de terre, de couleur verte et jaune,

La remise en état des connexions d'une douille halogène

(ou le remplacement d'une douille)

①

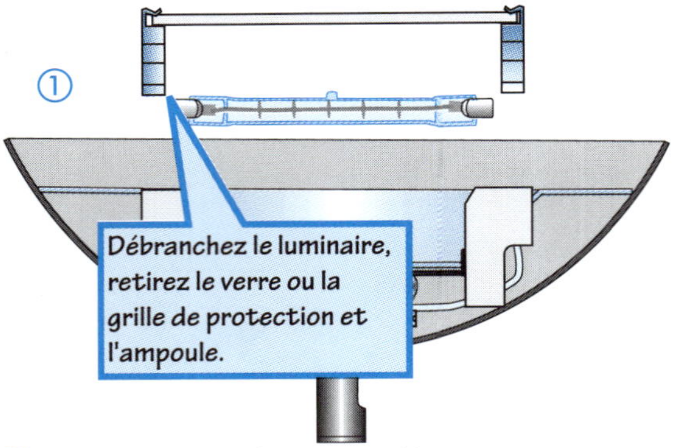

②

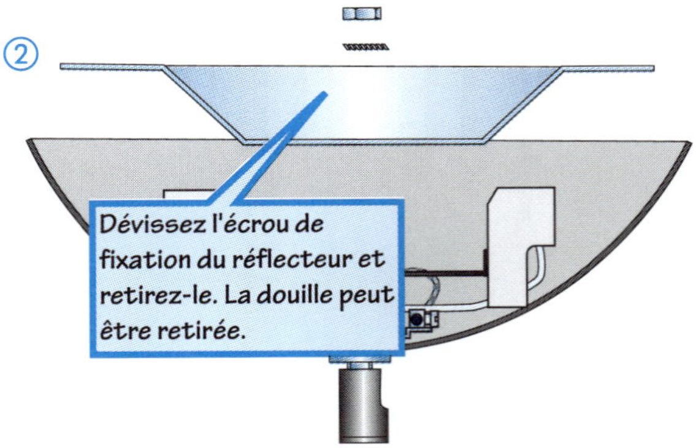

③ La douille peut être raccordée par…

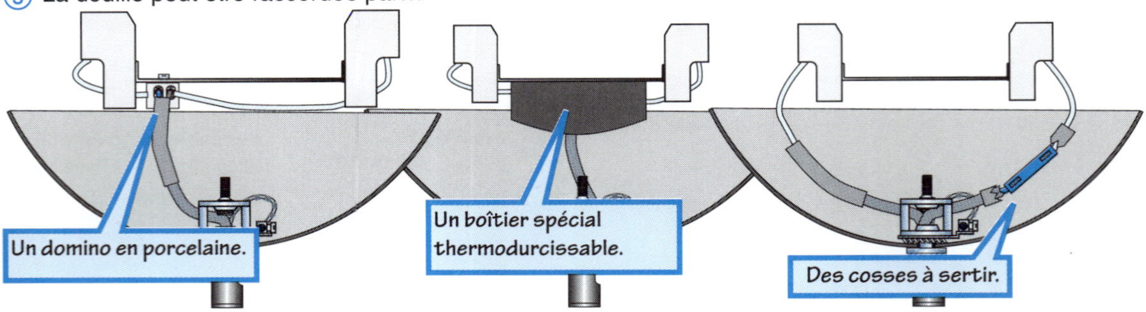

④ Remplacez la douille par une neuve et n'oubliez pas de reposer les gaines isolantes.

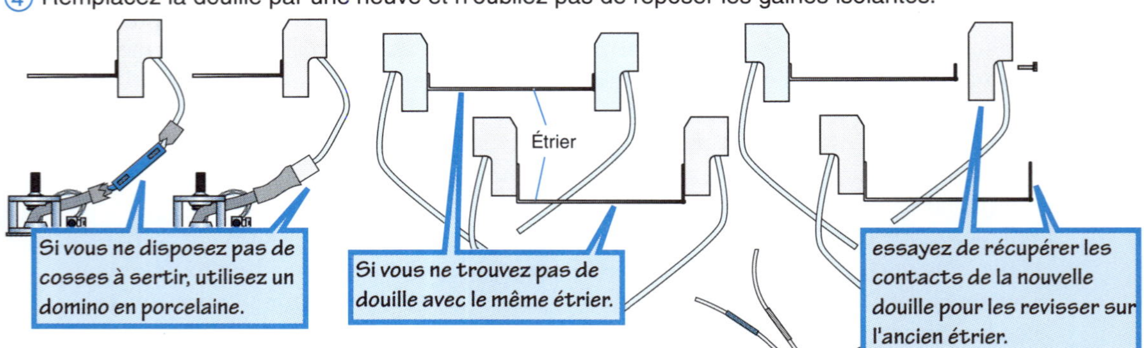

⑤ Si le câble d'alimentation est brulé…

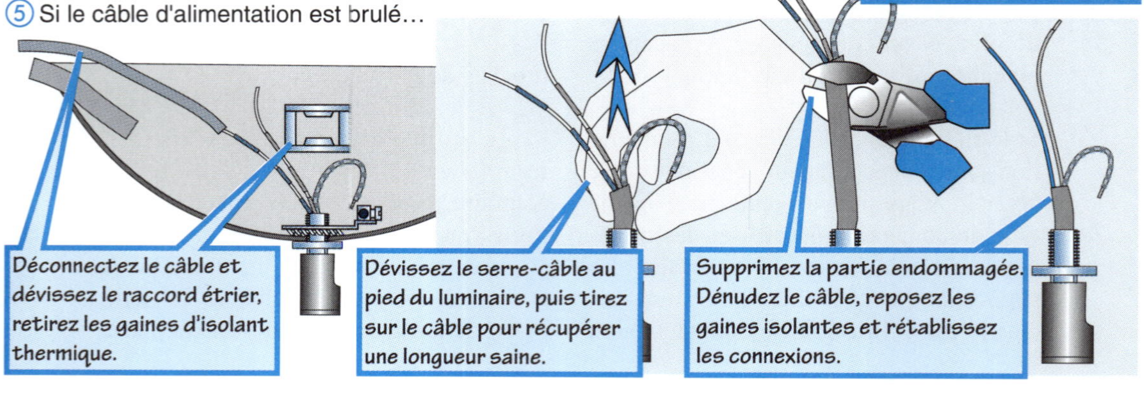

Les douilles R7S pour tubes halogènes

Il existe deux largeurs différentes pour deux types d'ampoule...

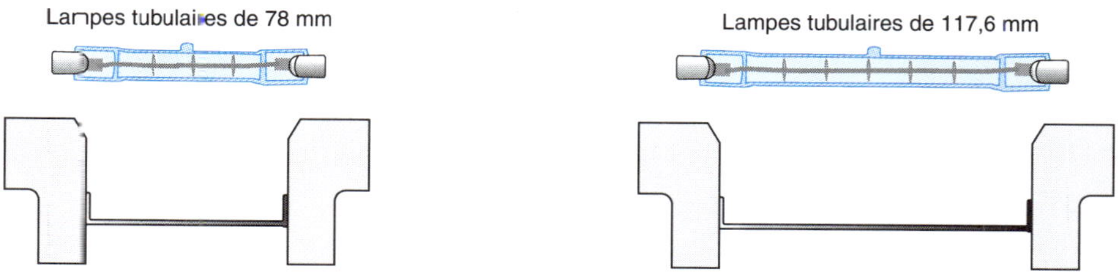

et différentes formes pour chaque modèle.

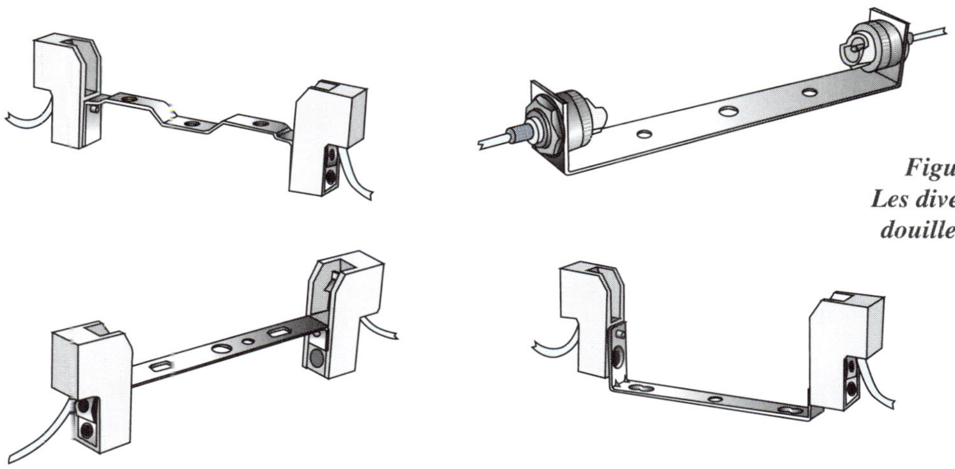

Figure 102 :
Les divers types de douille halogène

doit être raccordé sur le plot correspondant à l'alvéole.

Si le variateur est en cause et avant de le remplacer, assurez-vous que la panne n'est pas due à une soudure détériorée sur le circuit imprimé (figure 104). Dans ce cas, vous pouvez essayer de la reconstituer, en prenant soin de nettoyer consciencieusement les éléments. Utilisez un fer à souder et du fil d'étain.

◄ *Figure 101 :*
La remise en état des connexions d'une douille halogène

Le lampadaire halogène crée un défaut d'isolement ou un court-circuit

Dans presque tous les cas, ces phénomènes sont dus aux fils qui brûlent au niveau de la douille du lampadaire (voir le paragraphe précédent).

Les luminaires en TBTS (12 V)

La constitution d'un luminaire en TBTS

Le circuit électrique des luminaires halogènes en TBTS (Très Basse Tension de Sécurité) se compose d'un cordon

❶

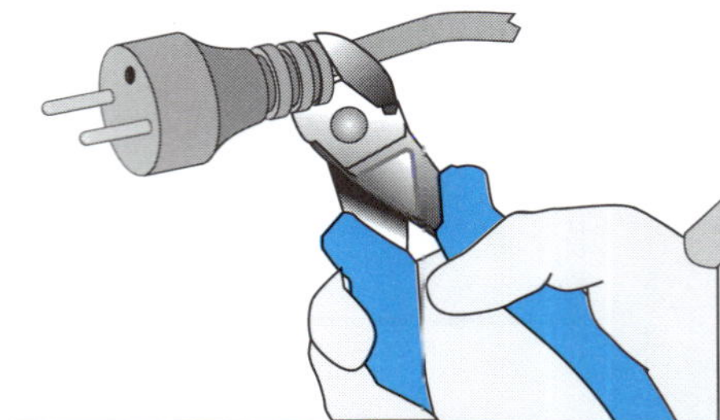

Pour remplacer une fiche avec terre. Si la fiche n'est pas démontable, coupez le câble au plus près de la fiche. Sinon, démontez-la.

❷

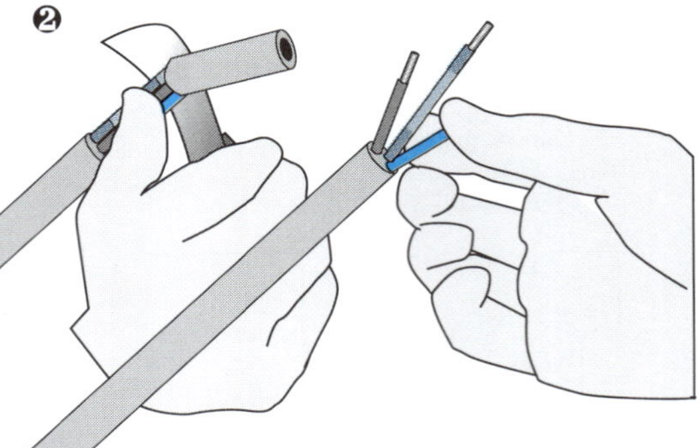

Retirez la gaine du câble et l'isolant des conducteurs. Roulez les brins des conducteurs entre les doigts pour les réunir serrés.

❸

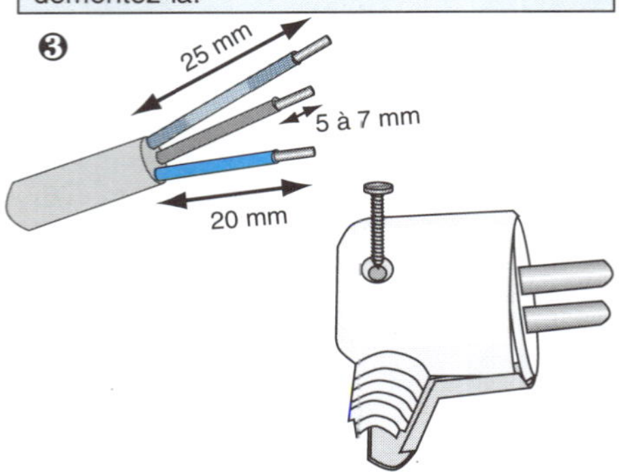

Dénudez le câble en respectant les mesures ci-dessus. Le conducteur de terre (vert et jaune) doit toujours être plus long. Approvisionnez une nouvelle fiche.

❹

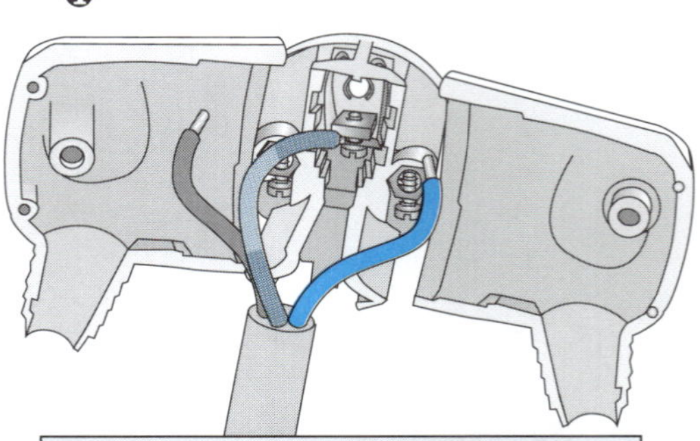

Raccordez le fil de terre sur le plot de connexion correspondant à l'alvéole. La phase et le neutre sont raccordés indépendamment sur les plots des broches.

❺

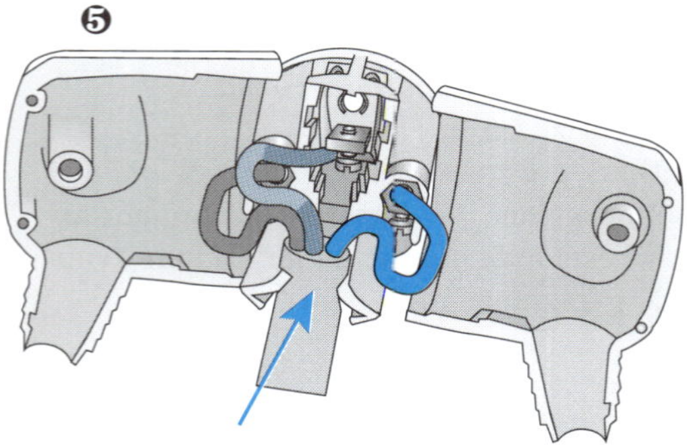

Après les raccordements, glissez le câble dans l'arrêt de traction. Selon les modèles, l'arrêt de traction peut être constitué de vis avec une plaque de serrage.

❻

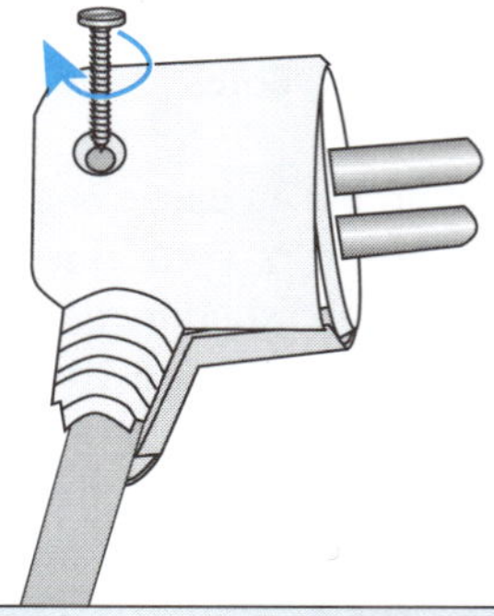

Remontez la nouvelle fiche.

Figure 103 : Le raccordement d'une fiche avec terre

La recherche d'une panne sur un lampadaire halogène

① **Débranchez le luminaire**, vérifiez que la panne ne provient pas de la prise de courant, puis vérifiez l'ampoule.

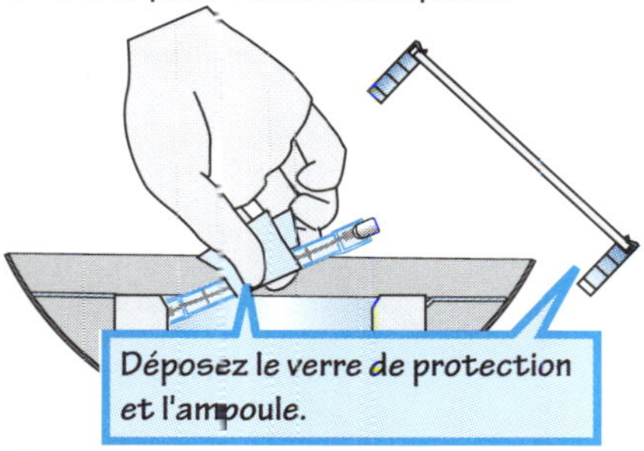

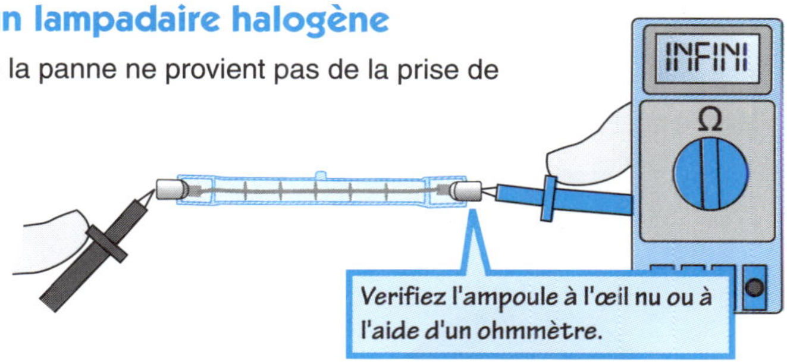

② Si l'ampoule est correcte, vérifiez l'état de ses plots ainsi que ceux de la douille.

③ Démontez le variateur.

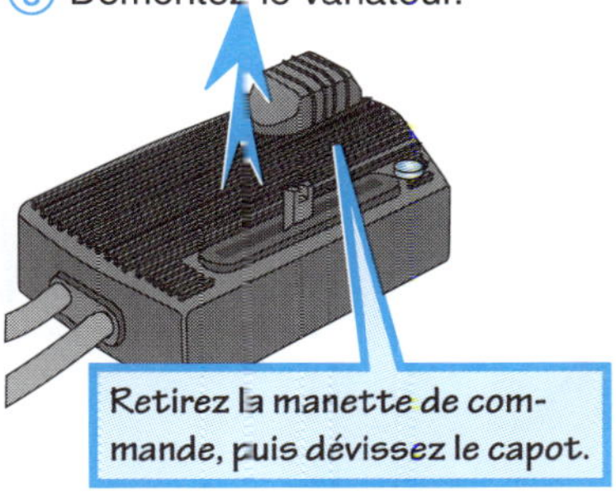

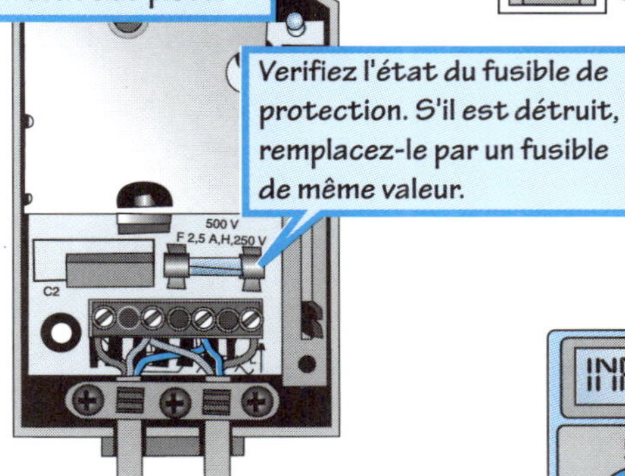

Figure 104 : La recherche d'une panne sur un lampadaire halogène

④ Vérifiez la continuité des raccordements, posez une ampoule.

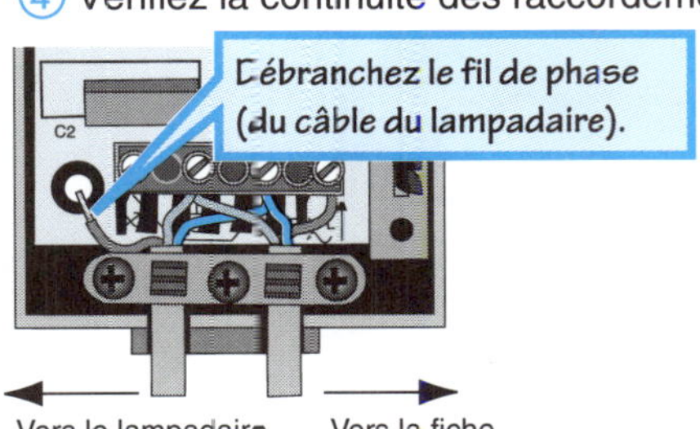

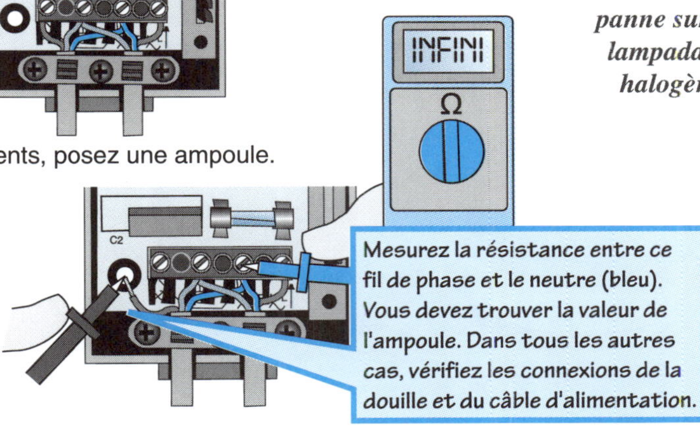

⑤ Vérifiez le circuit imprimé du variateur.

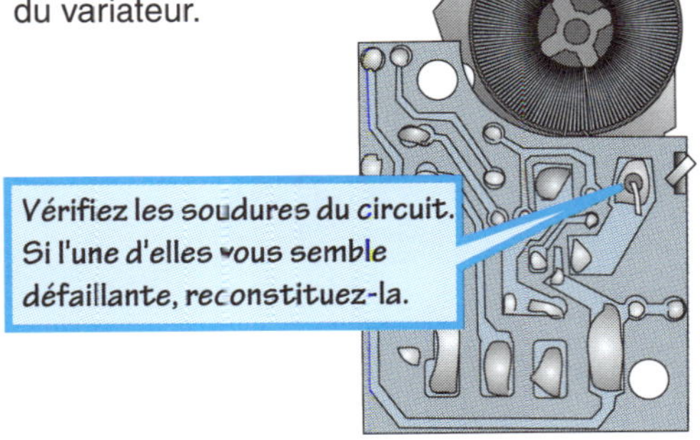

⑥ Si toutes les vérifications sont correctes :
— lampe correcte ;
— douille correcte ;
— raccordements de la douille corrects ;
— fusible du variateur correct.
Vérifiez la continuité du câble avec la fiche.
Si elle est correcte, remplacez le variateur.

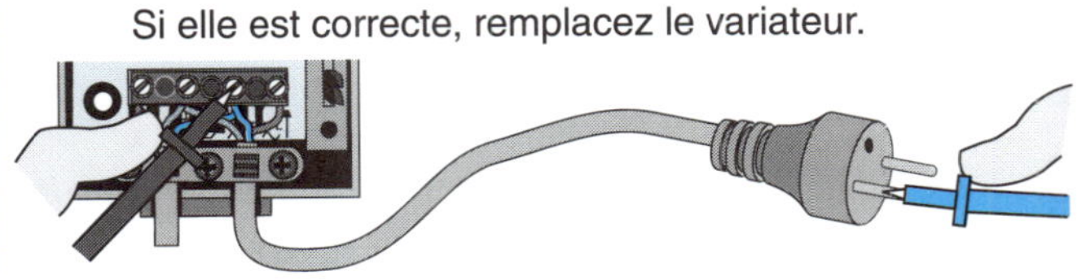

L'équipement d'une lampe halogène très basse tension (12 V)

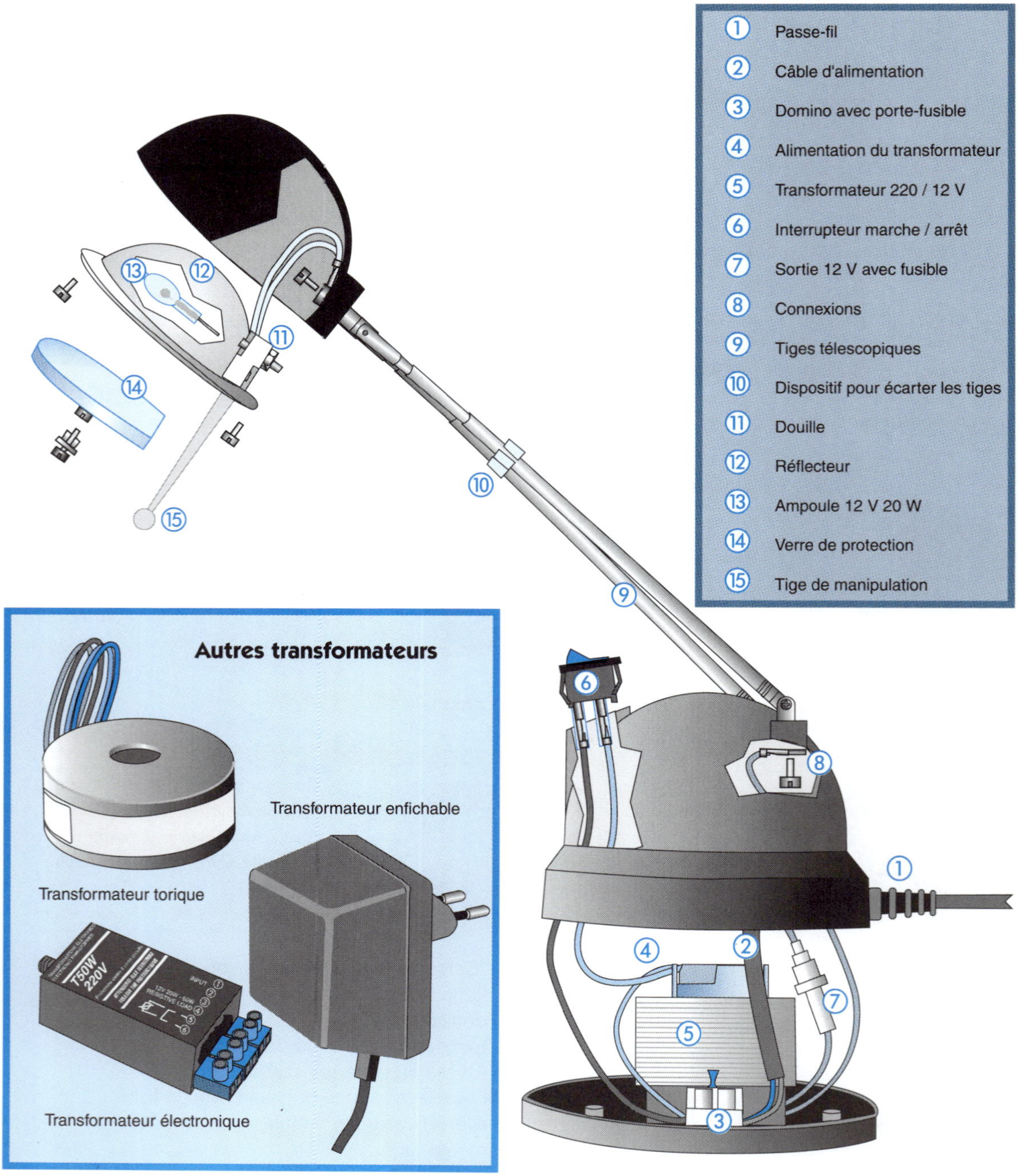

Figure 105 : Les luminaires halogènes en TBTS

d'alimentation muni d'une fiche, d'un transformateur 220/12 V, d'un interrupteur et d'une douille en stéatite, sorte de céramique (figure 105).
Le transformateur doit être muni d'un dispositif de protection en amont et en aval, qui peut être placé dans le luminaire ou dans une fiche transformateur. Les modèles et les formes étant très variés pour ce type de luminaires, les constructeurs ont recours à différents types de transformateur : torique, électronique ou à lamelles. L'interrupteur peut commander uniquement la marche et l'arrêt du luminaire ou, sur certains modèles, permettre deux réglages supplémentaires de puissance.
Les types de douille sont également très variés, en fonction de la forme du luminaire et du type d'ampoule utilisé : ampoules de 20 W, 50 W ou dichroïque.

Les pannes des luminaires en TBTS et leurs remèdes

L'ampoule s'éteint

Cette panne est fréquente sur les halogènes à basse tension. Après une durée de fonctionnement plus ou moins longue, l'ampoule s'éteint, sans pour autant être détruite. Après refroidissement, l'ampoule peut fonctionner de nouveau. Cela est dû à l'oxydation des contacts de la douille sous l'effet de la chaleur. Il est alors nécessaire de remplacer l'ampoule et la douille. Veillez à utiliser un modèle de douille identique. Généralement, les douilles sont fournies avec des conducteurs prémontés. Reprenez les raccords avec les fileries d'alimentation tels qu'ils étaient réalisés. Si des dominos sont nécessaires, ne choisissez que des modèles en porcelaine.

Le luminaire ne s'allume pas

Contrôlez la prise de courant ainsi que l'ampoule. Attention ! Ne manipulez pas ces ampoules directement avec les doigts, utilisez, par exemple, un morceau de papier de soie. Les pattes de l'ampoule doivent être lisses et brillantes. Dans le cas contraire, vérifiez la douille.

Démontez la lampe, vérifiez le fusible de protection (figure 106). S'il est correct, vérifiez le transformateur, puis, à l'aide d'un ohmmètre, testez le primaire et le secondaire du transformateur. Une valeur proche de zéro indique qu'il est correct. Une valeur infinie signifie que le transformateur est hors service. Cette mesure n'est pas réalisable sur un transformateur électronique.
Si toutes les vérifications ci-dessus sont correctes, testez l'interrupteur, puis contrôlez les fileries d'alimentation de la lampe.

Les luminaires fluorescents

La constitution des luminaires fluorescents

Le circuit électrique d'un luminaire fluorescent (figure 107) comprend un domino pour les fils d'alimentation, un ballast, des douilles pour tube fluorescent et un starter avec son support. Le domino est parfois équipé d'un petit condensateur qui fait office d'antiparasites. Un seul ballast peut alimenter deux tubes fluorescents.

Il existe d'autres systèmes d'alimentation des tubes fluorescents, sans starter ou à allumage électronique.
Les lampes fluorescentes compactes sont

La recherche d'une panne sur une lampe halogène très basse tension

① **Débranchez le luminaire**, vérifiez que la panne ne provient pas de la prise de courant, puis vérifiez l'ampoule.

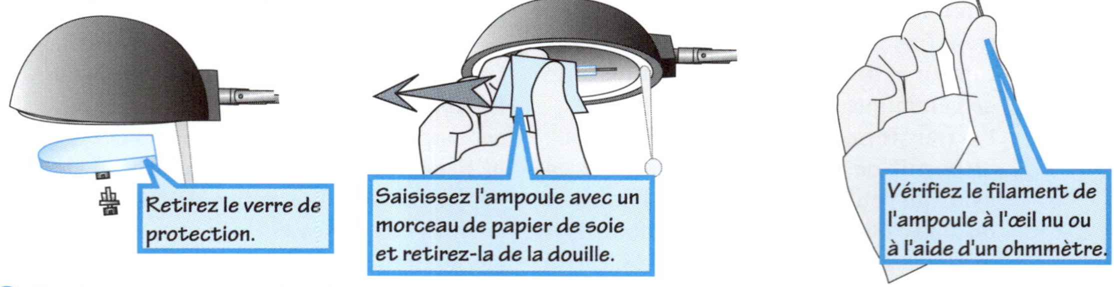

② Si le luminaire s'éteint régulièrement après quelques minutes de fonctionnement, remplacez la douille et l'ampoule.

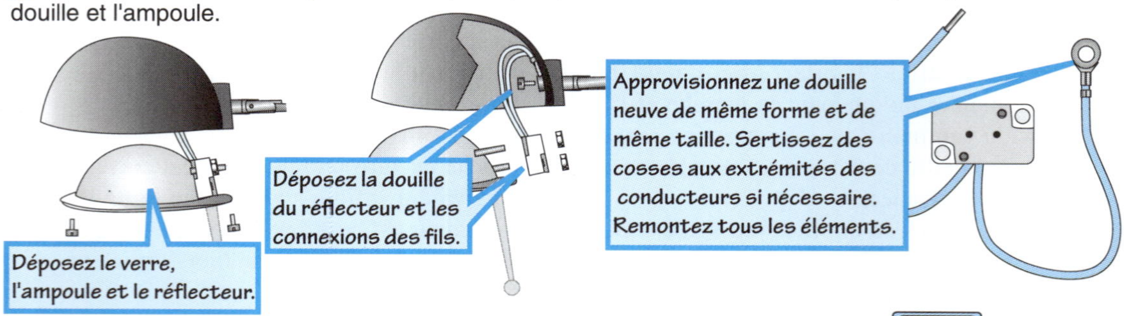

③ Démontez le pied de la lampe.

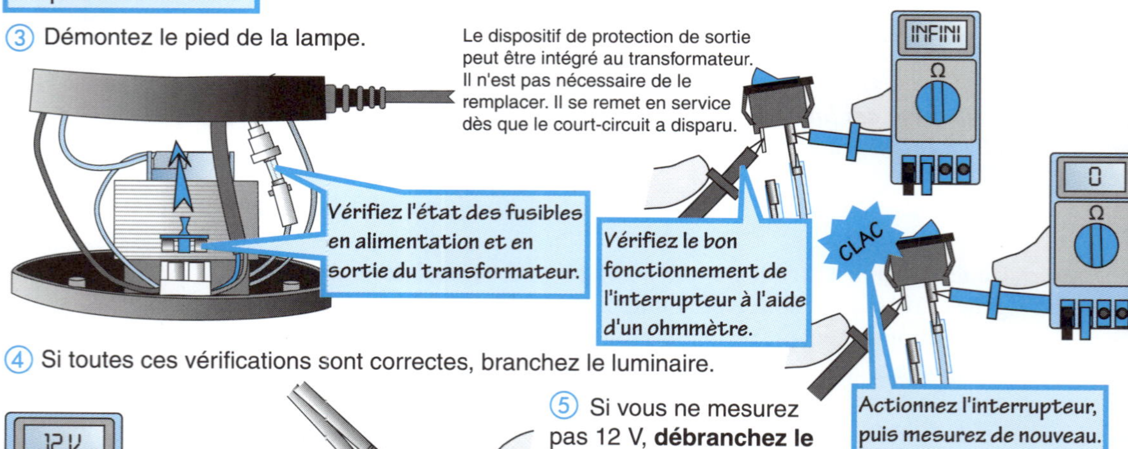

④ Si toutes ces vérifications sont correctes, branchez le luminaire.

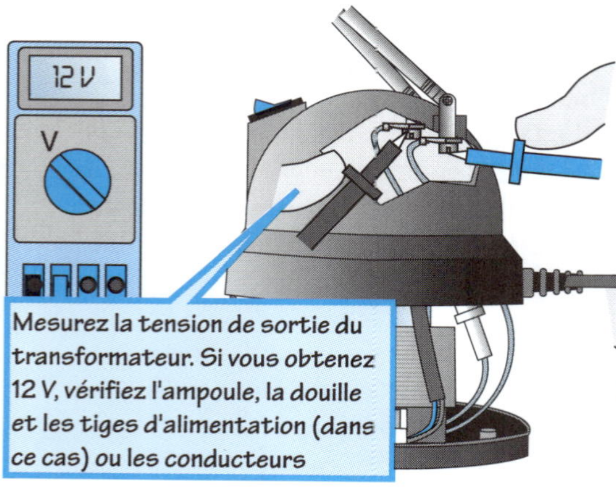

⑤ Si vous ne mesurez pas 12 V, **débranchez le luminaire.**

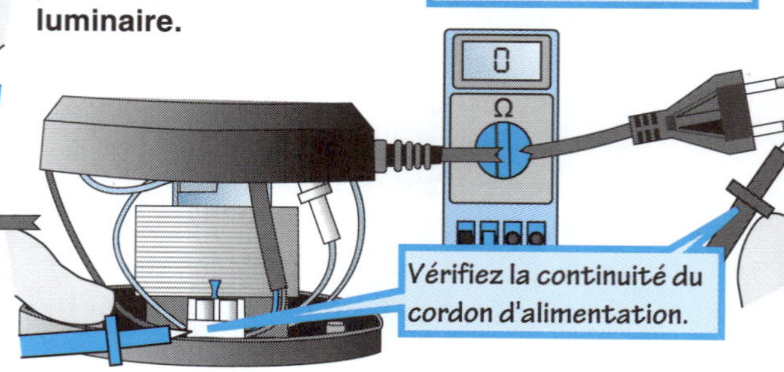

⑥ Si le câble d'alimentation est correct, remplacez le transformateur.

L'équipement électrique des luminaires à lampes fluorescentes

Les réglettes fluorescentes

Figure 107 :
Les luminaires fluorescents

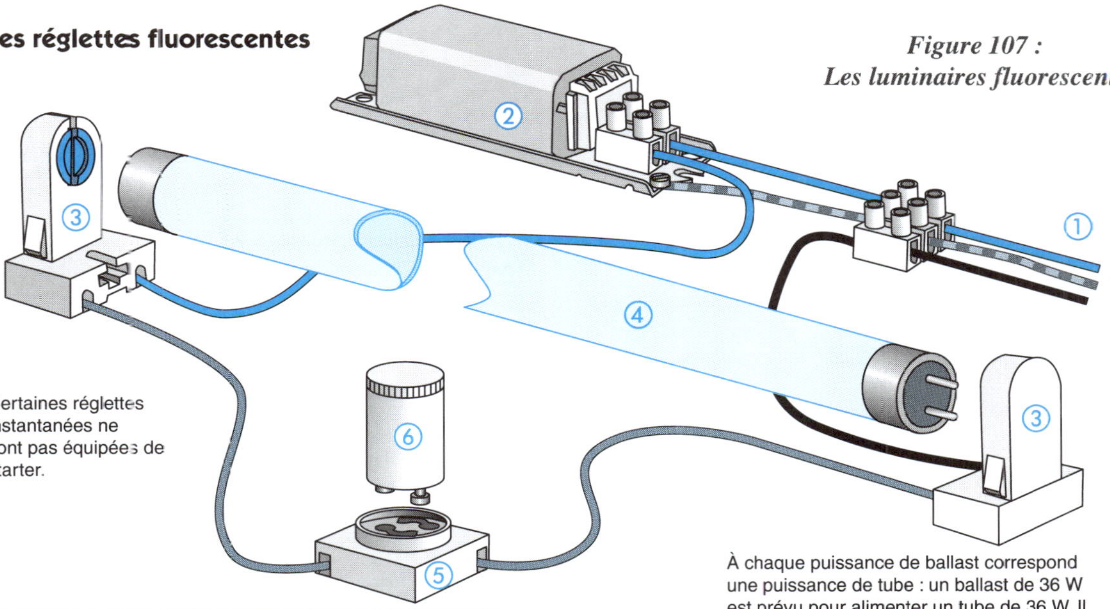

Certaines réglettes instantanées ne sont pas équipées de starter.

À chaque puissance de ballast correspond une puissance de tube : un ballast de 36 W est prévu pour alimenter un tube de 36 W. Il ne fonctionnera pas avec un tube de 56 W. En revanche, certains montages permettent de n'utiliser qu'un seul ballast de 36 W pour deux tubes de 18 W.

Les lampes fluorescentes économiques

sont équipées de leur propre système d'allumage. Elles s'installent en remplacement des lampes à incandescence.

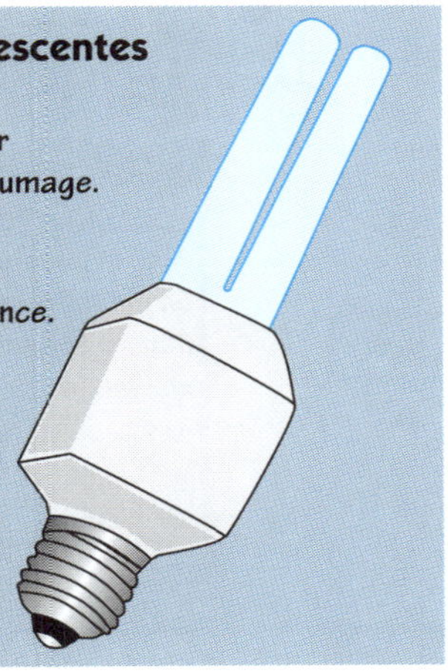

① Alimentation
② Ballast
③ Douille
④ Tube fluorescent
⑤ Support de starter
⑥ Starter
⑦ Douille G.23
⑧ Lampe fluo-compacte

Les luminaires à lampes fluo-compactes

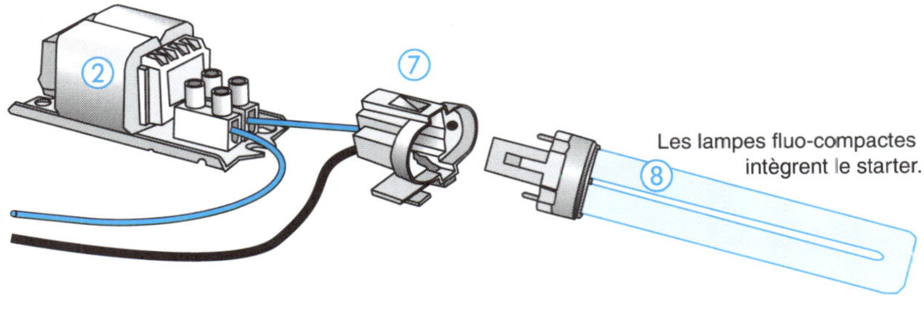

Les lampes fluo-compactes intègrent le starter.

◀ *Figure 106 : La*
echerche d'une panne
ur un luminaire
alogène en TBTS

La recherche d'une panne sur une réglette fluorescente

① Si l'allumage du tube est long et difficile : remplacez le starter et le tube s'il est déjà ancien. Si le tube scintille ou clignote : remplacez le tube et le starter.

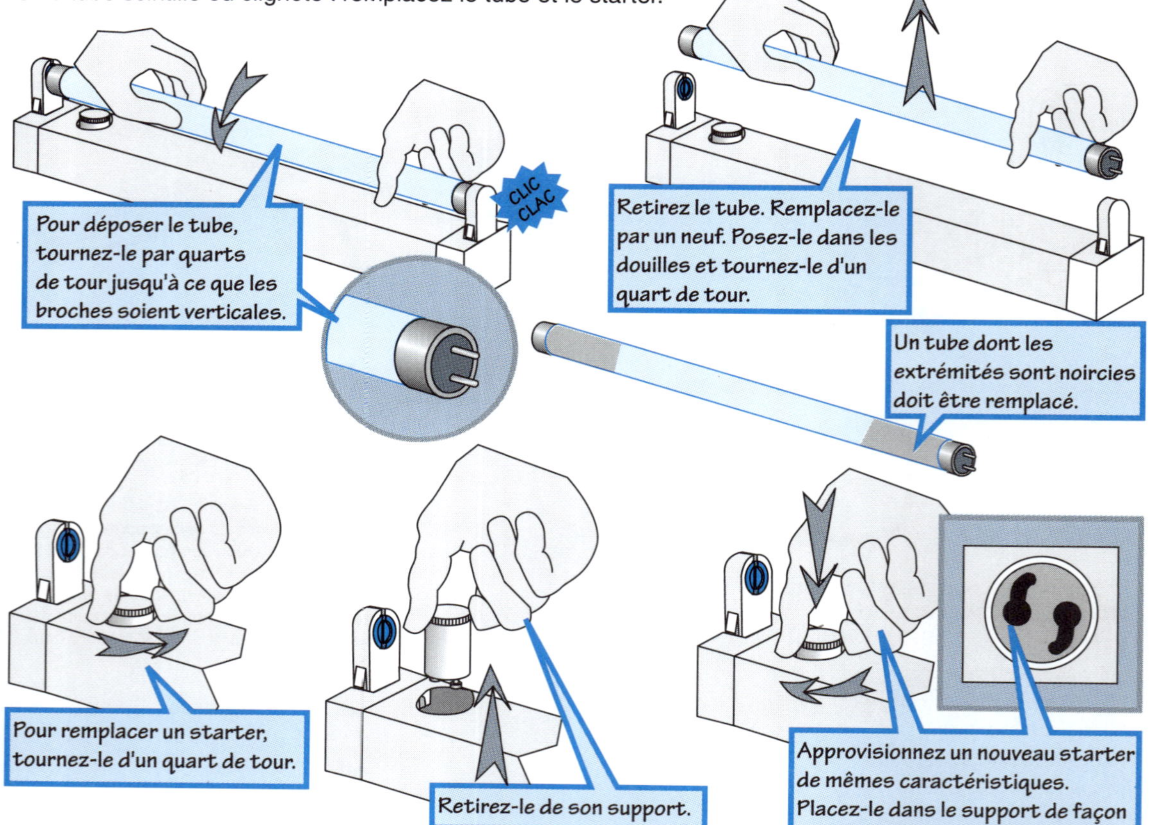

② Si le luminaire vibre ou ronronne.

③ Si le luminaire ne s'allume plus.

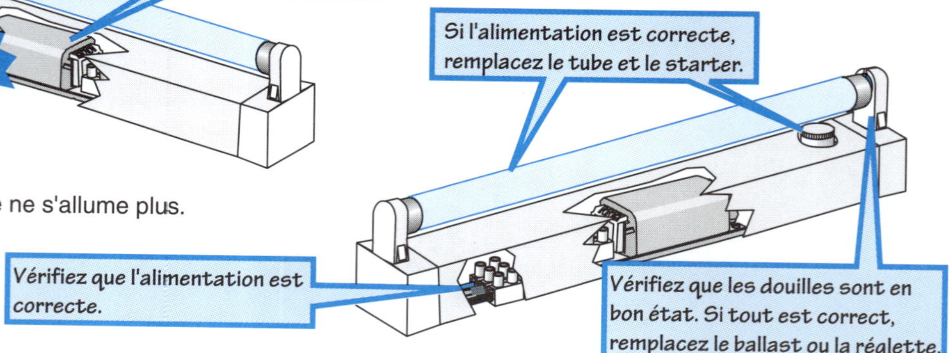

Figure 108 : La recherche d'une panne sur un luminaire fluorescent

équipées uniquement d'une douille spéciale et d'un ballast. Elles intègrent le starter.

Les lampes fluorescentes économiques au format E27 ou B22 sont de plus en plus répandues. Elles intègrent un ballast et un starter. Elles se connectent directement sur une douille classique en remplacement d'une lampe à incandescence.

Les pannes des luminaires fluorescents et leurs remèdes

L'allumage du tube est long et difficile

Ce dysfonctionnement est dû au starter (figure 108). Remplacez-le par un modèle équivalent. Pour l'extraire de son support, faites-le tourner d'un quart de tour dans le sens inverse des aiguilles d'une montre. Changez éventuellement le tube, qui a pu se détériorer au fil du temps à cause du starter défaillant.

Le tube scintille ou clignote

Le tube est usé, remplacez-le. Par précaution, remplacez également le starter. Pour reconnaître un tube fluorescent usé, examinez ses extrémités : si l'intérieur du tube a noirci, il est temps de le remplacer. Pour extraire le tube des douilles, effectuez un ou plusieurs quarts de tour jusqu'à ce que les pattes apparaissent dans les fentes des douilles.

La réglette ronronne

Ce désagrément provient du ballast qui émet des vibrations (figure 108). Remplacez le ballast par un modèle identique ou remplacez l'intégralité de la réglette.

La réglette ne s'allume pas

Contrôlez l'alimentation au niveau des dominos de raccordement. Si l'alimentation est correcte, remplacez le tube et éventuellement le starter. Vérifiez l'état des douilles et remplacez-les le cas échéant. Si la réglette ne s'allume toujours pas, remplacez le ballast, voire la réglette.

Les petits appareils électroménagers

Dans cette section sont présentées les principales pannes dont sont victimes les appareils ménagers les plus courants de la maison. Avant de jeter votre fer à repasser ou d'investir dans un nouvel aspirateur, lisez les quelques conseils que nous donnons dans les paragraphes qui suivent.
La plupart du temps, il n'est pas rentable de réparer les petits appareils bon marché, car le prix des pièces détachées est dissuasif. Le remplacement pur et simple de l'appareil s'impose alors. Pour commander des pièces détachées, adressez-vous au service après-vente du fabricant. Notez soigneusement les références de l'appareil et munissez-vous de la pièce.
Pour éviter les pannes, entretenez vos appareils et respectez la notice d'utilisation du fabricant : en effet, les pannes sont souvent dues à la négligence ou à des erreurs de manipulations de la part des utilisateurs.

L'aspirateur

La pièce maîtresse de l'aspirateur est le moteur. Celui-ci est équipé de turbines qui permettent de créer une dépression

Les dispositifs de filtrage

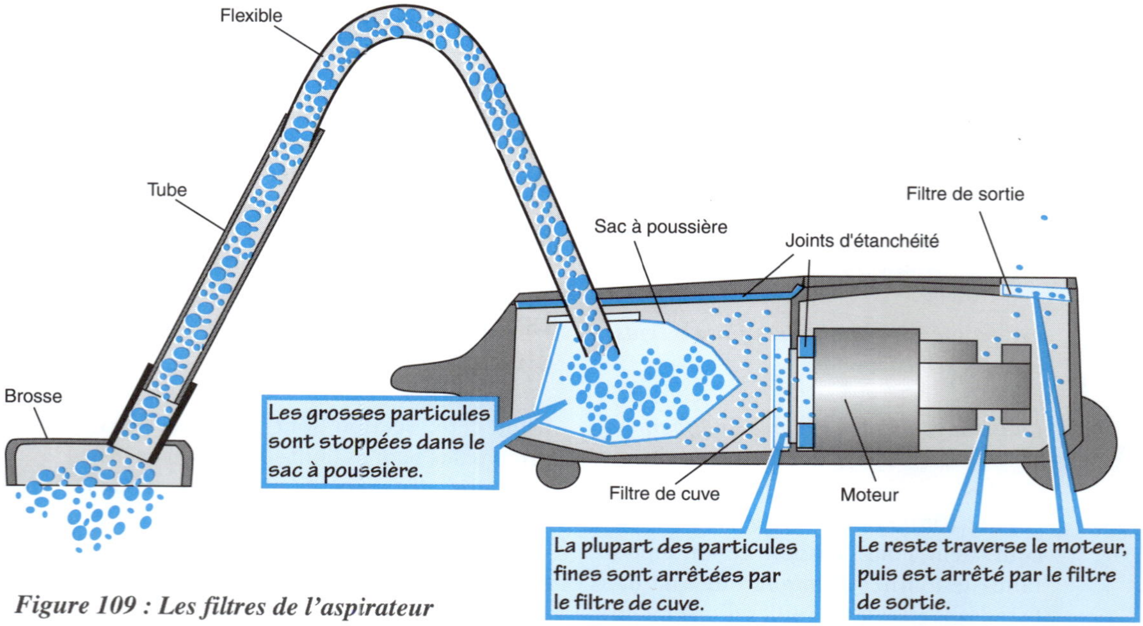

Figure 109 : Les filtres de l'aspirateur

dans la cuve, puis dans le flexible. Afin que le minimum de particules transitent à travers le moteur et soient rejetées dans la pièce, les poussières aspirées passent à travers différents dispositifs de filtrage (figure 109).

Il est donc nécessaire de toujours veiller au bon état du sac à poussière, des filtres de cuve et des filtres de sortie. Vous prolongerez ainsi l'espérance de vie du moteur. Évitez d'aspirer des matières humides, sauf si votre aspirateur est spécialement conçu pour l'eau et les poussières. Proscrivez également les particules très fines telles que les poussières de ponçage, le plâtre, etc.

Outre le moteur, l'équipement électrique d'un aspirateur comprend un cordon d'alimentation, un interrupteur, une sécurité thermique et un condensateur pour les modèles les plus simples (figure 110). Le condensateur fait office d'antiparasites. Les modèles plus sophistiqués intègrent d'autres perfectionnements tels qu'un enrouleur automatique du cordon, un variateur de vitesse du moteur, des voyants de signalisation divers ou encore la commande et la variation de la puissance de l'appareil au niveau du flexible d'aspiration. Certains modèles anciens disposaient d'un contact électrique au niveau du sac à poussière qui empêchait la mise en route de l'aspirateur si le sac n'était pas correctement installé.

Naturellement, plus les fonctionnalités sont nombreuses, plus les risques de panne augmentent. Un bon aspirateur ne se juge pas sur le nombre de voyants lumineux, mais sur sa puissance d'aspiration.

L'aspirateur fonctionne mais n'aspire pas

Ce type de panne n'est pas dû à un problème électrique mais au système d'aspiration. Démontez le flexible, puis vérifiez avec la paume de la main la présence ou non d'aspiration par le trou de branchement du flexible. Une aspiration correcte à ce niveau signifie que le flexible est bouché. Utilisez un fil de fer pour le déboucher. L'absence d'aspiration indique que le problème se situe au niveau de la cuve de l'aspirateur. Remplacez le sac à poussière ainsi que les filtres.

L'équipement d'un aspirateur

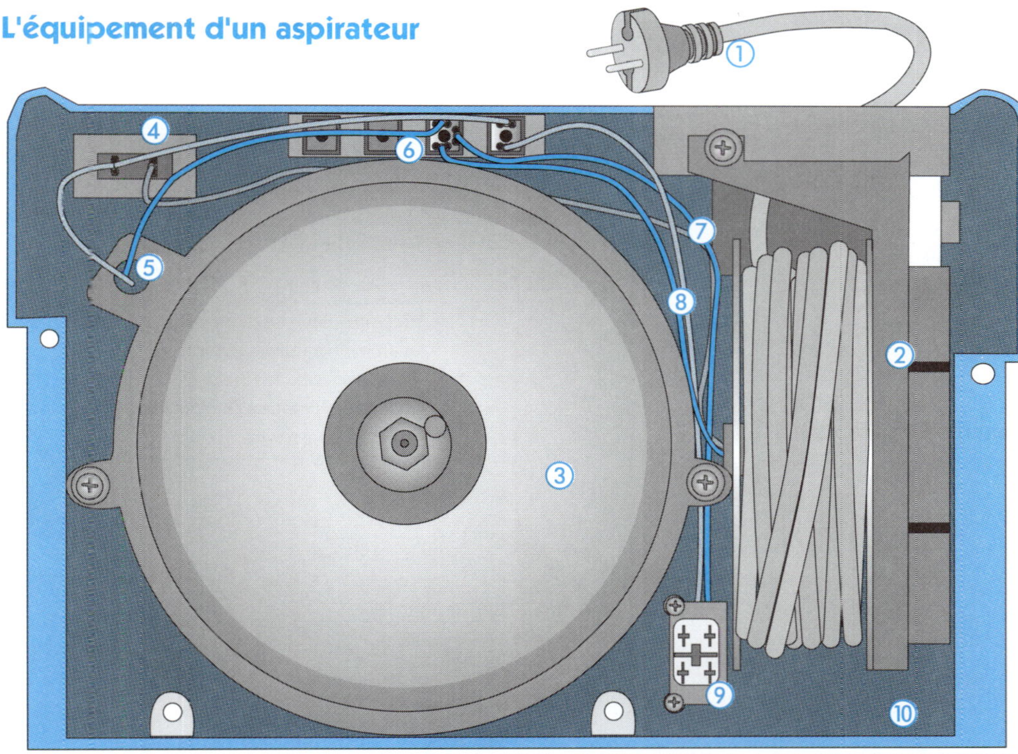

1. Cordon d'alimentation
2. Enrouleur
3. Moteur vu du côté de la turbine
4. Interrupteur
5. Alimentation du moteur
6. Bornier de raccordement
7. Fils d'alimentation issus de l'enrouleur
8. Fils d'alimentation de la prise pour l'électrobrosse
9. Connecteur pour la prise de l'électrobrosse
10. Compartiment moteur

Figure 110 : L'équipement électrique de l'aspirateur

Le remplacement d'un câble d'enrouleur

① Assurez-vous que le cordon est coupé.

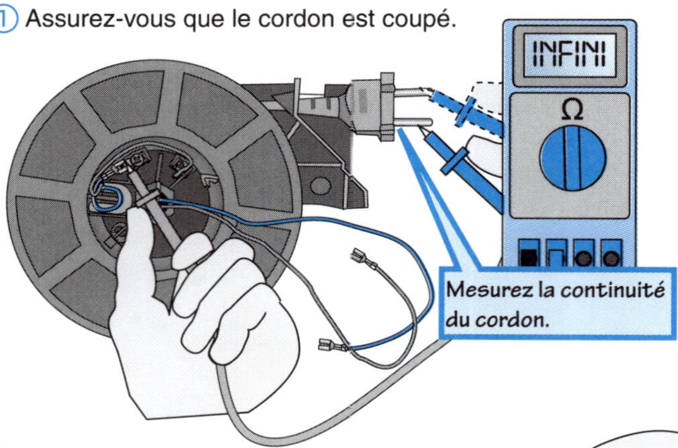

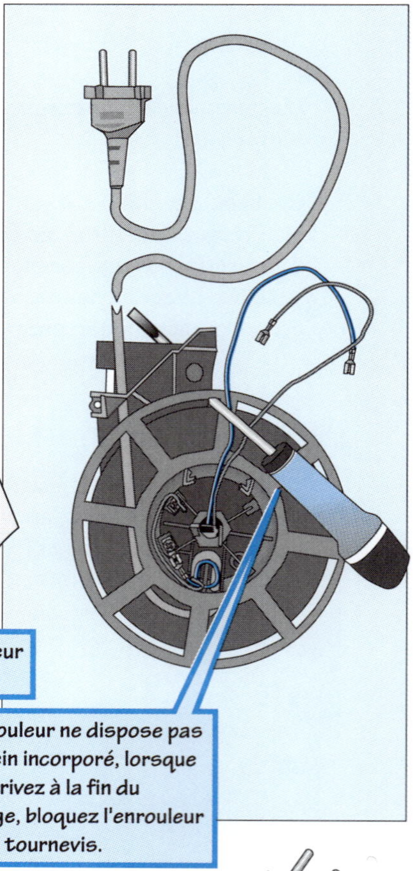

② Si le cordon est bien coupé…

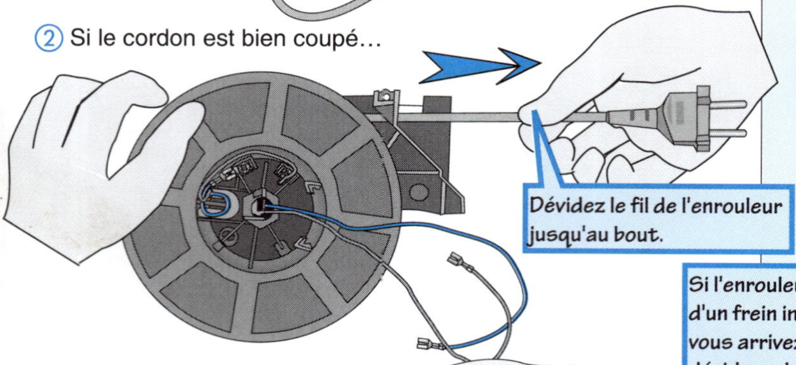

③ Démontez l'ancien câble.

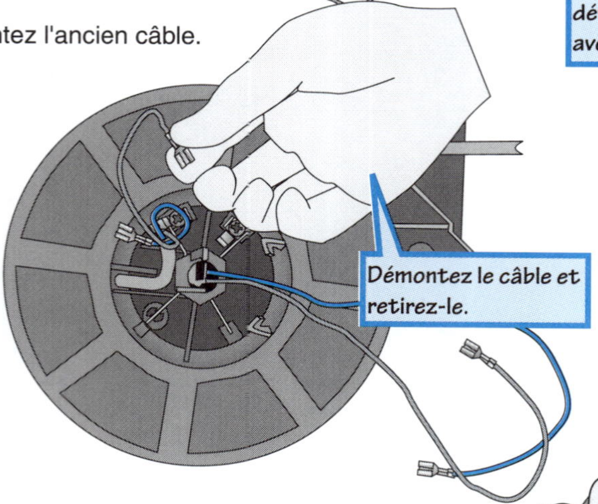

④ Équipez l'enrouleur d'un nouveau câble.

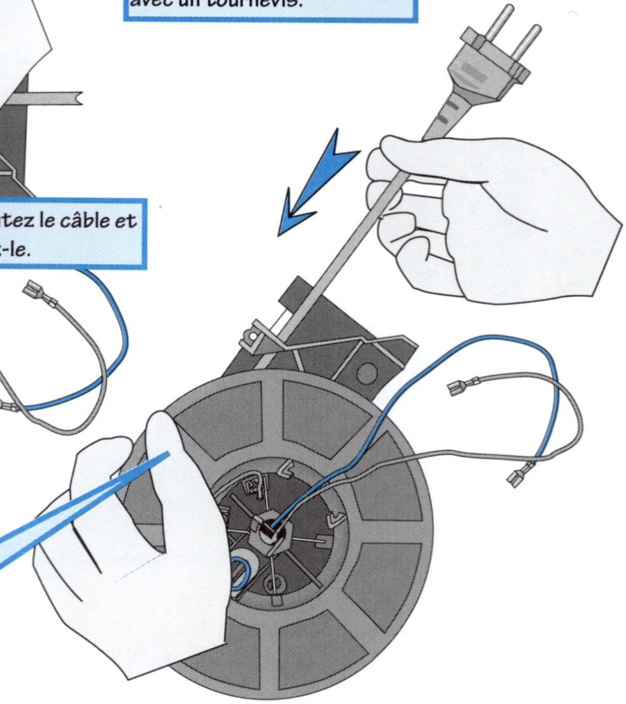

L'aspirateur ne se met pas en route

La panne est vraisemblablement d'origine électrique. Vérifiez le bon fonctionnement de la prise murale sur laquelle est raccordé l'appareil. La prise étant hors de cause, débranchez l'aspirateur, puis démontez le compartiment moteur. Les systèmes de fixation sont très variés (pièces clipsées, vis spéciales, etc.)

Vérifiez la continuité du cordon d'alimentation. Pour ce faire, utilisez un ohmmètre et mesurez la résistance entre chaque plot de la fiche et les fils d'arrivée dans l'aspirateur. Une valeur différente de zéro ohm indique que le cordon est coupé. Il est donc nécessaire de le remplacer. Utilisez de préférence un cordon souple suffisamment long et avec fiche moulée plutôt qu'un montage, moins résistant.

Si l'aspirateur est équipé d'un enrouleur automatique, la mesure de continuité s'effectue entre la fiche et les fils de sortie de l'enrouleur. En cas de déficience du cordon, remplacez-le. Il est parfois nécessaire de remplacer l'ensemble composé du cordon et de l'enrouleur (figure 111), car ce dernier n'est pas démontable. Pour remplacer le câble d'un enrouleur, soyez très prudent : les enrouleurs sont équipés d'un ressort en spirale puissant. Si le ressort se déclenche hors de son logement, vous risquez au mieux d'obtenir une pelote de ruban d'acier qu'il sera difficile de remettre en place et, au pire, de vous blesser. Heureusement, la majorité des modèles ne nécessite pas d'intervention directe sur le ressort. Dans ce cas, déroulez l'intégralité du cordon de l'enrouleur. Bloquez la bobine à l'aide d'un tournevis, par exemple. Démontez l'ancien cordon, puis adaptez le nouveau cordon de la même manière. N'oubliez pas de resserrer les arrêts de traction.

◄ ***Figure 111 : Le remplacement d'un cordon d'enrouleur***

Si le cordon s'avère correct, poursuivez la recherche au niveau de l'interrupteur marche / arrêt. Déconnectez-le, puis testez-le à l'aide d'un ohmmètre. Un interrupteur correct présente une mesure de zéro ohm en position fermée et une résistance infinie en position ouverte.

Le cordon et l'interrupteur étant hors de cause, poursuivez vos investigations en direction du moteur. En démontant le moteur, vérifiez l'état du condensateur, qui a peut être éclaté, auquel cas il convient de le remplacer par un modèle ayant les mêmes caractéristiques. Vérifiez également la sécurité thermique qui doit indiquer zéro ohm.
Pour vérifier le moteur (figure 112), mesurez la résistance entre les deux fils d'alimentation. Un moteur en bon état présente une très faible résistance, proche de zéro.

Dans le cas d'une résistance importante ou infinie, il est nécessaire de contrôler les charbons.
Les charbons ou balais sont des pièces rectangulaires en carbone qui véhiculent l'électricité vers la partie tournante du moteur, le rotor, au niveau d'une bague composée de lamelles de cuivre appelée collecteur. À l'aide d'un ohmmètre, mesurez la résistance entre les deux charbons (figure 112), qui doit être proche de zéro. Dans le cas contraire, remplacez-les charbons par des modèles identiques. Avant de procéder au rem-

Le moteur d'aspirateur

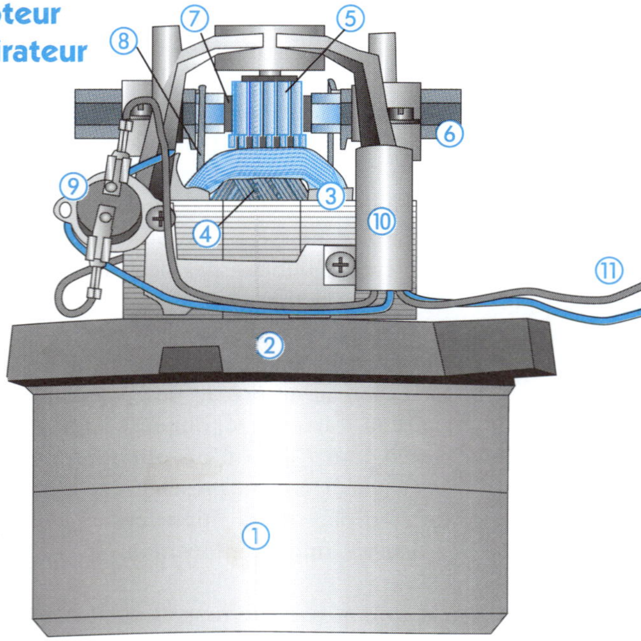

1 Turbines d'aspiration
2 Joint
3 Stator (partie fixe du moteur)
4 Rotor (partie tournante du moteur)
5 Collecteur
6 Support de charbon
7 Charbon
8 Fil d'alimentation du charbon
9 Sécurité thermique
10 Condensateur
11 Alimentation

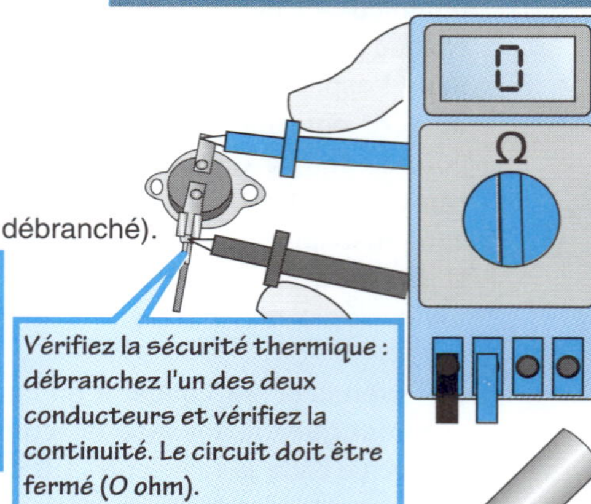

La vérification d'un moteur

1 Mesurez la continuité des bobinages du moteur (appareil débranché).

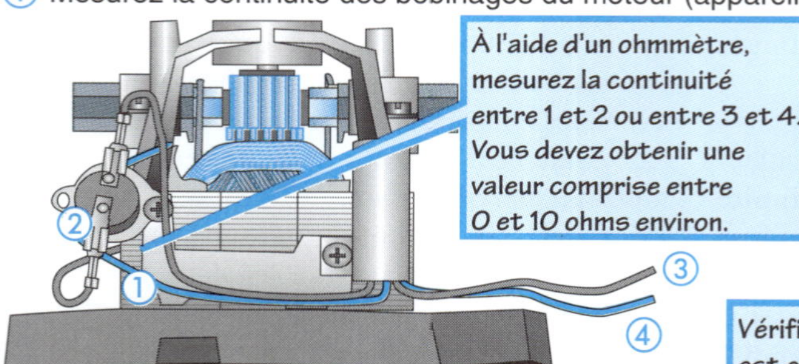

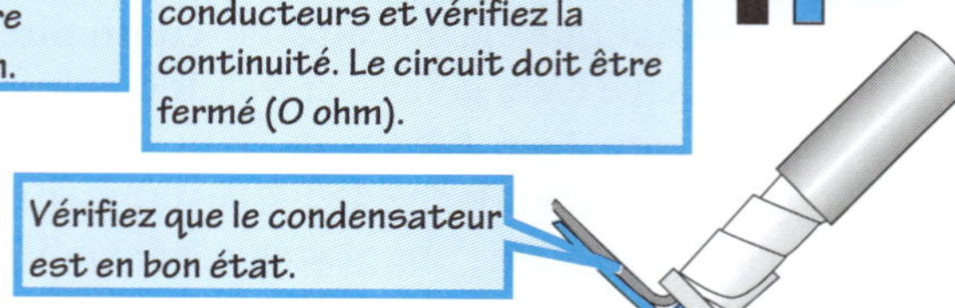

Exemple de condensateur qui a éclaté.

2 Vérifiez le collecteur et les charbons.

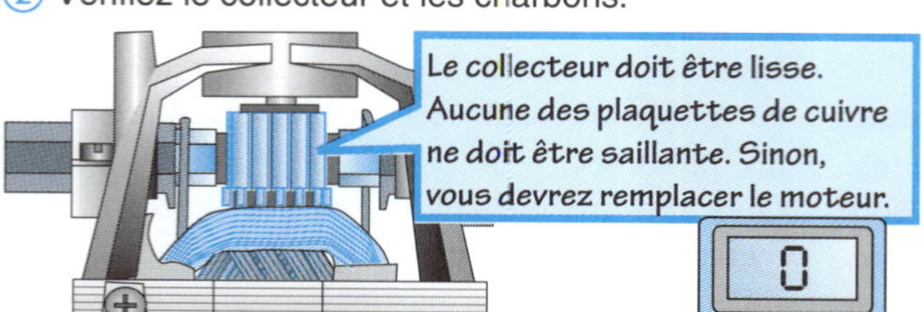

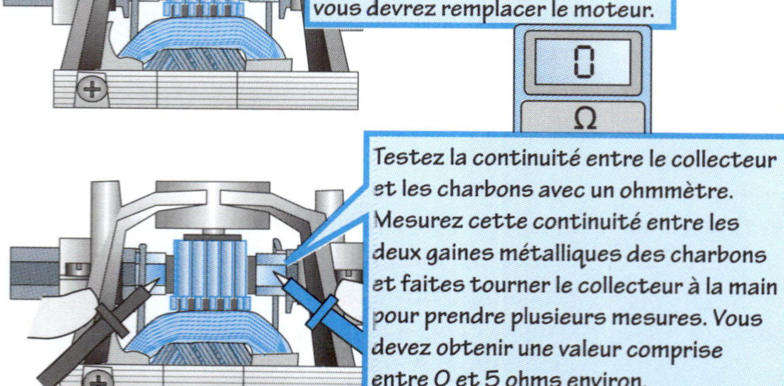

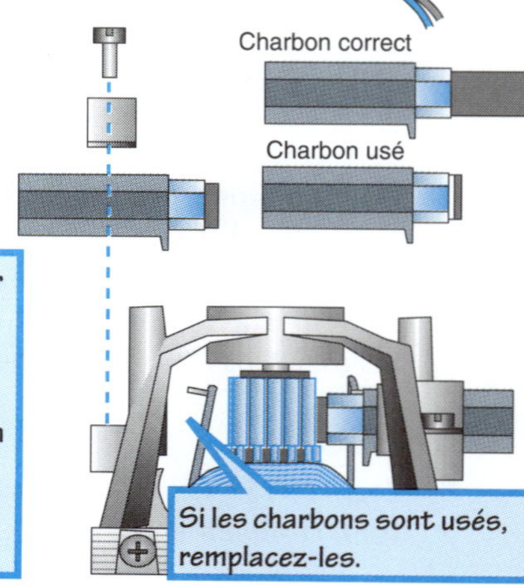

placement des charbons, il convient de vérifier l'état du collecteur : il doit être lisse et brillant. Des aspérités ou des plaquettes proéminentes indiquent que le moteur est à remplacer intégralement.
Si les charbons sont en bon état mais que la résistance entre les alimentations du moteur est infinie, remplacez le moteur. Malheureusement, il est fréquent que le prix du moteur en pièce détachée ne permette pas de réaliser de substantielles économies par rapport à l'achat d'un aspirateur neuf.

Pour les appareils plus sophistiqués, la panne peut se situer au niveau du variateur de puissance ou au niveau des commandes du flexible.

L'aspirateur s'arrête de lui-même

Lors d'utilisations prolongées, il arrive qu'un aspirateur s'arrête de lui-même. Dans ce cas, c'est la sécurité thermique qui se déclenche. L'appareil doit se remettre en route après quelques minutes. La sécurité thermique peut également se déclencher lorsque le sac à poussière est plein ou lorsque les filtres sont obstrués.

Le fer à repasser

L'équipement électrique d'un fer à repasser se compose d'un cordon d'alimentation avec une gaine textile ou spéciale résistant à la chaleur, d'un thermostat et d'une résistance sertie dans la semelle. Un voyant s'allume quand l'appareil est en chauffe et s'éteint lorsque la température programmée est atteinte. Les modèles récents sont équipés d'une sécurité thermique qui coupe l'alimentation du fer en cas de surchauffe. Malheureusement, cette sécurité est souvent sertie ou intégrée dans la semelle, de telle sorte que sa destruction impose le remplacement complet de la semelle, ce qui augmente sensiblement le coût d'un tel dépannage. Les modèles sophistiqués proposent des régulations électroniques.

Les fers à vapeur disposent du même équipement électrique, plus un dispositif pour générer de la vapeur (figure 113), composé :

- d'un réservoir d'eau, avec ou sans système antitartre ;
- d'un boisseau, tige permettant d'introduire l'eau au goutte-à-goutte dans la chambre de vaporisation, elle-même sertie dans la semelle ;
- d'un spray, petite pompe puisant l'eau dans le réservoir ;
- d'une touche double-vapeur commandant une petite pompe qui envoie une quantité déterminée d'eau dans la chambre de vaporisation.

Certains modèles plus sophistiqués sont reliés à un générateur de vapeur qui envoie directement de la vapeur sous pression dans la chambre de vaporisation. L'ennemi numéro un des fers à vapeur est le calcaire. Utilisez toujours de l'eau déminéralisée, même pour les modèles acceptant directement l'eau du robinet, à l'efficacité relative. Vous conserverez ainsi votre appareil en état beaucoup plus longtemps.

> Pour préserver votre fer à repasser à vapeur, utilisez toujours de l'eau déminéralisée.

◄ *Figure 112 : La vérification du moteur d'un aspirateur*

L'équipement d'un fer à repasser à vapeur

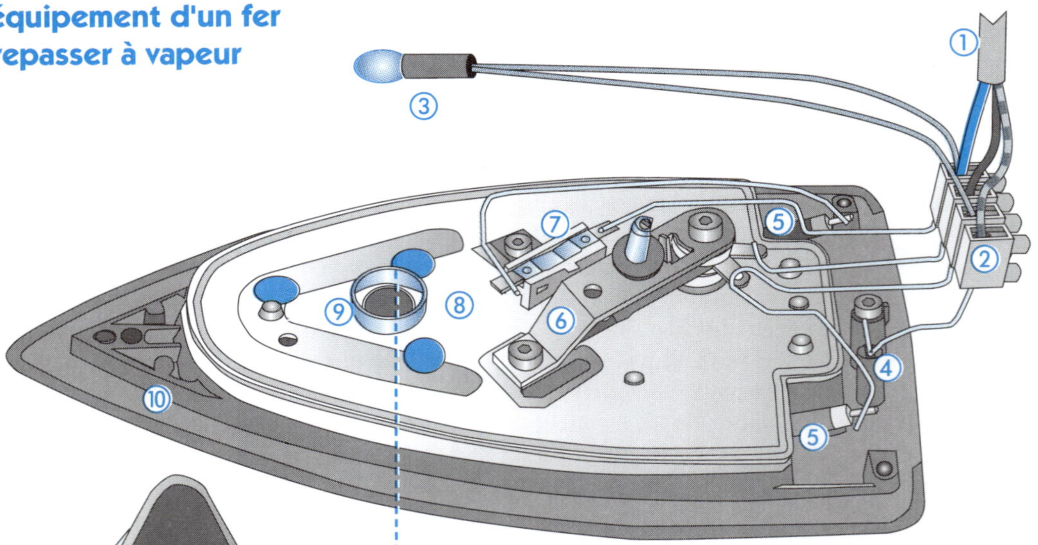

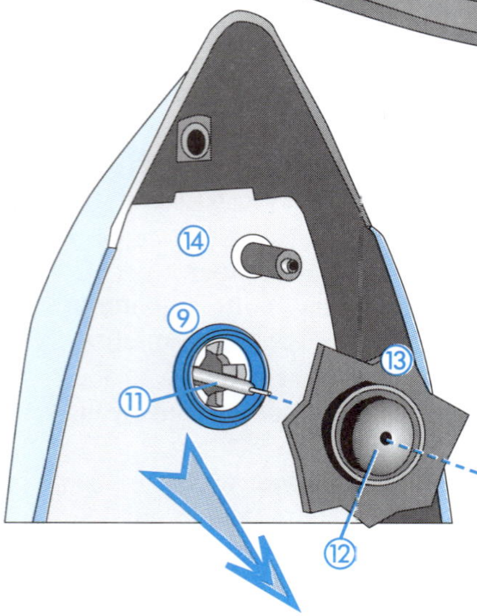

①	Cordon d'alimentation	⑧	Chambre de vaporisation
②	Raccordements	⑨	Joint en silicone
③	Lampe témoin	⑩	Semelle
④	Raccordement de la terre	⑪	Boisseau
⑤	Résistance	⑫	Sortie du boisseau
⑥	Thermostat	⑬	Jupe
⑦	Sécurité thermique	⑭	Réservoir

Le circuit vapeur

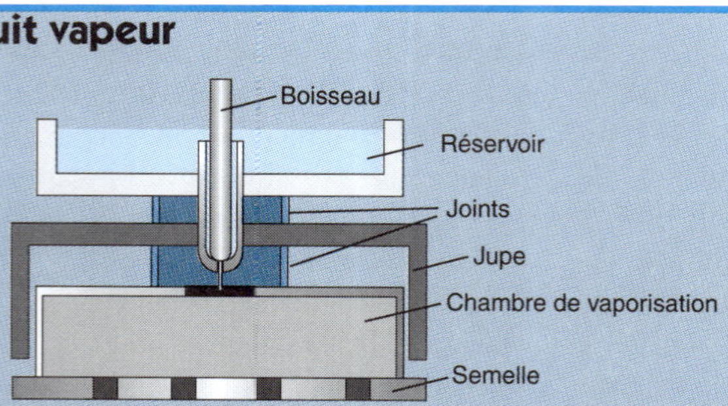

En position sec, le boisseau est au fond de son tuyau, l'eau ne coule pas.

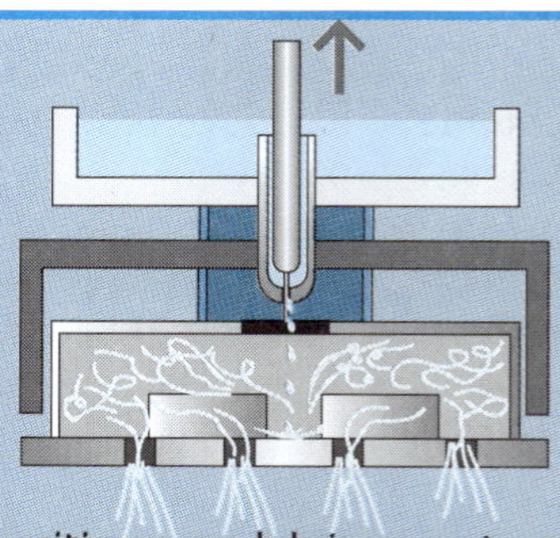

En position vapeur, le boisseau est remonté. L'eau coule dans la chambre de vaporisation chauffée par la résistance et se transforme en vapeur.

Figure 113 : L'équipement d'un fer à repasser

Le fer ne chauffe plus

Le cordon d'alimentation constitue l'origine de la majorité des pannes (figure 114). Il faut démonter le talon du fer et vérifier la continuité du cordon. Dans l'hypothèse d'une mauvaise continuité, remplacez le cordon, mais uniquement par un modèle prévu à cet effet, c'est-à-dire résistant à la chaleur.
Si le cordon est en bon état, démontez la semelle du fer pour accéder à la partie électrique.
Testez la résistance à ses bornes avec un ohmmètre. La valeur en ohm doit être supérieure à zéro (environ 40 ohms), mais pas infinie. Dans le cas contraire, remplacez la semelle.
Si la résistance est correcte, vérifiez le thermostat. Tournez la manette de commande pour fermer le circuit, puis testez la continuité entre les bornes d'arrivée et de départ. La résistance doit être proche ou égale à zéro ohm, sinon, remplacez le thermostat.
Si la panne n'est pas résolue, vérifiez la sécurité thermique. Dans la plupart des cas, une sécurité thermique qui s'est déclenchée nécessite le remplacement de toute la semelle.
Dans le cas d'un fer à vapeur, il est possible qu'une fuite de vapeur entre le réservoir et la semelle, ou au niveau de la chambre de vaporisation, ait oxydé les parties électriques. Dans le meilleur des cas, seul le remplacement du thermostat est nécessaire. Dans le pire des cas, il faut remplacer l'appareil.

Le fer chauffe trop ou pas assez

Ce type de dysfonctionnement provient du déréglage du thermostat. Il est nécessaire de le remplacer.

Le fer déclenche le disjoncteur

Un défaut d'isolement en est certainement la cause. Il peut s'agir aussi d'un court-circuit. Mesurez l'isolement au niveau de la fiche entre l'alvéole de terre et les broches. En cas de défaut, démontez la semelle du fer, puis recherchez-en l'origine. Si le défaut d'isolement se situe entre la résistance et la semelle du fer, il faut changer la semelle. Vérifiez également que vous n'êtes pas en présence d'une fuite au niveau du réservoir sur des parties sous tension.

Le fer ne produit plus de vapeur

Dans la plupart des cas cela est dû à l'entartrage du circuit de vapeur du fer. Vérifiez tout de même le goutte-à-goutte au niveau du boisseau : il est parfois obstrué par des impuretés. Si le tartre a envahi la chambre de vaporisation et les trous de sortie de la vapeur, il sera difficile de restaurer l'appareil.

La cafetière électrique

L'équipement électrique d'une cafetière est similaire à celui d'un fer à repasser (figure 115). Il se compose d'un cordon d'alimentation avec un interrupteur, d'une résistance équipée d'un thermostat et d'une sécurité de surchauffe. L'eau provenant du réservoir chemine le long de la résistance électrique, puis est envoyée vers le filtre. À la différence de celle des fers à repasser, la sécurité thermique de ces appareils est aisément remplaçable.

Les cafetières électriques sont sensibles au tartre. Respectez les prescriptions du fabricant quant à la méthode et la

Le fer à repasser ne chauffe plus

① **Débranchez le fer**, vérifiez le cordon d'alimentation.

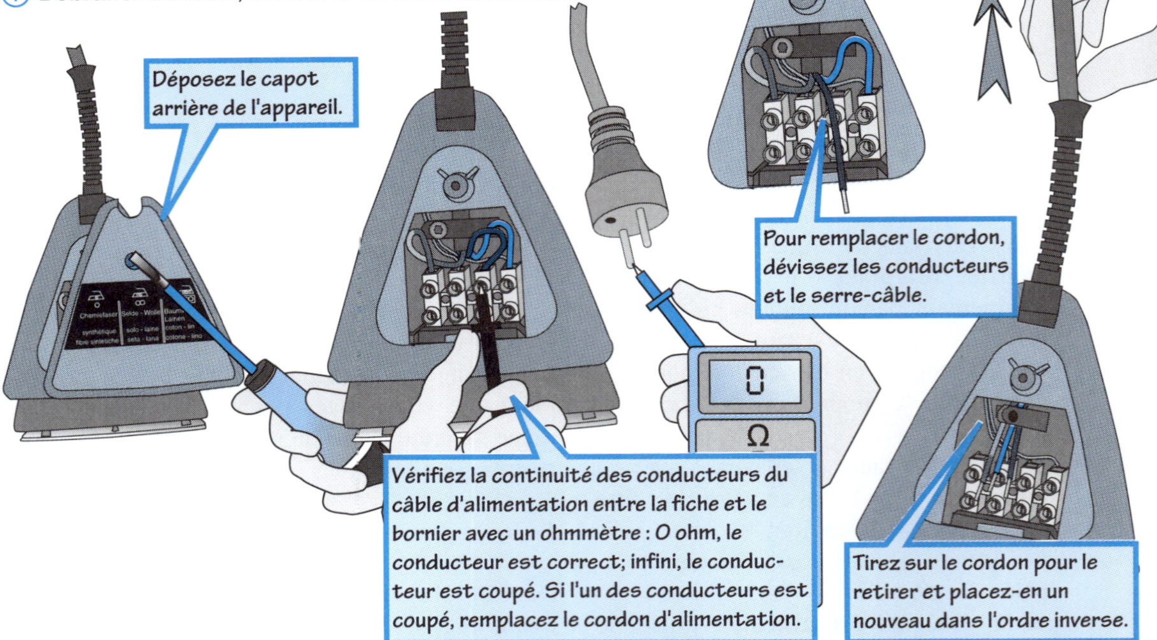

② Si le cordon est correct, démontez la semelle.

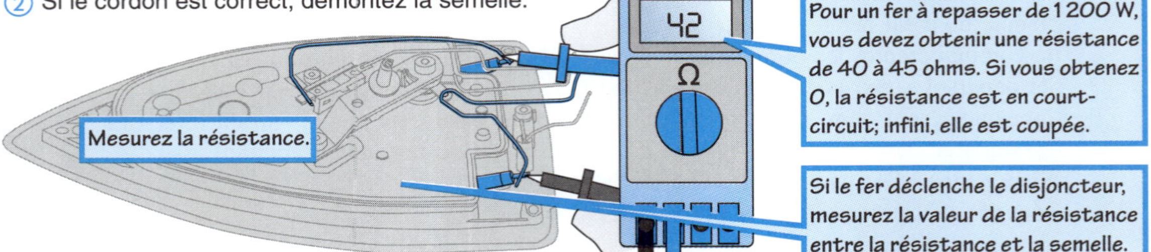

③ Vérifiez le thermostat.

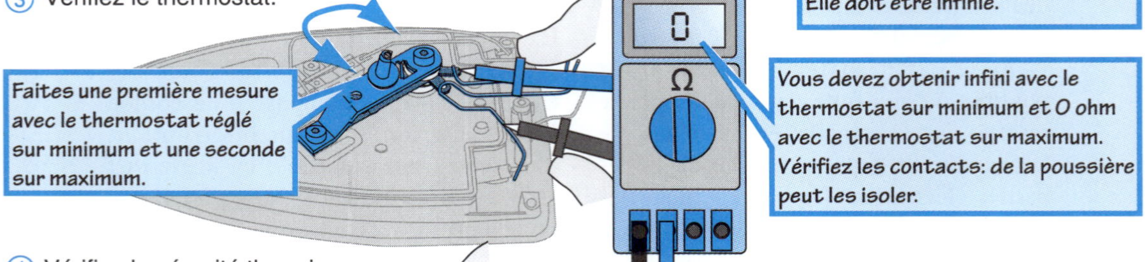

④ Vérifiez la sécurité thermique.

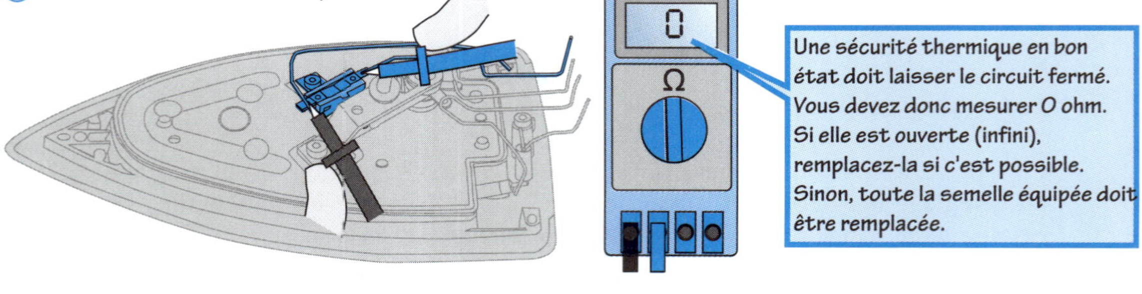

L'équipement d'une cafetière électrique

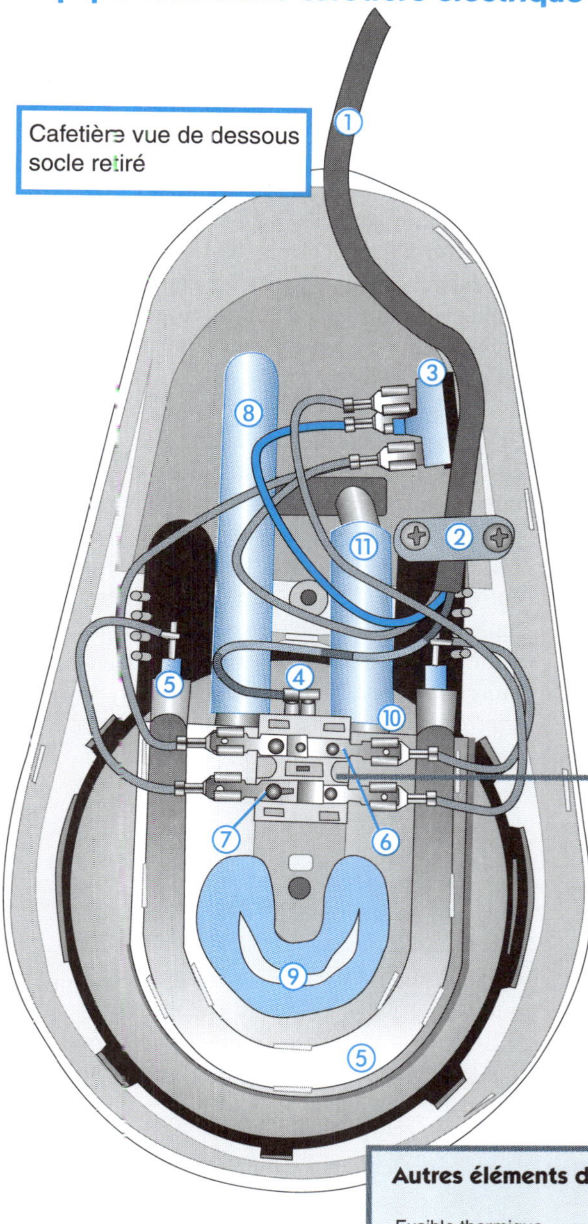

1. Câble d'alimentation
2. Serre câble
3. Interrupteur
4. Raccordement de la terre
5. Résistance électrique
6. Sécurité thermique
7. Thermostat
8. Tube en silicone d'arrivée d'eau
9. Joint silicone sur le conduit d'eau
10. Sortie du circuit d'eau
11. Tube en silicone

Sur cet appareil, la sécurité thermique et le thermostat sont réunis sur le même support. Sur d'autres modèles, ces deux éléments peuvent être séparés.

Autres éléments de protection et de régulation

Fusible thermique (en sécurité thermique) généralement enrobé dans une gaine isolante en silicone

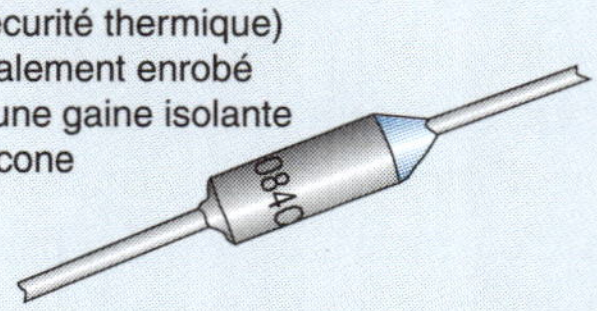

Thermostat bi-métallique

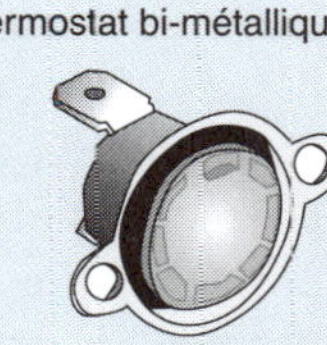

◄ *Figure 114 :*
Le fer ne chauffe plus

Figure 115 : L'équipement d'une cafetière électrique

Pensez à détartrer régulièrement votre cafetière électrique.

fréquence de détartrage de l'appareil. La cafetière est entartrée lorsque l'eau passe difficilement ou plus du tout.

La cafetière ne chauffe plus

Vérifiez la continuité du cordon électrique, le fonctionnement de l'interrupteur, la résistance, le thermostat et la sécurité thermique (voir le paragraphe précédent « Le fer ne chauffe plus »).

La cafetière déclenche le disjoncteur

Comme pour le fer à repasser, il s'agit d'un défaut d'isolement ou d'un court-circuit provoqué par la présence d'eau. Dans le meilleur des cas, c'est-à-dire une fuite, il suffit de remplacer les joints en silicone reliant les tubulures d'eau à la résistance. Dans le pire des cas, il s'agit d'un défaut d'isolement entre la résistance et le conduit de l'eau. Il faut alors remplacer le bloc de résistance.

Le grille-pain

Un grille-pain comprend deux résistances électriques en série associées à un système de minuteur muni d'une molette de réglage qui permet de sélectionner la durée de fonctionnement (figure 116). Ce dispositif déclenche la remontée du chariot en fin de cuisson. Le minuteur est composé d'un bilame ou d'un système électronique avec électroaimant qui permet l'accrochage du chariot en position basse.
La recherche de panne sur ce type d'appareil est relativement simple. Dans un premier temps, vérifiez la continuité du cordon électrique, puis la résistance de l'élément chauffant. Si celui-ci est détérioré, remplacez-le. Généralement, il est raccordé par un système de cosse qui simplifie l'intervention. Si le cordon et la résistance sont corrects, vérifiez les contacts commandés par le chariot, qui doivent être fermés lorsque le chariot est en position basse.

Si tous les éléments ci-dessus sont corrects, c'est le minuteur qui est défaillant. Remplacez-le. Les grille-pain peuvent également être sujets aux défauts d'isolement lorsqu'un fil sous tension entre en contact avec la carcasse métallique de l'appareil ou lors d'une mauvaise manipulation : ne retirez jamais un morceau de pain coincé dans l'appareil avec une lame de couteau, par exemple.

Le rasoir électrique

Il existe plusieurs systèmes de rasoir électrique basés sur des techniques différentes : les systèmes à lames rotatives (Philips) ou à vibreur (la plupart des autres marques). Le mode d'alimentation diffère également : il existe des modèles à piles, à accumulateur et à raccorder sur le secteur.

Un rasoir électrique comprend un moteur, appelé aussi vibreur, qui donne un mouvement de va-et-vient à la tête de coupe. Le moteur se compose de deux bobinages qui se raccordent sur un circuit imprimé situé dans la partie basse de l'appareil. Ce circuit comporte une paire

Figure 116 : ▶
L'équipement électrique d'un grille-pain

L'équipement d'un grille-pain

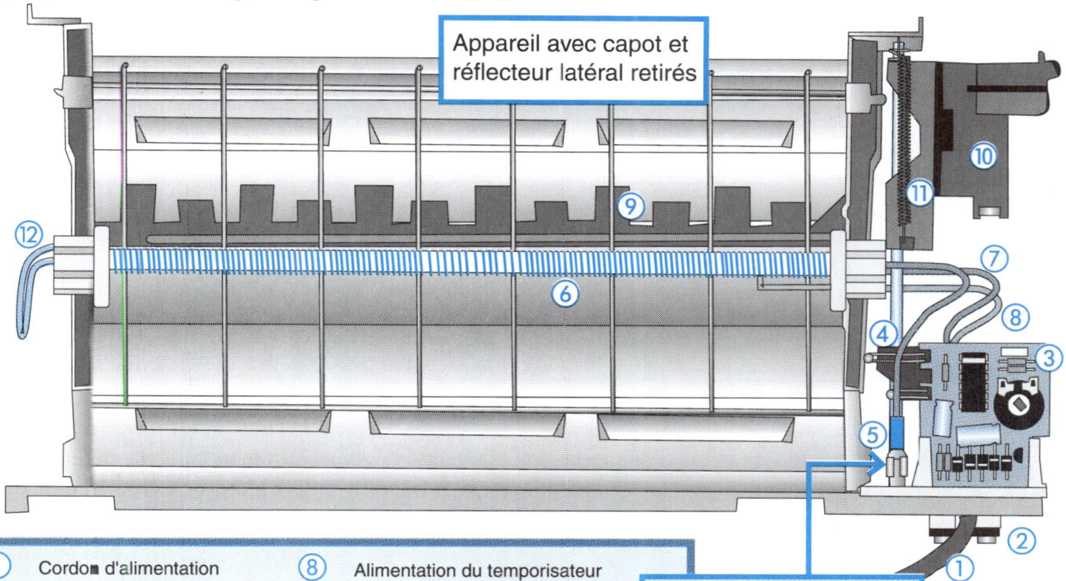

①	Cordon d'alimentation	⑧	Alimentation du temporisateur
②	Serre-câble	⑨	Chariot
③	Temporisateur électronique	⑩	Poignée de commande du chariot
④	Sondes de température	⑪	Ressort de rappel
⑤	Raccordement résistance 1	⑫	Raccordement en série des résistances
⑥	Résistance	⑬	Électroaimant
⑦	Raccordement résistance 2	⑭	Contacteur

Pour mesurer la valeur des résistances, mesurez entre (5) et (7) après avoir débranché l'un des deux fils.

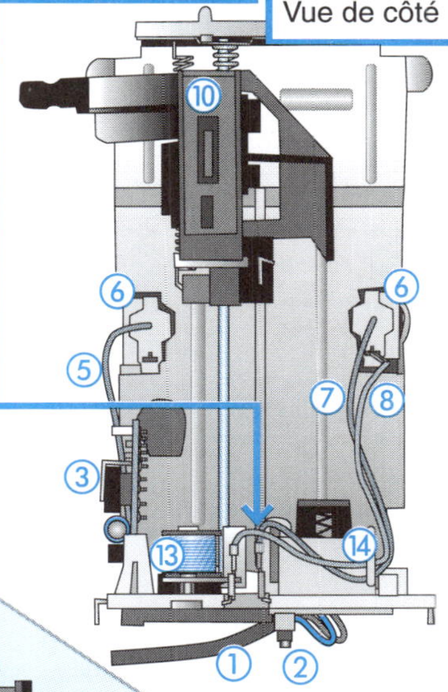

Comment ça marche ?

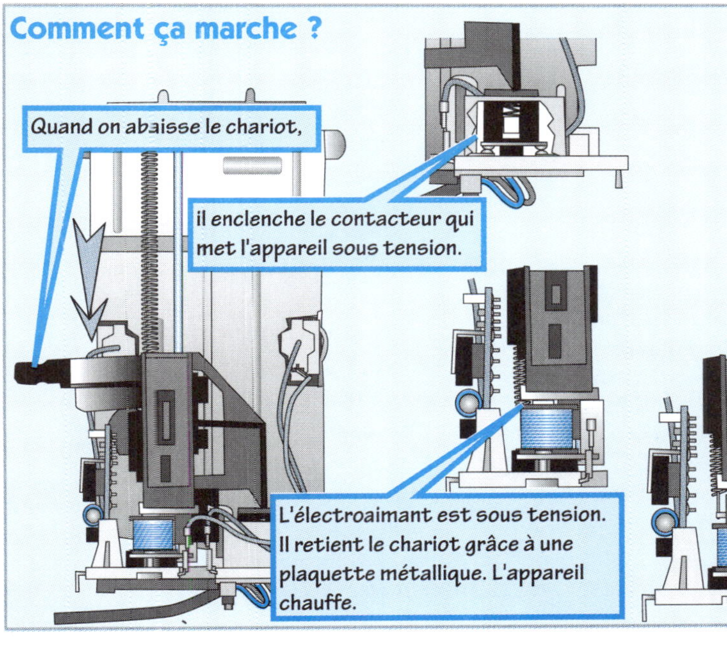

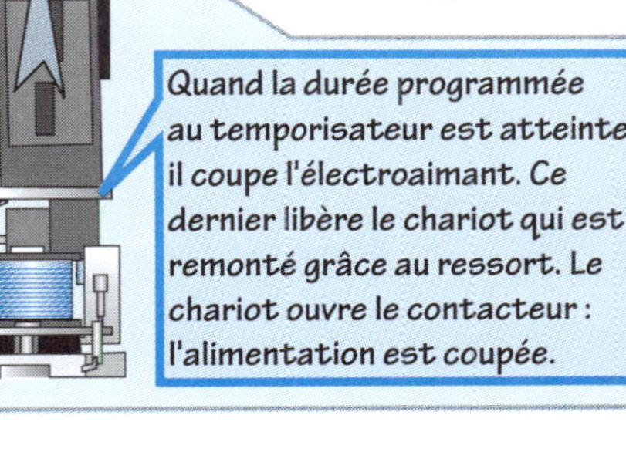

L'équipement d'un rasoir électrique

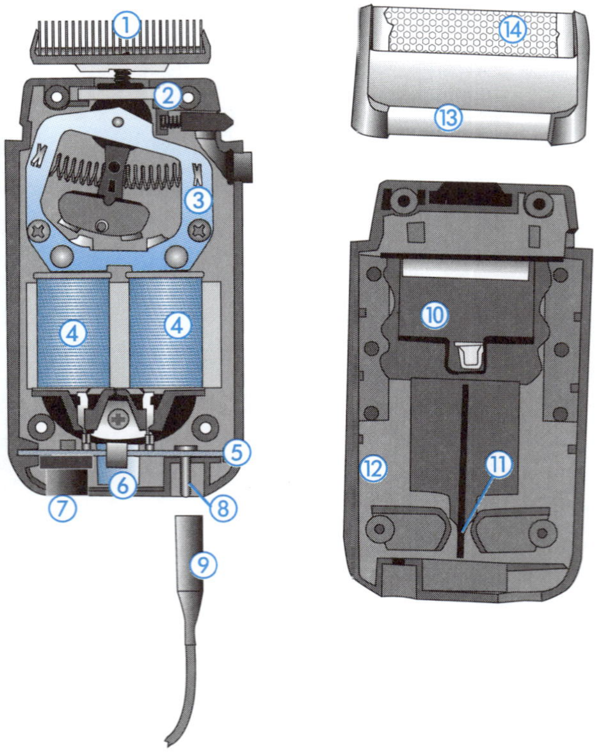

1. Couteau
2. Joint mousse
3. Moteur (vibreur)
4. Bobinages du moteur
5. Circuit imprimé
6. Interrupteur marche / arrêt
7. Sélecteur de tension
8. Broches de raccordement
9. Cordon d'alimentation
10. Bloc tondeuse
11. Tige de commande de l'interrupteur
12. Demi-boîtier supérieur
13. Tête de coupe
14. Grille

Si de la barbe s'est introduite dans le rasoir...

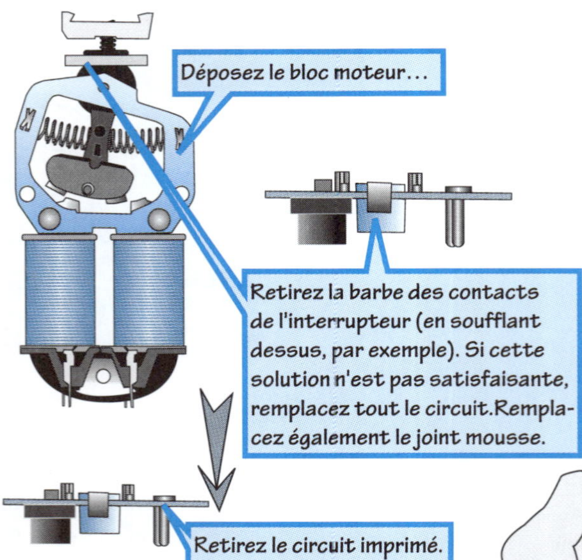

Si vous avez raccordé votre rasoir sur 220 V alors que le sélecteur était sur 110 V, vérifiez que les bobinages du moteur ne sont pas détruits.

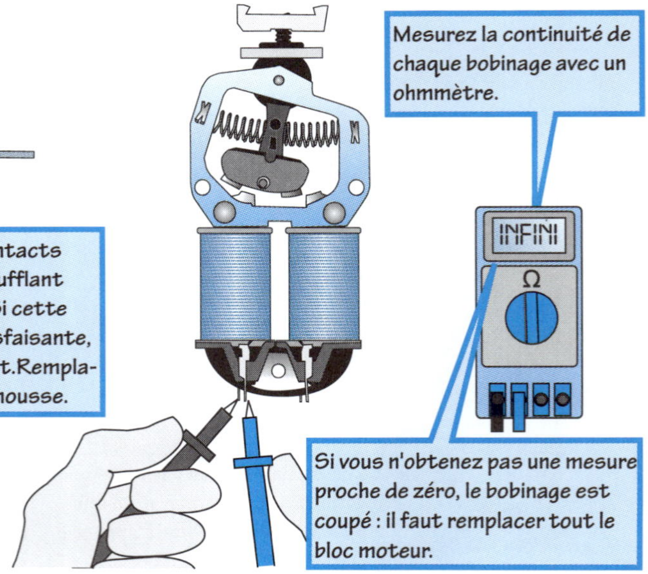

de broches pour le raccordement du cordon d'alimentation, un sélecteur de tension et un interrupteur (figure 117). L'interrupteur est actionné mécaniquement par le bloc tondeuse.

Les pannes sont rares sur ces appareils ; elles sont généralement dues à des erreurs de manipulation. La plus classique consiste à sélectionner une mauvaise tension lors du raccordement; ce qui est généralement fatal au moteur. Les modèles récents sont souvent équipés d'un dispositif électronique qui adapte automatiquement le rasoir à la tension sur laquelle il est raccordé.
Il peut se produire également un amas de barbe au niveau de l'interrupteur qui empêche le bon fonctionnement de ce dernier. Un bon nettoyage suffit souvent pour que tout rentre dans l'ordre.

Le sèche-cheveux

Le sèche-cheveux se compose d'un élément chauffant, d'un système de ventilation entraîné par un moteur à courant continu, l'ensemble étant relié par l'intermédiaire d'un circuit imprimé au cordon d'alimentation (figure 118). Un commutateur permet la mise sous tension, l'arrêt de l'appareil ou la sélection de l'allure de fonctionnement.

L'alimentation du moteur est reprise sur la résistance afin d'obtenir une très basse tension. Le courant est ensuite redressé c'est-à-dire transformé en continu grâce à un pont de diodes. L'élément chauffant est protégé par une sécurité thermique. Les sèche-cheveux étant des appareils bon marché, il est souvent peu rentable de changer les pièces défectueuses.

◄ *Figure 117 : Le rasoir électrique*

Le sèche-cheveux ne démarre pas

Débranchez l'appareil. La première vérification consiste à mesurer la continuité du cordon d'alimentation. En effet, c'est l'élément de l'appareil qui pâtit le plus des manipulations répétées.
Le cordon étant correct, vérifiez visuellement qu'aucun fil de la résistance n'est coupé. Si tel est effectivement le cas, la réparation de l'appareil risque de s'avérer plus chère qu'un appareil neuf.
Vérifiez également que l'hélice du ventilateur tourne librement et qu'elle n'est pas entravée par un amas de cheveux.

Le sèche-cheveux s'arrête de lui-même

Après quelques minutes d'utilisation, il arrive que les sèche-cheveux cessent subitement de fonctionner. Généralement, cela est dû au déclenchement de la sécurité thermique. Dans ce cas, il suffit d'attendre quelques instants que la sécurité refroidisse. La sécurité se déclenche lorsque le passage de l'air est incorrect. Nettoyez les grilles d'aspiration et de sortie d'air, puis réessayez.

Seules certaines allures fonctionnent

Ce dysfonctionnement peut être dû au commutateur qui ne permet plus de sélectionner certaines allures, auquel cas il convient de le remplacer. Vous pouvez également tenter de remplacer la plus grosse diode, qui sert habituellement à restreindre l'allure.

L'équipement d'un sèche-cheveux

Figure 119 : L'équipement d'un four classique ▶

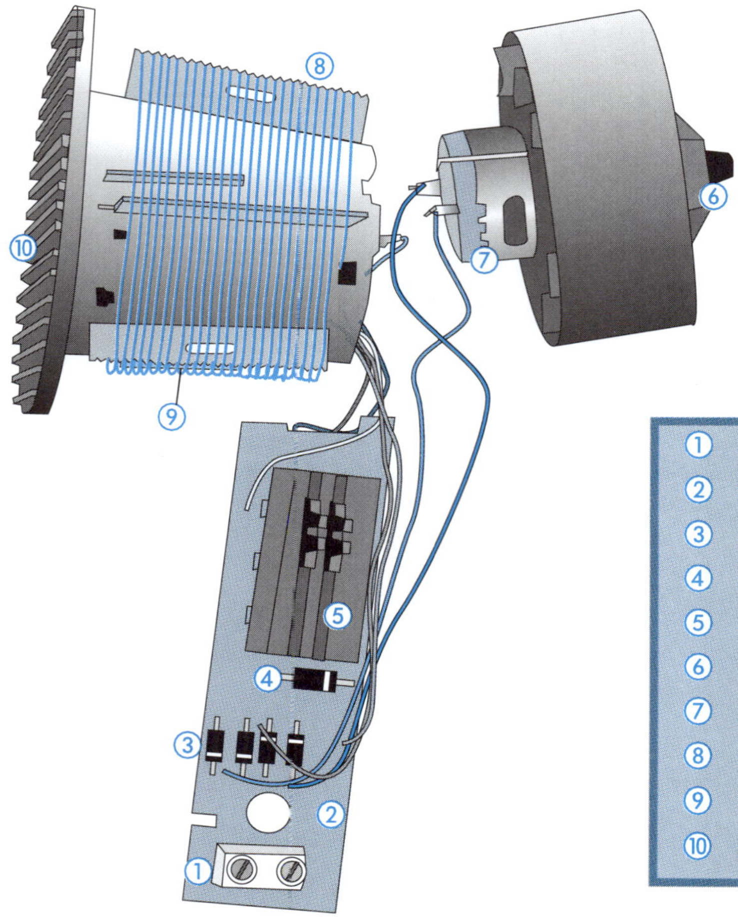

①	Connecteur du cordon
②	Circuit imprimé
③	Pont de diodes (redresseur)
④	Diode (pour les vitesses)
⑤	Sélecteur d'allures
⑥	Ventilateur
⑦	Micromoteur continu
⑧	Résistance
⑨	Sécurité de surchauffe
⑩	Grille de sortie d'air

Figure 118 : L'équipement d'un sèche-cheveux

Le four

Les types et les modèles de four sont très variés. Nous étudierons le cas d'un minifour classique. La plupart des vérifications sont valables sur les fours encastrables. En ce qui concerne les fours à micro-ondes, la technologie employée est totalement différente et peut s'avérer dangereuse pour un non-spécialiste (haute tension 4000 V, ondes néfastes). Nous vous conseillons de ne pas réparer vous-même ce type d'appareil. Adressez-vous au service après-vente agréé de la marque.

Le four classique est composé de deux éléments chauffants. Le premier, placé en bas, est la résistance de sole, le second, situé en haut, est la résistance de voûte.

L'équipement d'un four

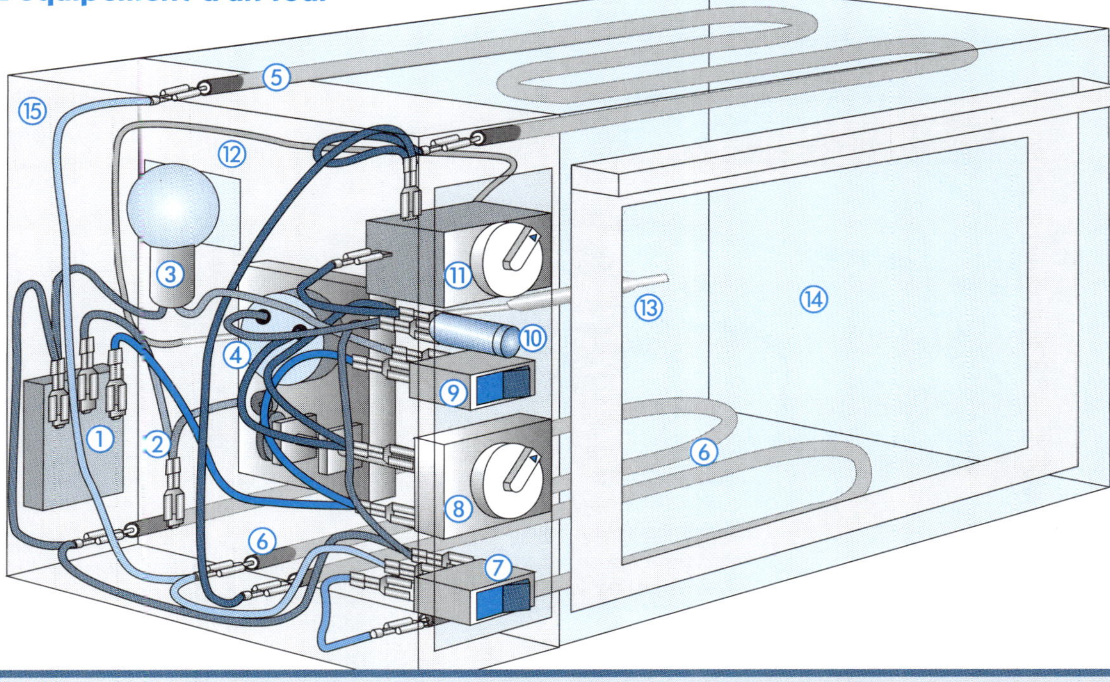

①	Bornier de raccordement	⑥	Résistance de sole	⑪	Thermostat
②	Raccordement de terre	⑦	Sélecteur four / grill	⑫	Capillaire (tube de la sonde du thermostat)
③	Éclairage du four	⑧	Minuteur	⑬	Sonde ou bulbe du thermostat
④	Moteur du tournebroche	⑨	Commande de l'éclairage	⑭	Enceinte de cuisson
⑤	Résistance de voûte	⑩	Voyant de mise sous tension	⑮	Enceinte électrique

Le fonctionnement

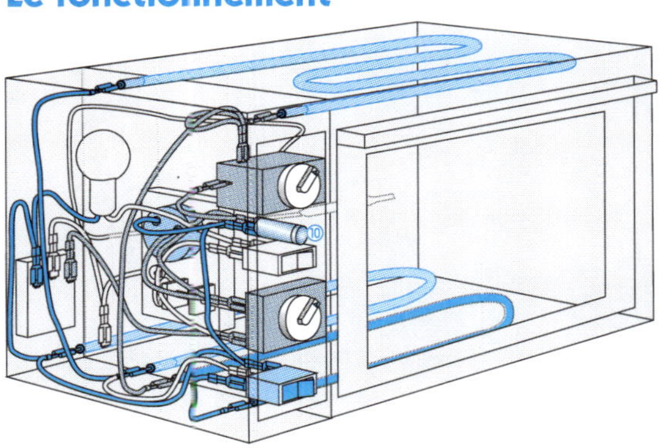

En cuisson four

En cuisson four, seules les résistances de sole chauffent, ou éventuellement avec la résistance de voûte en puissance réduite, comme ci-dessus.

En cuisson grill, seule la résistance de voûte chauffe. Comme précédemment, les éléments chauffants sont régulés par le thermostat et le temps de cuisson est programmé à l'aide du minuteur. Ces deux éléments sont placés en série.

En cuisson grill

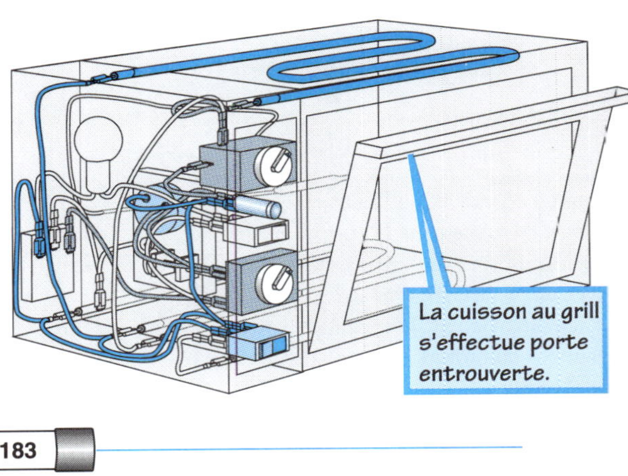

La cuisson au grill s'effectue porte entrouverte.

La recherche de pannes sur un four (toutes les mesures sont réalisées appareil débranché)

① Une résistance ne chauffe plus.

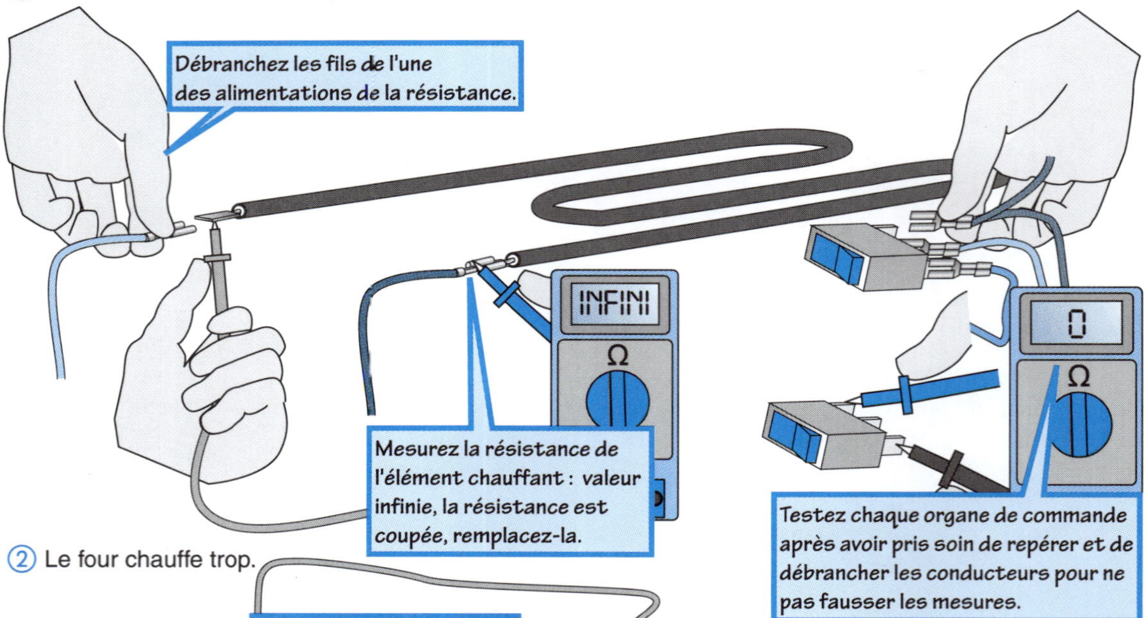

② Le four chauffe trop.

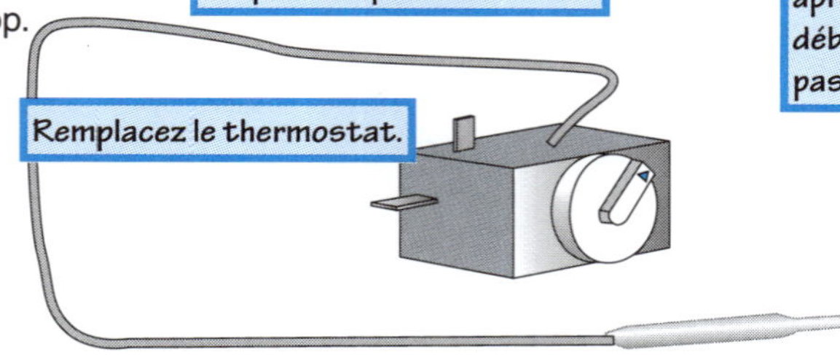

③ Le four chauffe mais insuffisamment.

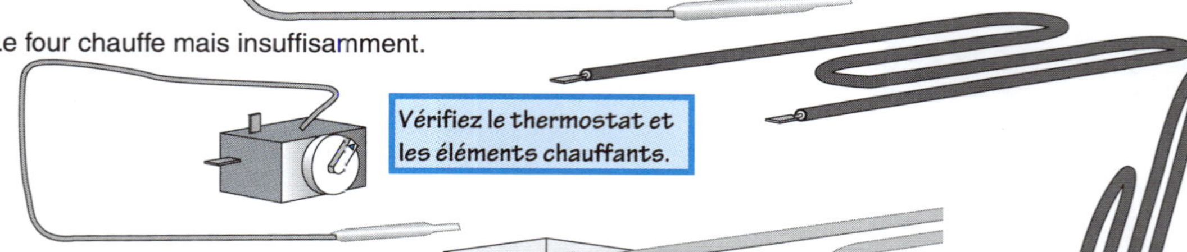

④ Le four fait sauter les fusibles ou déclencher le disjoncteur.

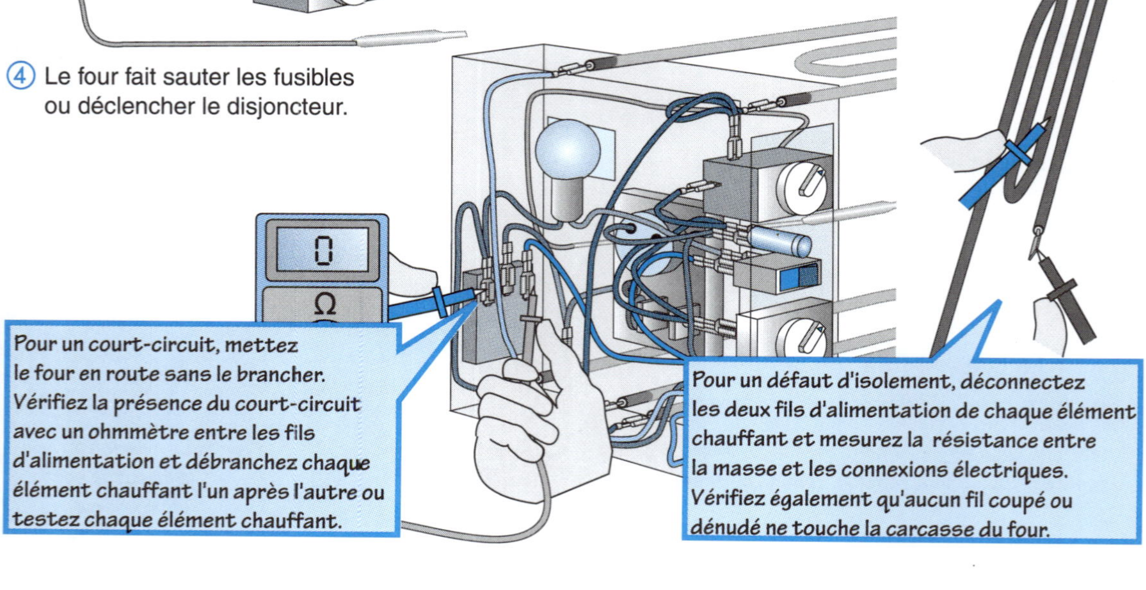

La résistance de sole sert à la cuisson en mode four. La résistance de voûte sert à la cuisson en mode grill. Certains appareils utilisent les deux résistances en mode four. Les appareils dépourvus de la fonction grill ne possèdent généralement pas de résistance de voûte.
Les résistances sont alimentées par l'intermédiaire d'un minuteur ou d'une horloge de programmation, d'un thermostat et d'un sélecteur four / grill. D'autres équipements tels que voyant de mise sous tension, éclairage intérieur ou tournebroche sont souvent disponibles.
Dans l'exemple de la figure 119, le minuteur du four est asservi au moteur du tournebroche. Dans certains cas, il peut être alimenté directement.

Le four ne s'allume pas

Après avoir contrôlé la prise de courant, vérifiez la continuité du cordon d'alimentation. Vérifiez que le minuteur ferme correctement le contact lors de la mise en route.
Il est possible que seul le voyant soit défectueux. Mettez le four en position marche, le thermostat étant réglé au maximum, puis patientez quelques minutes : si le four émet de la chaleur, changez le voyant.
Dans le cas contraire, débranchez le four, puis vérifiez les éléments chauffants et le sélecteur four / grill, comme indiqué figure 120.

L'une des résistances ne chauffe plus

À l'aide d'un appareil de mesure réglé en ohmmètre, testez les éléments chauffants et le sélecteur four / grill comme précédemment (figure 120).

Figure 120 :
La recherche de pannes sur un four

Le four chauffe trop

Ce type de panne est caractéristique du mauvais fonctionnement du thermostat. Procédez à son remplacement par un élément ayant les mêmes caractéristiques. Veillez à ne pas endommager le tube ou capillaire reliant le thermostat au bulbe. Ne le sectionnez pas, car il contient un gaz. Respectez un angle de courbure ample. Ne le mettez en contact avec aucun élément sous tension.

Le four chauffe mais insuffisamment

Assurez-vous que les éléments chauffants sont en état. Si tel est le cas, il convient de remplacer le thermostat.

Le four déclenche le disjoncteur

Il s'agit d'un défaut d'isolement ou d'un court-circuit. Vérifiez tout le circuit de fileries à l'intérieur du four et qu'aucun élément sous tension n'est en contact avec la carcasse métallique de l'appareil. Contrôlez également les éléments chauffants.

Les gros appareils ménagers

Les gros appareils ménagers font appel à des technologies évoluées, notamment à l'électronique. Les pannes possibles sont innombrables, il faudrait un ouvrage complet pour chaque appareil. Toutefois, avant de songer à remplacer votre appareil défectueux ou de déplacer le service après-vente, les quelques astuces et conseils qui suivent peuvent vous être d'un grand secours.

Les plaques de cuisson

Il existe trois types de table de cuisson basés sur l'énergie électrique :
— les tables avec plaques en fonte ;
— les tables vitrocéramiques ;
— les tables à induction.

Nous n'aborderons que les tables avec plaques en fonte. Les plaques en fonte se composent d'une résistance électrique scellée dans les rainures de la plaque au moyen d'un ciment isolant. Ces plaques sont équipées d'un bornier en céramique permettant le raccordement des fileries d'alimentation.
On distingue trois modèles différents de plaques de cuisson en fonte :
— les plaques standard, disponibles en trois diamètres (145, 180 et 220 mm) ;
— les plaques rapides, caractérisées par un rond rouge au centre de la plaque ; elles sont équipées d'un limiteur de température interne et offrent une puissance supérieure aux plaques standard pour un même diamètre ;
— les plaques à palpeur, percées en leur centre, d'un diamètre de 145 mm ou 180 mm ; le trou central permet d'accueillir le palpeur du commutateur thermostatique de commande (figure 121) ; le palpeur sert à mesurer la température du fond du récipient posé sur la plaque, pour obtenir une meilleure régulation.

> (!)
> Ne faites jamais fonctionner une plaque avec palpeur sans récipient, au risque de l'endommager.

Les plaques standard et rapides sont commandées par un commutateur mécanique permettant de sélectionner l'allure de chauffe.

Le disjoncteur se déclenche à la mise en service d'une plaque

La cause de ce type de dysfonctionnement peut être dû à un court-circuit ou à un défaut d'isolement au niveau de la plaque. Débranchez la table de cuisson, déconnectez la plaque incriminée, puis vérifiez le court-circuit ou le défaut d'isolement au niveau du bornier de la plaque.
Pour remplacer une plaque, après l'avoir déconnectée il suffit de démonter l'étrier retenu par des écrous et de sortir la plaque par le haut de la table de cuisson. Lors du montage de la nouvelle plaque, n'oubliez pas de raccorder le fil de terre au niveau de l'étrier. Repérez correctement les fileries afin de ne pas les inverser.
Si aucune plaque n'est défaillante, il peut s'agir d'un défaut d'isolement dû à la présence d'humidité au niveau des commutateurs de commande. Ce type de panne est fréquent lorsque l'eau pénètre par l'axe des commutateurs lors d'un nettoyage. Il suffit d'attendre dans ce cas le séchage des commutateurs. Vous pouvez l'accélérer au moyen d'un sèche-cheveux.

Une plaque ne chauffe plus

La panne peut provenir de la destruction de la résistance de la plaque ou du commutateur de commande. Dans un premier temps, débranchez la table de cuisson, déconnectez la plaque, puis mesurez les résistances au niveau du bornier. Si la plaque est correcte, remplacez le commutateur. Le commutateur est fixé à la plaque de cuisson avec des vis situées sous les manettes de commande.

Le raccordement des plaques électriques

Le raccordement d'une plaque standard

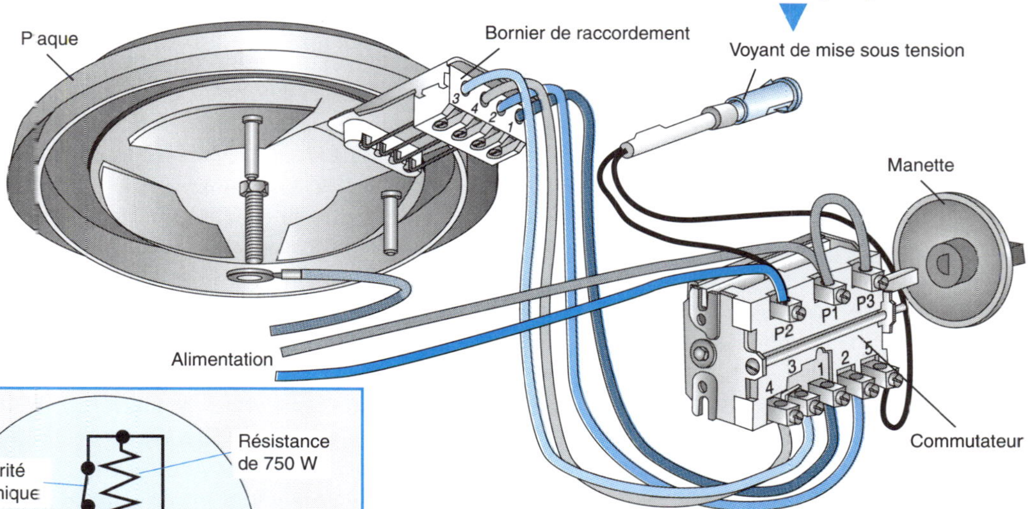

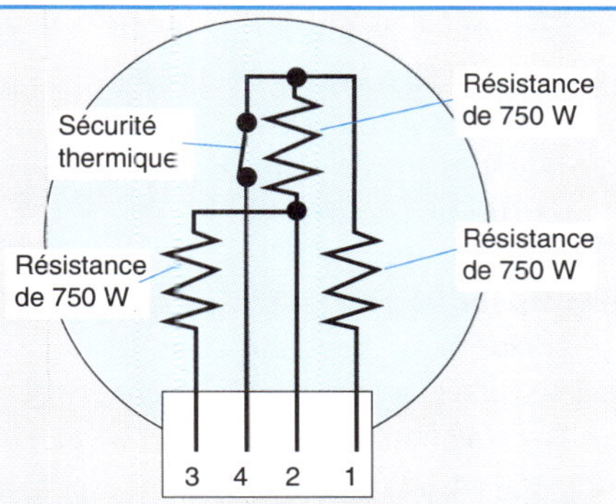

Constitution d'une plaque de 1 500 W rapide

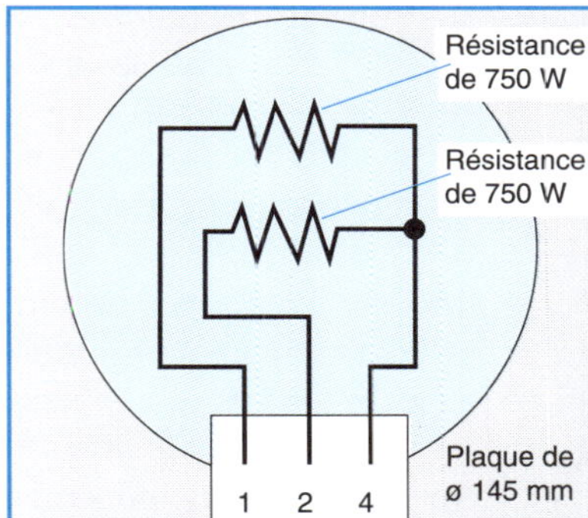

Constitution d'une plaque à palpeur

Le raccordement d'une plaque à palpeur

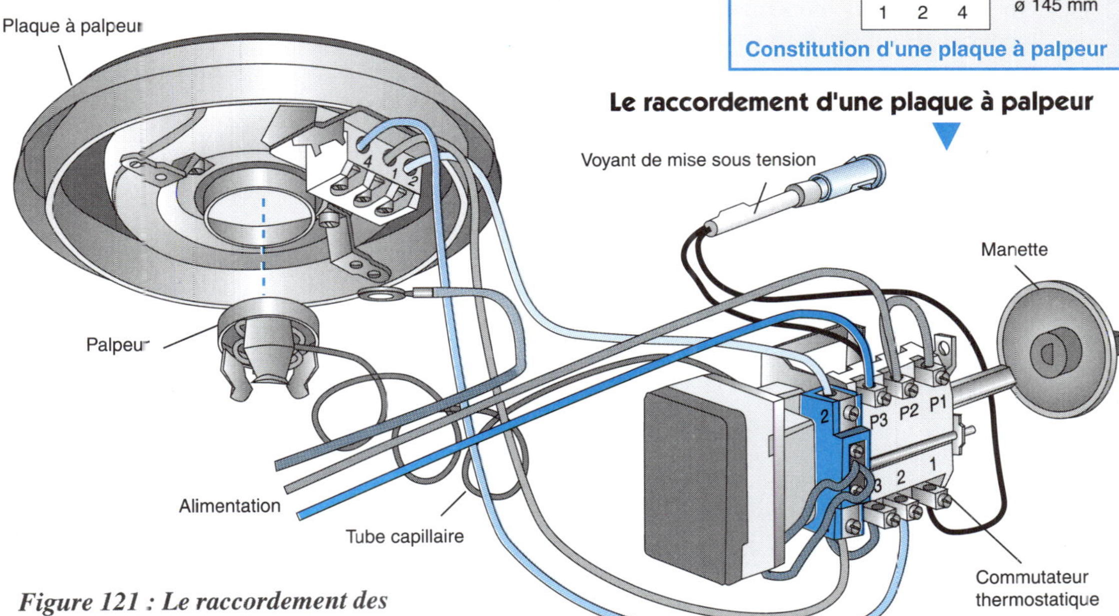

Figure 121 : Le raccordement des plaques de cuisson en fonte

Remplacez toute plaque bombée ou présentant des fissures.

Une plaque à palpeur rougit

Le palpeur ne régule plus la température de la plaque. Il convient de remplacer le commutateur thermostatique. Il est fixé de la même manière que les commutateurs classiques. Retirez le palpeur par le dessous en pressant les pattes métalliques vers le centre. Ne coupez jamais le tube capillaire.

> Ne coupez jamais le tube capillaire d'un thermostat, le gaz qu'il contient s'échapperait.

Le réfrigérateur

Il existe deux types de réfrigérateur :
— les systèmes à absorption ;
— les systèmes à compresseur.

Nous aborderons uniquement le second type, car c'est le plus répandu. L'équipement électrique de ces réfrigérateurs se compose comme suit (figure 122) :
- d'un compresseur, qui comprime et fait circuler le gaz réfrigérant ;
- d'un thermostat, pour réguler le fonctionnement du compresseur ;
- d'un système d'éclairage avec ampoule et contact de porte ;
- éventuellement, d'un circuit avec résistance pour le dégivrage automatique.

Le circuit de refroidissement est un tuyau qui transite par les divers compartiments et éléments du réfrigérateur : l'évaporateur, le condenseur, le tube capillaire, le déshydrateur et le compresseur.
L'évaporateur est la portion du tuyau située à l'intérieur du compartiment communément appelé « freezer ». Le condenseur est situé à l'arrière. C'est la partie du tuyau qui parcourt une grille en formant des serpentins. Le tube capillaire est la partie la plus étroite et en spirale du tuyau. Le déshydrateur, la partie renflée, est un système de filtrage. Le circuit complet est parcouru par un fluide réfrigérant, anciennement du gaz Fréon, désormais interdit pour préserver la couche d'ozone. Pour produire du froid, le réfrigérateur utilise deux principes physiques selon lesquels un gaz comprimé s'échauffe, et un liquide qui s'évapore absorbe la chaleur.

Le compresseur aspire le gaz de l'évaporateur et le rejette sous pression dans le condenseur. Sous l'action de la compression, le gaz s'échauffe. Il est refroidi par l'air ambiant en traversant le condenseur, ce qui provoque sa liquéfaction. À la sortie du condenseur, le fluide traverse le capillaire, ce qui diminue sa pression et provoque sa vaporisation. L'évaporation absorbe la chaleur à l'intérieur du réfrigérateur, puis le fluide retourne dans le compresseur.

Le compresseur est équipé d'un moteur électrique à deux bobinages. Le premier sert lors de la mise en route pour lancer le moteur, le second pour le fonctionnement continu. Le passage de l'alimentation d'un bobinage à l'autre s'effectue automatiquement grâce à un relais (figure 122). Le compresseur est protégé par une sécurité thermique.
Afin d'éviter les pannes, un entretien minimal est indispensable :

Figure 122 : Les éléments du réfrigérateur à compresseur ▶

L'équipement d'un réfrigérateur

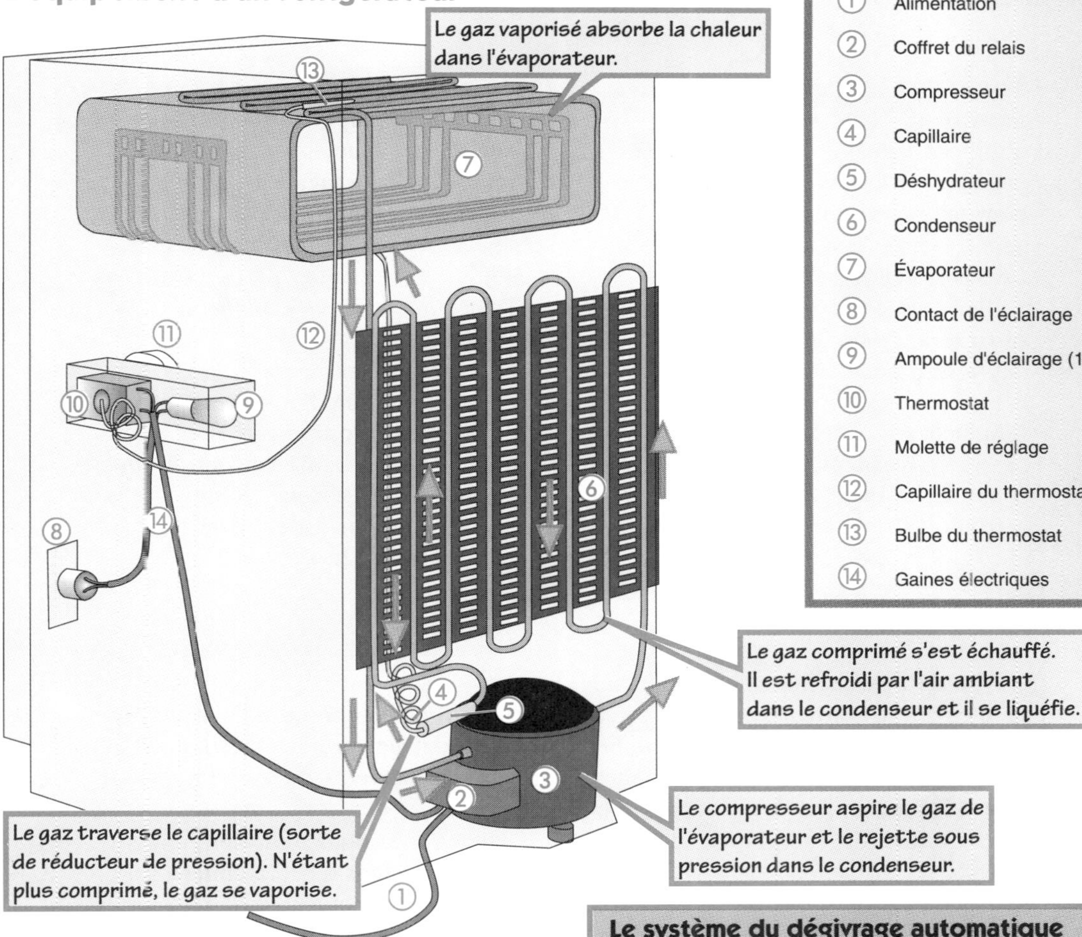

1. Alimentation
2. Coffret du relais
3. Compresseur
4. Capillaire
5. Déshydrateur
6. Condenseur
7. Évaporateur
8. Contact de l'éclairage
9. Ampoule d'éclairage (15 W)
10. Thermostat
11. Molette de réglage
12. Capillaire du thermostat
13. Bulbe du thermostat
14. Gaines électriques

Raccordement du compresseur

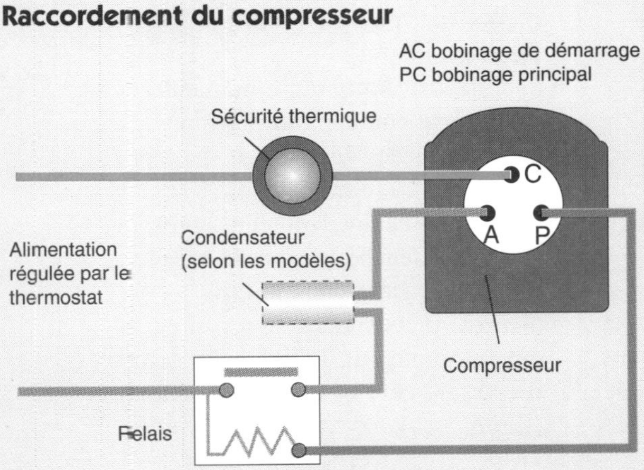

Le système du dégivrage automatique

Quand le compresseur s'arrête, une petite résistance fait fondre le givre sur l'évaporateur. L'eau est récupérée dans un caniveau et s'écoule dans un bac situé sur le compresseur. Quand celui-ci fonctionne, il chauffe et fait évaporer l'eau récupérée.

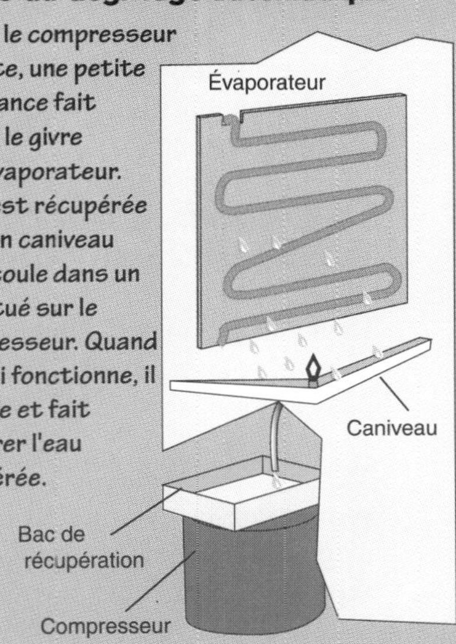

- dégivrez tous les mois le compartiment *freezer* ;
- n'utilisez jamais d'objet métallique pour gratter le givre et la glace; vous pourriez percer l'évaporateur ;
- dépoussiérez régulièrement l'évaporateur situé à l'arrière et veillez à ce que l'aération autour du réfrigérateur soit suffisante ;
- laissez reposer l'appareil 24 heures après un transport avant de le rebrancher ;
- laissez refroidir plats et aliments avant de les mettre dans le réfrigérateur.

Le réfrigérateur fonctionne mais ne produit pas de froid

Ce type de dysfonctionnement signifie que le circuit de refroidissement est percé ou que le compresseur est défaillant. Dans un cas comme dans l'autre, faites de préférence appel à un réparateur professionnel ou remplacez le réfrigérateur.

Le réfrigérateur produit trop de froid

Le thermostat est peut-être réglé au maximum ou bien il est défectueux. Remplacez-le.

Le réfrigérateur ne produit pas suffisamment de froid

Réglez le thermostat. Éliminez le surplus de givre dans le *freezer* : trop de givre nuit aux performances.

Vérifiez l'étanchéité du joint de porte, et remplacez-le éventuellement. Il peut s'agir également d'une fuite du circuit de refroidissement (voir plus haut).

Le réfrigérateur émet un bruit mais ne démarre pas

Le relais de démarrage est certainement en panne. Le compresseur peut également être en cause. Vérifiez ces deux éléments.

De l'eau s'accumule au fond du réfrigérateur

Ce phénomène se produit sur les appareils à dégivrage automatique. Le tuyau d'évacuation du caniveau, situé sous l'évaporateur, est bouché. Nettoyez-le à l'aide d'un morceau de fil de fer, par exemple (figure 122).

Le Lave-linge

Le lave-linge combine un circuit hydraulique et un circuit électrique. Les principaux éléments du lave-linge sont les suivants :

- le moteur électrique, associé à un condensateur qui sert à faciliter le démarrage du moteur ;
- le programmateur, cerveau de la machine qui détermine les cycles de lavage et d'essorage ;
- une résistance électrique et un thermostat, pour le chauffage de l'eau ;
- une électrovanne, qui commande l'arrivée d'eau dans la machine ;
- une pompe de vidange, qui permet d'évacuer l'eau de la cuve ;
- un pressostat, interrupteur à pression qui se déclenche lorsque le niveau d'eau augmente dans la cuve ;
- diverses pièces mécaniques, dont la cuve, le tambour, le palier, la courroie d'entraînement et les amortisseurs (figure 123).

L'équipement d'un lave-linge

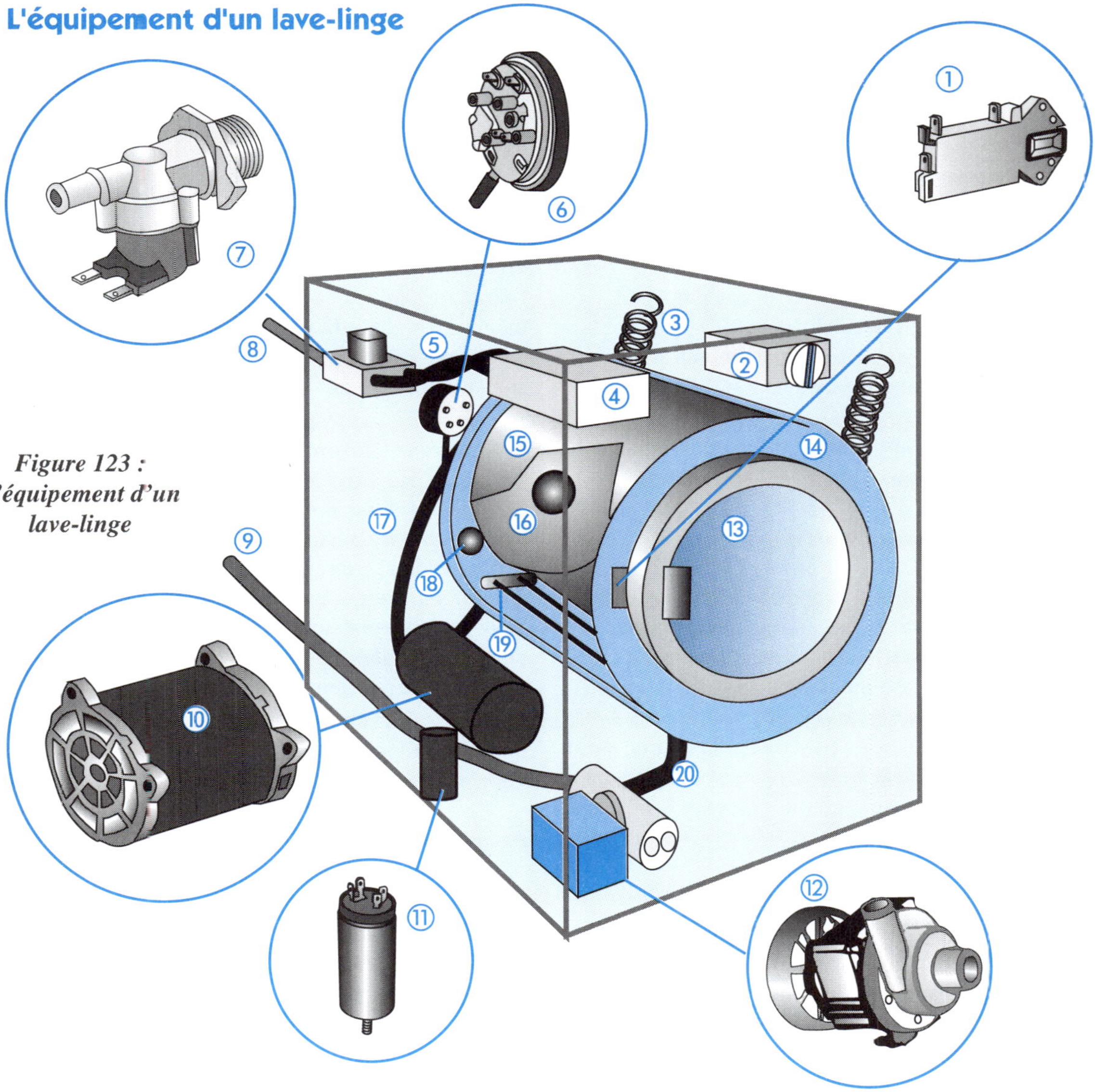

Figure 123 : L'équipement d'un lave-linge

①	Sécurité d'ouverture	⑧	Tuyau d'alimentation d'eau	⑮	Tambour
②	Programmateur	⑨	Tuyau d'évacuation	⑯	Palier
③	Ressort (amortisseur)	⑩	Moteur	⑰	Courroie
④	Boîte à produits	⑪	Condensateur	⑱	Thermostat
⑤	Durites	⑫	Pompe de vidange	⑲	Résistance
⑥	Pressostat	⑬	Hublot	⑳	Durite
⑦	Électrovanne de remplissage	⑭	Cuve		

Respectez les recommandations d'emploi et d'entretien préconisées par le fabricant, notamment :

— ne pas surcharger le tambour ;

— nettoyer régulièrement le filtre de la pompe de vidange ;

— fermer le robinet d'arrêt après chaque utilisation ;

— nettoyer les compartiments pour produits de lavage.

Avant toute intervention, débranchez le lave-linge.

Le lave-linge ne démarre pas

Vérifiez que le robinet d'arrêt est ouvert, que le hublot est correctement fermé, que la prise de courant est alimentée et que le programmateur est réglé sur un programme de lavage. Si toutes ces vérifications sont positives, la panne peut provenir de l'interrupteur ou du contact de fermeture du hublot, à remplacer le cas échéant.

Le lave-linge provoque le déclenchement du disjoncteur

L'appareil est en défaut d'isolement. Dans la majorité des cas, c'est la résistance qui est en cause. Vérifiez son isolement, comme pour la résistance d'un four (voir figure 120).
Si la résistance est correcte, vérifiez tous les autres éléments de la même manière et un par un.

La machine se remplit anormalement

Si la machine se remplit trop peu ou déborde, la panne peut être due au pressostat ou à l'électrovanne. Si l'eau arrive, même machine arrêtée, l'électrovanne est défectueuse et son remplacement s'impose.

!

Fermez toujours le robinet d'arrivée d'eau après utilisation de la machine afin d'éviter toute défaillance de l'électrovanne.

Le tambour ne tourne pas

Si vous entendez le bruit du moteur, mais que le tambour reste immobile, la panne provient certainement de la courroie d'entraînement qui a sauté ou s'est brisée. Si la machine est sous tension, mais que vous n'entendez pas le moteur, celui-ci peut être défectueux. Vérifiez la continuité du moteur. Vérifiez également le fonctionnement de la sécurité de la porte avec un ohmmètre.

L'eau chauffe trop ou pas assez

La résistance, le pressostat et / ou le thermostat sont en cause. Si tous ces éléments sont corrects, la panne peut provenir aussi du programmateur.

Le lave-linge ne vidange pas

Vérifiez que le tuyau de vidange n'est pas plié et que le filtre de la pompe de vidange n'est pas obturé. Sinon remplacez la pompe de vidange.

Recherche rapide

Cette partie est un index, permettant d'accéder rapidement aux paragraphes qui traitent du sujet recherché. C'est également un glossaire et une source d'informations et de conseils complémentaires concernant des appareils ou des pannes qui ne sont pas directement abordés dans l'ouvrage.

A

Accumulateur

Pile rechargeable ou batterie.

Chauffage à accumulation électrique, qui emmagasine de la chaleur la nuit et la restitue le jour. Ces appareils sont soumis aux mêmes pannes que les convecteurs. Le circuit d'accumulation de nuit est similaire à celui du chauffe-eau.

Adaptateur

Dispositif permettant de brancher une fiche sur une prise de type différent.

Aérateur

Les aérateurs se composent d'un moteur électrique couplé à une turbine ou à une hélice. Outre les pannes dues à l'encrassement de l'appareil, vérifiez la continuité du moteur, à remplacer éventuellement.

Alimentation générale (pannes d') 29, 30

Ampère
Unité de mesure de l'intensité, 10

Ampèremètre
Appareil permettant de mesurer l'intensité, 19

Ampoule
Terme employé abusivement pour désigner la lampe à incandescence, 144

Analogique
Qualifie des données représentées par une grandeur physique variant de façon continue, par opposition à numérique.
Exemple : un multimètre analogique avec cadran à aiguille.

Appareil ménager (pannes) 167

Applique
Appareil d'éclairage qui se fixe sur une paroi verticale. Voir *luminaires*.

Arrêt de traction
Dispositif permettant de bloquer un cordon d'alimentation pour éviter son coulissement (voir figure 97).

Aspirateur 167

B

Baguette électrique
Moulure en bois ou profilé en plastique destiné à recevoir des conducteurs électriques.
Certains problèmes peuvent apparaître sur les vieilles installations avec moulures en bois, voir *épissures*.

Baguette électrique en bois

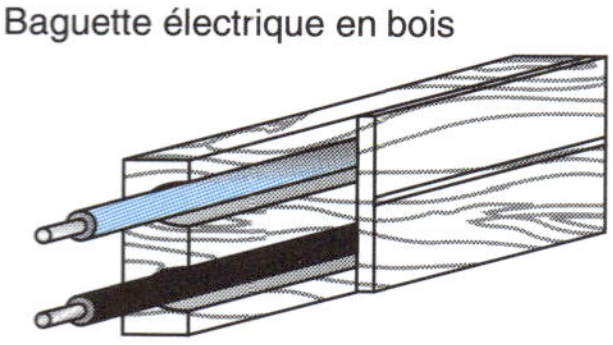

Baguette électrique en plastique

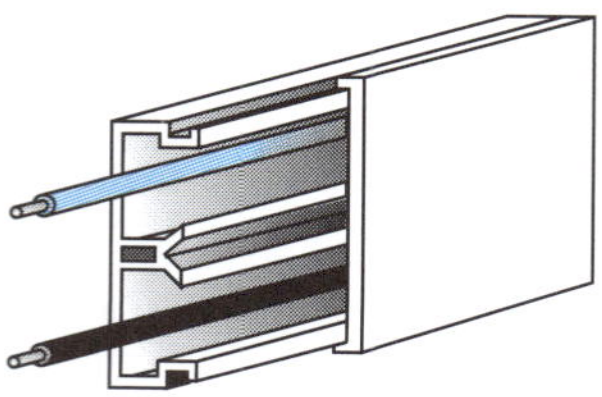

Barrette de répartition 60

Basse tension
Tension électrique comprise entre 50 et 1 000 V.

Bipolaire
Qualifie un organe agissant simultanément sur les deux conducteurs d'un circuit électrique (interrupteur, disjoncteur).

Bobèche
Support destiné à recevoir une bougie, dans les lustres ou les chandeliers. Voir *luminaires*.

Bobine
Enroulement cylindrique de fils conducteurs.

Boîte d'encastrement 76, 87, 93

Boîte de connexion 87

Bouton-poussoir 109, 113, 115, 118

C

Câble électrique 74

Cache-prise
Dispositif en plastique destiné à obturer les alvéoles d'une prise de courant, pour la sécurité des enfants.

Candela
Unité de mesure de l'intensité d'une émission lumineuse.
Carillon 118
Cartouche fusible 62
Charbons
Électrodes constituées de carbone appelées aussi balais dans un moteur électrique. Voir *aspirateur*.
Chauffage 134
Chauffe-eau 123
Clignotement (luminaires) 167
Coaxial (câble)
Câble utilisé pour le raccordement des antennes de télévision.

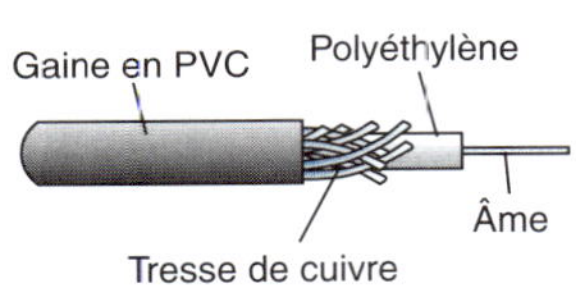

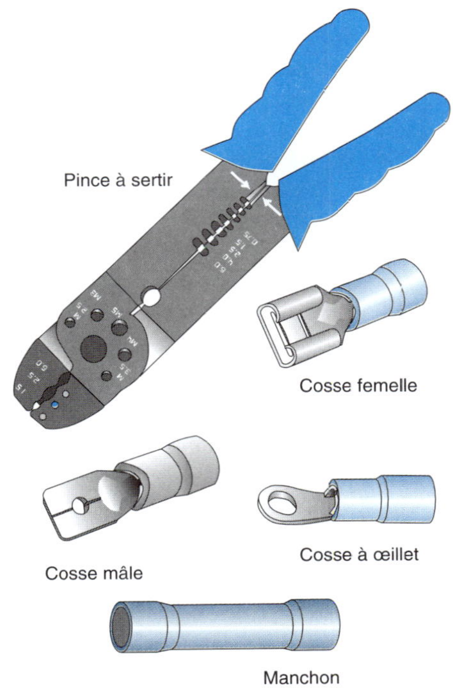

Commutateur 101
Compteur 25
Condensateur
Composant électronique capable d'emmagasiner une charge électrique, caractérisé par sa capacité exprimée en farads. Voir aspirateur, réfrigérateur, lave-linge.
Condenseur 188
Conducteur de protection
Conducteur qui relie les parties métalliques d'un appareil à la prise de terre, 26,34, 60
Conducteurs (fils) 57, 59, 74
Contacteur 131
Continuité (mesure de la) 19
Convecteurs 134
Cosse à sertir
Connecteur à sertir situé à l'extrémité d'un conducteur et permettant de réaliser un raccordement démontable.
Courant alternatif 14
Courant continu 14
Coupe-circuit 57
Court-circuit 31, 42, 56

D

Déclenchement du disjoncteur 29, 32, 36, 41, 44
Défaut d'isolement 32, 43
Délesteur
Appareil gérant la consommation d'une installation électrique en interrompant automatiquement l'alimentation de certains circuits afin de ne pas dépasser la puissance souscrite, 140
Différentiel (disjoncteur) 36, 54
Disjoncteur d'abonné 36
Disjoncteur divisionnaire 57
Domino 86

La liaison équipotentielle ▶

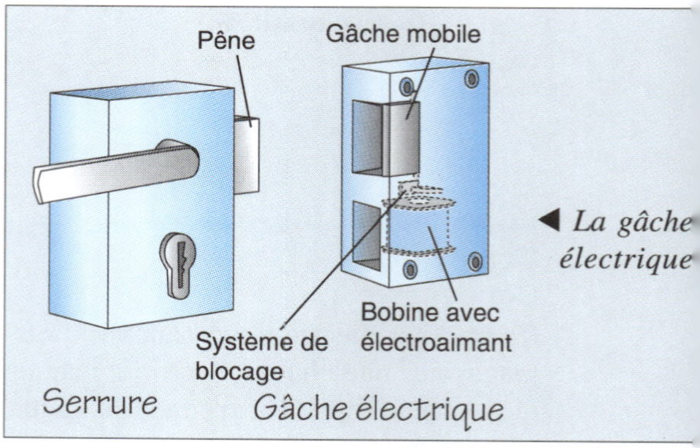

◀ *La gâche électrique*

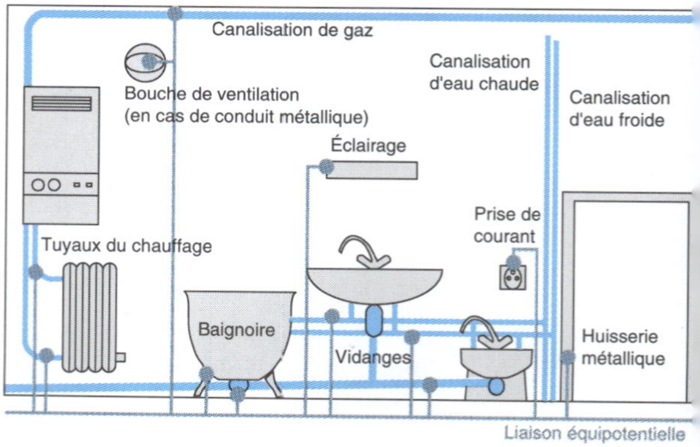

aimant permettant de libérer le pêne de la serrure par une commande électrique à distance.

Galvanomètre

Dispositif de mesure du courant électrique dans les appareils analogiques.

H

Haute tension

Tension supérieure à 1 000 V en alternatif.

Heures creuses

Option tarifaire payante proposée par EDF permettant de bénéficier d'une remise d'environ 40 % sur le prix du kilowattheure à certaines heures (principalement la nuit).

I

Incandescence

État d'un corps produisant de la lumière à haute température.

Isolant

Qualifie un matériau non conducteur de l'électricité.
Matériau isolant les conducteurs électriques.

K

Kilovolt

Un kilovolt égale 1 000 V.

L

Lumen

Unité de mesure du flux lumineux (1 lumen par mètre carré est égal à un lux).

Lux

Unité de mesure de l'éclairement (voir lumen).

M

Masse

En électricité automobile, désigne toutes les pièces métalliques de la carrosserie reliées au pôle négatif de la batterie.
Se dit improprement d'un appareil en défaut d'isolement ou relié à la prise de terre.

La carosserie sert de conducteur pour le pôle negatif.

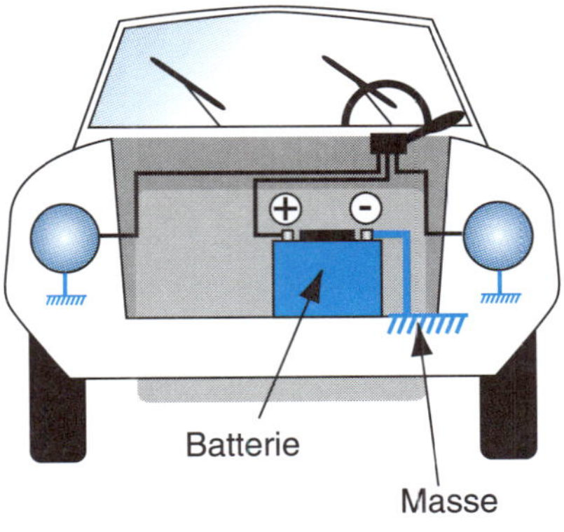

Microcoupure
Interruption très brève de la tension d'alimentation.

Milliampère
Millième d'ampère.

Minuterie
Interrupteur à retardateur utilisé pour maintenir un appareil électrique sous tension pendant une durée donnée. Les minuteries sont utilisées pour l'éclairage des parties communes des immeubles d'habitation.

Les pannes les plus fréquentes proviennent du blocage d'un bouton-poussoir.

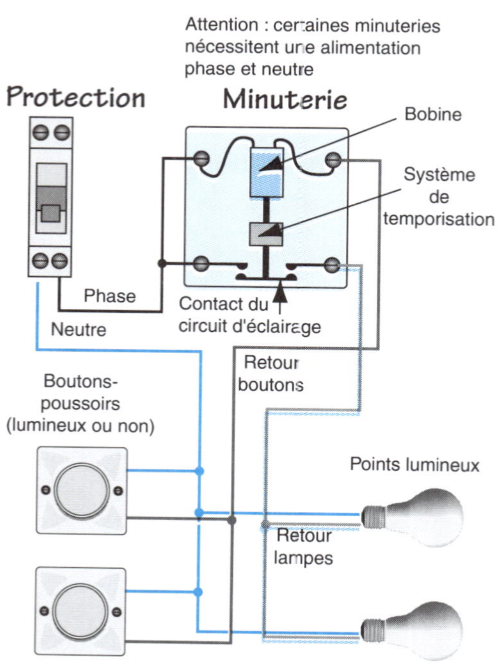

Modulaire (appareillage)
Appareillage électrique en modules normalisés destiné à l'équipement des tableaux électriques de protection modernes.

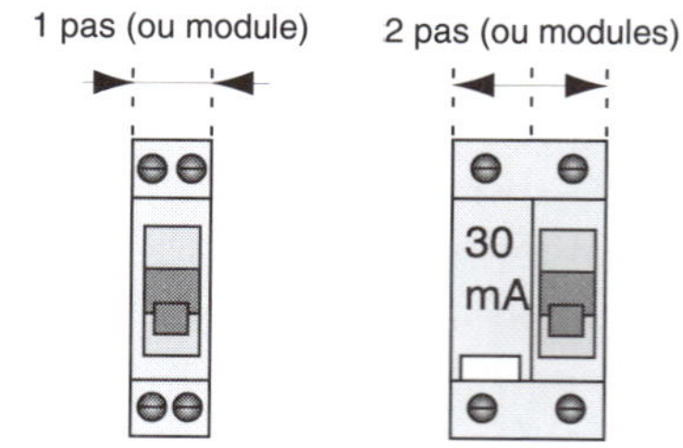

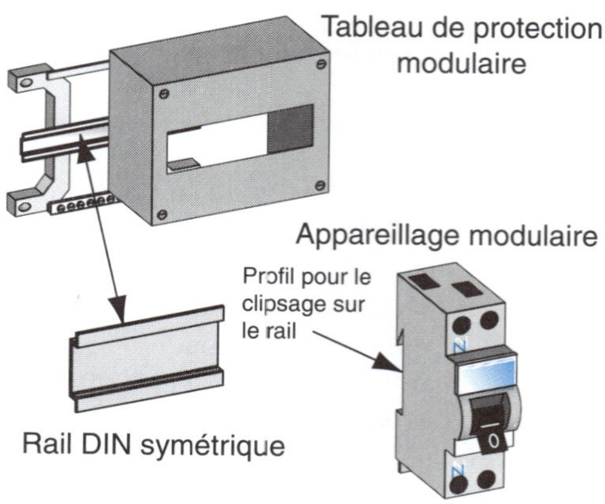

N

Néon
Gaz utilisé pour le remplissage des tubes d'enseignes lumineuses, de couleur rouge lorsqu'il est traversé par une décharge électrique. Abusivement, il désigne tout type de tube fluorescent.

Norme
Les installations électriques domestiques sont soumises à la norme NF C 15 100 *Installations électriques à basse tension.*

O

Odeur de brûlé 68, 77
Ohm 12
Olive (interrupteur fil souple),
Nom communément employé pour désigner un interrupteur de fil souple (voir figure 97).

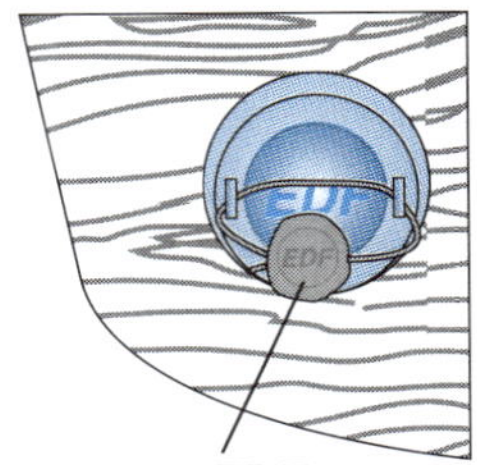

P

Parafoudre 35
Parasites
Perturbations dans la réception des signaux électriques.
Paratonnerre
Dispositif de protection des bâtiments contre les effets de la foudre.

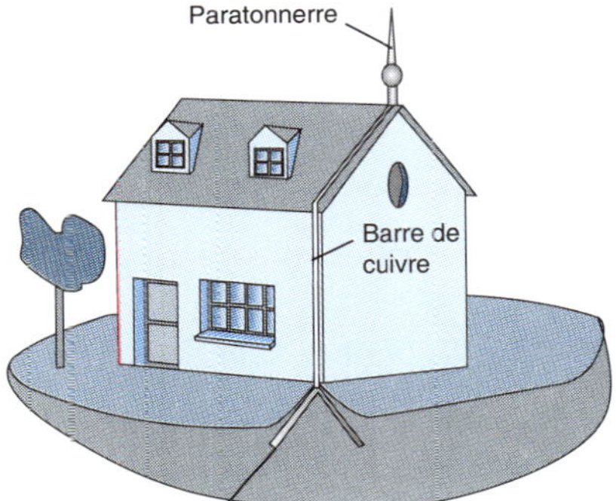

Peigne de raccordement (voir *barrette de répartition*)
Percement dans une ligne 80
Permutateur 104
Phase 16
Pile (voir *générateur*)
Plaque de cuisson 186
Plombage
Le plombage interdit l'accès à certains appareils de l'installation électrique (compteur, coupe-circuit général, alimentation du disjoncteur, fixation du tableau de comptage).

Plombs (voir *fusible*)
Plus de lumière 116
Point lumineux
Sur un plan architectural, désigne les emplacements des éclairages en plafond.
Porte-fusible 59
Prise de courant 88
Prise de terre
Piquet métallique planté dans le sol sur lequel sont reliés tous les conducteurs de

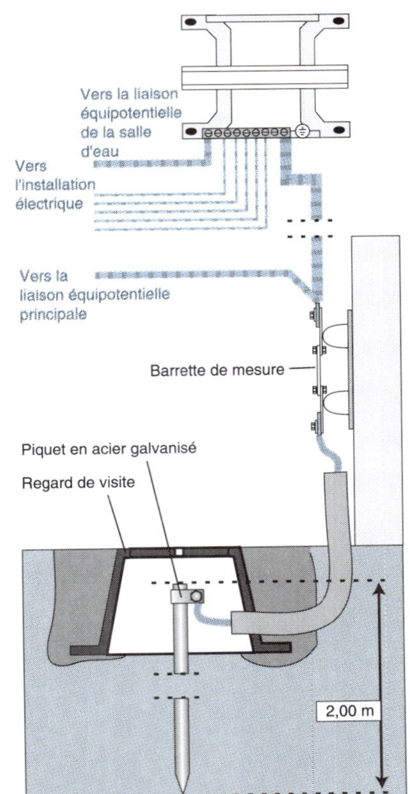

protection de l'installation et les liaisons équipotentielles.

Programmateur
Dispositif à horloge permettant de déclencher ou d'arrêter le fonctionnement d'appareils (voir *lave-linge*).

Prolongateur
Rallonge électrique ou fiche femelle d'une rallonge électrique.

Q

Queusot
Soudure en verre apparente sur une ampoule (voir figure 100).

R

Rayonnant (chauffage)
Appareil de chauffage fondé sur le principe du rayonnement. L'élément chauffant se compose d'une plaque métallique émaillée sur laquelle est disposé un serpentin conducteur.
Les pannes sont analogues à celles des convecteurs, à la différence que la résistance est une plaque métallique.

Réflecteur
Dispositif de réflexion des rayonnements lumineux.

Rénovation
Action de remettre un ouvrage à neuf.
L'installation électrique vieillit, comme tous les équipements d'une construction. Il est important de la rénover afin de respecter les nouvelles normes et de profiter du confort et de la sécurité des nouveaux matériels.

Répartition (tableau de) (voir *tableau de protection*)

Résistance 10, 20

Résistance (mesure de la) 20

Retour lampe
Conducteur reliant la sortie de l'interrupteur à l'alimentation d'un éclairage (voir figure 61).

Ronfleur
Dispositif sonore émettant des vibrations, souvent utilisé dans les interphones, par exemple.

S

Saignée
Engravure pratiquée dans une maçonnerie pour y incorporer un conduit.

Saillie (en)
Se dit d'un appareillage fixé sur une paroi (voir figure 43).

Saute de tension
Brusque variation de la tension due aux perturbations du réseau électrique.

Sèche-cheveux 181

Sensation de courant (voir *défaut d'isolement*)

Serre-câble (voir *arrêt de traction*)

Sonnette 118

Starter 163

Sucre (voir *domino*)

Surintensité 31, 42

Suspension (voir *luminaire*)

T

Tableau de fusibles (voir *tableau de protection*)

Tableau de protection 27, 60

Télérupteur 111

Télévariateur 109

Tempo
Option tarifaire destinées aux compteurs électroniques proposée par EDF, offrant des remises sur le prix du kilowattheure à certaines heures.et périodes de l'année

Terre (voir *prise de terre*)

Thermostat 125, 134, 173, 185

Tire-fil
Fil permettant de tirer les conducteurs dans les gaines à encastrer.

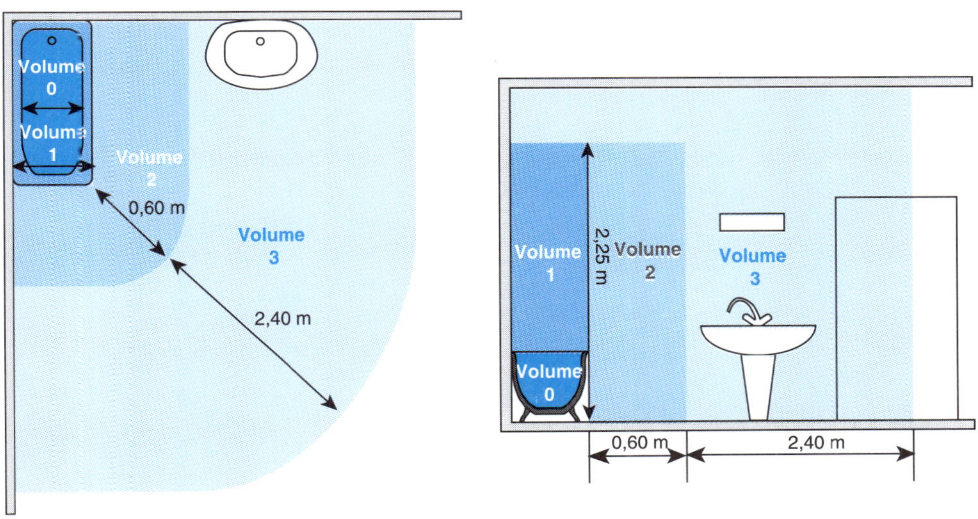

Les volumes de protection